石油教材出版基金资助项目

高等院校特色规划教材

计 算 方 法

（第三版）

周生田　王际朝　郭　会　主编

石 油 工 业 出 版 社

内 容 提 要

本书详细介绍了科学与工程计算中常用数值计算方法的基本理论和实际应用，同时对设计的数值计算方法的稳定性、收敛性、优缺点及适用范围进行了简要分析，主要内容包括非线性方程求根、线性代数方程组的解法、插值与拟合、数值积分与微分、常微分方程初值问题的数值解法和上机实习等。每章均附有习题、复习题和上机实践题。

本书可作为高等院校非数学专业的教材或教学参考用书，也可供从事科学与工程计算的科技人员参考。

图书在版编目(CIP)数据

计算方法：第三版/周生田，王际朝，郭会主编. —北京：石油工业出版社，2020.8(2024.8 重印)

高等院校特色规划教材

ISBN 978-7-5183-4156-6

Ⅰ.①计… Ⅱ.①周…②王…③郭… Ⅲ.①计算方法—高等学校—教材 Ⅳ.①O24

中国版本图书馆 CIP 数据核字(2020)第 142125 号

出版发行：石油工业出版社

(北京市朝阳区安定门外安华里 2 区 1 号楼　100011)

网　址：www. petropub. com

编辑部：(010)64523733　　图书营销中心：(010)64523633

经　　销：全国新华书店

排　　版：北京密东文创科技有限公司

印　　刷：北京中石油彩色印刷有限责任公司

2020 年 8 月第 1 版　2024 年 8 月第 2 次印刷

787 毫米×1092 毫米　开本：1/16　印张：14.5

字数：334 千字

定价：31.00 元

(如发现印装质量问题，我社图书营销中心负责调换)

版权所有，翻印必究

第三版前言

编者在本书第二版(2009 年)的基础上,根据学科发展情况及教材使用情况对本书进行了修订,校订了错误,并对有关章节内容进行了增减,使得本书内容更适用于非数学专业特别是工程应用方面的本科学生。

在修订过程中,充分考虑了学生的知识水平,既注重语言文字简洁流畅、通俗易懂,又强调数学理论的严谨,内容由浅入深,循序渐进。结合计算机技术,引导学生针对具体的数学问题,逐步演化推导适合在计算机上求解的数值计算方法,并进行严格的误差分析。为了判断设计方法的适用性,本书进一步加强了数值实验内容,同时为了满足不同学生的要求,在程序设计环节,在对上一版 C 语言程序进行改进的基础上,又增加了 MATLAB 程序。考虑到部分读者的 MATLAB 基础较弱及 MATLAB 在数值计算领域的重要性,新增了附录部分,对 MATLAB 进行了简要介绍并给出了基本语句和编程实例。

在第 2 章 2.5 节中增加了方程重根的处理方法,同时增加了牛顿下山法。为了拓宽学生知识面,在第 3 章增加了 3.7 节“非线性代数方程组的迭代法简介”。第 4 章增加了埃尔米特(Hermite)插值,同时把关于差分的内容移至第 6 章。对上一版的 N－S 图全部进行了更新,在 C 语言程序的基础上增加了 MATLAB 程序。为了培养学生利用数学和计算机解决实际问题的能力,更加注重数值实验的内容,为学生提供了充足的训练素材。本书还附有一定数量的习题,通过这些习题可以帮助学生加深对各章内容的理解,掌握必要的解题技巧。全书讲授学时为 32 ~48 学时(可增加 16 学时的数值实验课)。

本书由周生田、王际朝、郭会担任主编。具体编写分工为:第 1 章、第 2 章、第 3 章由周生田编写,第 4 章、第 5 章由郭会编写,第 6 章、第 7 章和附录由王际朝编写;聂立新、芮杰、张建、刘军、刘新海和乔田田参与了部分修订及习题的验算工作,同登科教授和张高民教授提出了很多的建议。全书由周生田统稿。

由于编者水平有限,书中错误在所难免,希望使用本书的老师、同学及广大读者对本书提出宝贵意见。

编　者

2020 年 5 月

第二版前言

本书在2000年第一版的基础上，根据几年来使用的情况，校订了部分印刷错误，并对部分内容做了修订，使得本书更适合作为非数学专业本科生的教材。

在编写本书的过程中，充分考虑了学生的知识水平，注重语言简洁流畅、通俗易懂。内容组织由浅入深，理论分析科学严谨，使学生能够循序渐进地掌握本课程的基本理论及分析解决问题的基本思路和技巧。本书加强了数值实验内容，自始至终贯穿一个基本理念，即在数学理论上等价的方法在实际数值计算上往往是不等效的，因此特别注重数值计算的实践。

修订后全书共分7章。第1章为绪论，第2章为非线性方程求根，第3章为线性方程组的直接解法和迭代解法，第4章为插值与曲线拟合，第5章为数值积分与微分，第6章为常微分方程初值问题的数值解法，第7章为上机实习，列出了本书中主要算法的C语言程序和具体计算实例。它是本书的又一特色，给教授本课程的教师和学生提供了一些训练的素材。全书讲授时数为32~48学时(也可增加16个学时的实验课)。

本书1、2、3章由周生田编写；第4、5章由同登科编写；第6章由张高民编写；第7章由刘珊编写。全书最后由同登科统稿。

学习本书所需要的数学基础是高等数学和线性代数。本书还附有一定数量的习题，通过这些习题可以加深对各章内容的理解，掌握必要的解题技巧。本书可作为理工科大学非数学专业的教材或数学参考用书，也可供从事科学与工程计算的科技人员参考。

我们希望使用本书的老师、同学及广大读者对本书予以批评指正。

编　者

2009年2月

目　　录

第1章 绪　论

1.1 计算方法的研究对象和特点

在科学实验和工程技术中,数学作为一种研究手段,大多数情况是希望通过数学讨论最终获得所需要的结果,即先把实际问题转化成数学问题,然后进行求解.一般来说,要想找出各种数学问题的精确解是很困难的,即使有些问题能够求出其精确解,但是计算过程繁琐,工作量大.因此有必要讨论求解各种数学问题近似解的方法.近似解又称数值解,计算方法就是研究数学问题的数值解及其理论的一个数学分支,它又称为计算数学或数值分析.

计算必须依靠计算工具进行,但进行数学计算的工具只能对具有一定数位的数进行加、减、乘、除四则运算,即使是现代的电子计算机也是如此.因此计算方法的主要内容是研究怎样把数学问题的求解运算归结为对有限数位数的四则运算.计算方法是计算机科学的重要内容,随着科学技术的发展和计算机的广泛应用,掌握计算方法的基本概念和研究计算机上常用的算法,对计算机使用者来说是非常必要的,只有掌握了各类数学问题的数值计算方法才能更好地使用计算机,才能更有效地解决实践中提出的各类数学问题.

计算方法是一门内容丰富,研究方法深刻,有自身理论体系的课程.它有以下特点:

(1)面向计算机,要根据计算机特点提供实际可行的有效算法.

(2)有可靠的理论分析,能任意逼近并达到精度要求,对近似算法要保证收敛性和数值稳定性,还要对误差进行分析,这都建立在相应数学理论的基础上.

(3)要有好的计算复杂性.计算复杂性包括时间复杂性和空间复杂性,时间复杂性好是指节省时间,空间复杂性好是指节省存储量,这也是建立算法要研究的问题,它关系到算法能否在计算机上实现.

(4)要有数值实验,即任何一个算法除了在理论上要满足上述三点外,还要通过数值实验证明是行之有效的.

求解一个数学问题可以采用不同的算法，每种算法都有自己的特点及适用范围. 一个算法的优劣可以根据运算量、存储量、收敛速度及误差大小等因素来确定，通常还要根据数学问题的实际背景来考虑. 数学问题的数值解与精确解之间一般会有误差，研究数值解必须先讨论有关误差的知识，下面予以介绍.

1.2 误差及有关概念

一个物理量的真实值和计算结果往往存在差异，它们的差称为误差. 许多数值方法给出的解仅仅是所要求的真解的某种近似，因而研究数值方法，必须注重误差分析，分析误差的来源、误差的传播情况，以及对计算结果给出合理的误差估计.

1.2.1 误差的来源

1. 模型误差

用计算机解决科学计算问题首先要建立数学模型，数学模型是对被描述的实际问题进行抽象、简化而得到的，是在一定条件下的理想化，所以总要加上许多限制，忽略一些次要因素，简化许多条件，因而总是近似的，这就不可避免地要产生误差. 把这种数学模型的解与实际问题的解之间出现的误差，称为模型误差. 只有实际问题提法正确，而且建立数学模型时抽象、简化得合理，才能得到好的结果.

2. 观测误差

在数学模型中通常总包含有一些观测数据，如温度、长度、电压等，这些数据的值一般是由观测或实验得到的. 由于观测手段的限制，得到的数据和实际大小之间必然有误差，这种观测产生的误差称为观测误差.

3. 截断误差

由实际问题建立起来的数学模型，在很多情况下要得到准确解是困难的. 当数学模型不能得到准确解时，通常要用数值方法求它的近似解，如常把无限的计算过程用有限的计算过程代替，这种模型的准确解和数值方法的准确解之间的误差称为截断误差(又称方法误差).

4. 舍入误差

在实际计算中遇到的数可能位数很多，甚至是无穷小数，如 π、$\sqrt{2}$、$\frac{1}{3}$等. 由于数值计算是按有限位进行的，例如，用计算机做数值计算时，由于计算机位数有限，对超过位数的数字就要进行舍入. 此外，在做乘法、除法时，得到的积和商都只能保留一定的位数，这也要进行舍入. 这种由于在计算过程中对数进行舍入而引起的误差，称为舍入误差. 例如，用 3.1416 作 π 的近似值产生的误差就是舍入误差.

上述几种误差都会影响计算结果的准确性. 由于计算方法是研究数学问题的数值解法，所以不讨论前两种误差，只讨论截断误差和舍入误差.

1.2.2 绝对误差与相对误差

1. 绝对误差与绝对误差限

定义 1.1 设 x 为准确值，x^* 为 x 的一个近似值，称 $e^* = x^* - x$ 为近似值 x^* 的绝对误差，简称误差.

实际上准确值 x 通常无法得到，从而不可能得到 x^* 的绝对误差 e^* 的真值，只能根据测量工具或计算的情况估计出误差的绝对值的一个上界 ε^*，即

$$|e^*| = |x^* - x| \leqslant \varepsilon^*.$$

这个正数 ε^* 通常叫作近似值 x^* 的绝对误差限. 有了绝对误差限，就可知道准确值 x 的范围：

$$x^* - \varepsilon^* \leqslant x \leqslant x^* + \varepsilon^*.$$

在工程上常用

$$x = x^* \pm \varepsilon^*$$

表示这个范围.

绝对误差限 ε^* 越小，表示 x^* 越靠近 x，计算结果越准确. 但是在很多情况下绝对误差的大小还不能完全表征一个近似值的准确程度. 例如，测量 1000m 和 1m 两个长度，若它们的绝对误差都是 1cm，显然前者的测量比较准确. 由此可见，决定一个量的近似值的精确度，除了考虑绝对误差的大小外，还要考虑该量本身的大小，为此引入相对误差的概念.

2. 相对误差与相对误差限

定义 1.2 设 x 为准确值，x^* 为近似值，则称

$$e_r^* = \frac{e^*}{x} = \frac{x^* - x}{x}$$

为近似值 x^* 的相对误差.

在实际计算中，由于准确值 x 一般无法得到，常将相对误差取成

$$e_r^* = \frac{e^*}{x^*} = \frac{x^* - x}{x^*}.$$

相对误差常常无法得到，只能估计出它的大小范围. 若有正数 ε_r^*，使

$$|e_r^*| = \left|\frac{e^*}{x^*}\right| \leqslant \varepsilon_r^*,$$

则称 ε_r^* 为近似值 x^* 的相对误差限.

1.2.3 有效数字

为了可以从近似数的有限位小数表示本身知道近似数的精度，引入有效数字概念. 大家知道，当 x 有很多位数字时，常按照“四舍五入”原则，取 x 的前几位数字作为 x 的近似值 x^*.

例如 $\sqrt{2} = 1.41421356237\cdots$，若只取到小数后四位数字得 $x^* = 1.4142$，其误差为

0.00001356…,误差限为 $0.00005=\frac{1}{2}\times10^{-4}$. 此时称 x^* 准确到小数后第四位,并称由此位算起的前五位数字 14142 为 x^* 的有效数字.

定义 1.3 设 x^* 为 x 的近似值,x^* 可以写成

$$x^*=\pm0.x_1x_2\cdots x_n\times10^m,$$

其中 x_1 是 1 到 9 中的一个数字,$x_2,\cdots,x_n$ 是 0 到 9 中的一个数字,m 为整数,且 x^* 的绝对误差为

$$|e^*|=|x^*-x|\leqslant\frac{1}{2}\times10^{m-n},$$

则称 x^* 作为 x 的近似数具有 n 位有效数字,$x_1,x_2,\cdots,x_n$ 为 x^* 的有效数字.

显然,在 m 相同的情况下,n 越大,则 10^{m-n} 越小,故有效位数越多,绝对误差越小. 而且只要知道了有效数字位数,就容易写出它的绝对误差限.

例 1.1 按四舍五入原则写出下列各数具有五位有效数字的近似数:

$$187.9325,\ 0.03785551,\ 8.000033,\ 2.7182818$$

解 按定义,上述各数具有五位有效数字的近似数分别是

$$187.93,\ 0.037856,\ 8.0000,\ 2.7183.$$

注意 $x=8.000033$ 的五位有效数字近似数是 8.0000 而不是 8,因为 8 只有 1 位有效数字.

有效数字与相对误差限有如下关系:

定理 1.1 设 $x^*=\pm0.x_1x_2\cdots x_n\times10^m\neq0$ 是 x 的具有 n 位有效数字的近似值,则其相对误差限 $\varepsilon_r\leqslant\frac{1}{2x_1}\times10^{1-n}$;反之,若 x^* 的相对误差限 $\varepsilon_r\leqslant\frac{1}{2(x_1+1)}\times10^{1-n}$,则 x^* 至少具有 n 位有效数字.

证明 设近似数 x 具有 n 位有效数字,绝对误差限为

$$|e^*|=|x^*-x|\leqslant\frac{1}{2}\times10^{m-n},$$

$$|x^*|=0.x_1x_2\cdots x_n\times10^m,$$

故有

$$x_1\times10^{m-1}\leqslant|x^*|\leqslant(x_1+1)\times10^{m-1}.$$

所以相对误差限为

$$|e_r^*|=\left|\frac{e^*}{x^*}\right|\leqslant\frac{1}{2x_1}\times10^{1-n}.$$

其中 $x_1\neq0$ 是 x^* 的第一位有效数字,上式说明,有效位数越多,相对误差越小,而且只要知道近似值 x^* 的有效位数 n 和第一个非零数字 x_1,就能写出它的相对误差限.

反之,由

$$|x^*-x|=|x^*|\cdot\frac{x^*-x}{|x^*|}=|x^*|\cdot|e_r^*|,$$

因为

$$|x^*|\leqslant(x_1+1)\times10^{m-1},$$

$$|e_r^*| \leqslant \frac{1}{2(x_1+1)} \times 10^{1-n},$$

故

$$|e^*| = |x^* - x| = |x^*| \cdot |e_r^*| \leqslant (x_1+1) \times 10^{m-1} \times \frac{1}{2(x_1+1)} \times 10^{1-n} = \frac{1}{2} \times 10^{m-n}.$$

所以 x^* 至少有 n 位有效数字.

1.2.4 数值运算的误差估计

两个近似数 x_1^*, x_2^*,其误差限分别为 $\varepsilon(x_1^*), \varepsilon(x_2^*)$,它们进行加、减、乘、除运算得到的误差限分别为

$$\varepsilon(x_1^* \pm x_2^*) = \varepsilon(x_1^*) + \varepsilon(x_2^*),$$

$$\varepsilon(x_1^* \cdot x_2^*) \approx |x_1^*| \cdot \varepsilon(x_2^*) + |x_2^*| \varepsilon(x_1^*),$$

$$\varepsilon\left(\frac{x_1^*}{x_2^*}\right) \approx \frac{|x_1^*| \cdot \varepsilon(x_2^*) + |x_2^*| \varepsilon(x_1^*)}{|x_2^*|^2} \quad (x_2^* \neq 0).$$

更一般的情况,当自变量有误差时计算函数值也产生误差,其误差限可利用函数的泰勒展开式进行估计. 设 $f(x)$ 是一元函数,x 的近似值为 x^*,以 $f(x^*)$ 近似 $f(x)$,其误差界记作 $\varepsilon(f(x^*))$,泰勒展开式为

$$f(x) - f(x^*) = f'(x^*)(x - x^*) + \frac{1}{2} f''(\xi)(x - x^*)^2,$$

其中 ξ 介于 x, x^* 之间.

取绝对值得

$$|f(x) - f(x^*)| \leqslant |f'(x^*)| \varepsilon(x^*) + \frac{|f''(\xi)|}{2} \varepsilon^2(x^*).$$

假定 $f'(x^*)$ 与 $f''(x^*)$ 的比值不太大,可忽略 $\varepsilon(x^*)$ 的高阶项,于是可得计算函数的误差限为

$$\varepsilon(f(x^*) \approx |f'(x^*)| \varepsilon(x^*).$$

当 f 为多元函数时,如计算 $A = f(x_1, x_2, \cdots, x_n)$,若 $x_1, x_2, \cdots, x_n$ 的近似值分别为 $x_1^*, x_2^*, \cdots, x_n^*$,则 A 的近似值可由 $A^* = f(x_1^*, x_2^*, \cdots, x_n^*)$ 得到,于是函数值 A^* 的误差 $e(A^*)$ 由泰勒展开得

$$\begin{aligned} e(A^*) &= A^* - A = f(x_1^*, x_2^*, \cdots, x_n^*) - f(x_1, x_2, \cdots, x_n) \\ &\approx \sum_{k=1}^{n} \left(\frac{\partial f(x_1^*, x_2^*, \cdots, x_n^*)}{\partial x_k} \right) \cdot (x_k^* - x_k) = \sum_{k=1}^{n} \left(\frac{\partial f}{\partial x_k} \right)^* e_k^*, \end{aligned}$$

于是误差限为

$$e(A^*) \approx \sum_{k=1}^{n} \left| \left(\frac{\partial f}{\partial x_k} \right)^* \right| \varepsilon(x_k^*),$$

而 A^* 的相对误差限为

$$\varepsilon_r(A^*) = \frac{\varepsilon(A^*)}{A^*} \approx \sum_{k=1}^{n} \left| \left(\frac{\partial f}{\partial x_k} \right)^* \right| \frac{\varepsilon(x_k^*)}{A^*}.$$

例 1.2 已测得某场地长 l 的值为 $l^*=110\text{m}$,宽 d 的值为 $d^*=80\text{m}$,已知 $|l-l^*|\leqslant 0.2\text{m}$,$|d-d^*|\leqslant 0.1\text{m}$,试求面积 $s=ld$ 的绝对误差限与相对误差限.

解 因为 $s=ld$,则 $\frac{\partial s}{\partial l}=d,\frac{\partial s}{\partial d}=l$,所以

$$\varepsilon(s^*)\approx\left|\left(\frac{\partial s}{\partial l}\right)^*\right|\varepsilon(l^*)+\left|\left(\frac{\partial s}{\partial d}\right)^*\right|\varepsilon(d^*)$$

其中 $\left(\frac{\partial s}{\partial l}\right)^*=d^*=80\text{m}$,$\left(\frac{\partial s}{\partial d}\right)^*=l^*=110\text{m}$,$\varepsilon(l^*)=0.2\text{m}$,$\varepsilon(d^*)=0.1\text{m}$,于是绝对误差限为

$$\varepsilon(s^*)\approx 80\times 0.2+110\times 0.1=27(\text{m}^2),$$

相对误差限为

$$\varepsilon_r(s^*)=\frac{\varepsilon(s^*)}{|s^*|}=\frac{\varepsilon(s^*)}{l^*\cdot d^*}\approx\frac{27}{110\times 80}\approx 0.31\%.$$

1.3 数值计算中应注意的几个问题

由前两节讨论可以看出,误差分析在数值计算中是一个很重要又很复杂的问题.因为在数值计算中每一步运算都可能产生误差,而一个科学计算问题的解法,往往要经过成千上万次计算,每一步运算都分析误差,显然是不可能的,其实也是不必要的.通过分析误差的某些传播规律,在数值计算中应注意以下五方面的问题,有助于鉴别计算结果的可靠性并防止误差危害现象的产生.

1.3.1 避免除数绝对值远远小于被除数绝对值的除法

用绝对值小的数作除数舍入误差会增大,如计算 $\frac{x}{y}$,若 $0<|y|\ll|x|$,则可能对计算结果带来严重影响,应尽量避免.

例 1.3 线性代数方程组

$$\begin{cases}0.00001x_1+x_2=1,\\2x_1+x_2=2\end{cases}$$

的准确解为

$$x_1=\frac{200000}{399999}=0.50000125,$$

$$x_2=\frac{199998}{19999}=0.999995.$$

解 现在四位浮点十进制数(仿机器实际计算)下用消去法求解,上述方程组可写为

$$\begin{cases}10^{-4}\times 0.1000x_1+10^1\times 0.1000x_2=10^1\times 0.1000, & (1)\\10^1\times 0.2000x_1+10^1\times 0.1000x_2=10^1\times 0.2000. & (2)\end{cases}$$

若用式(1)消去式(2)中的 x_1 项,则需要计算乘数

$$l=\frac{10^1\times0.2000}{10^{-4}\times0.1000}=10^6\times0.2000,$$

得到一个很大的乘数,然后用式(2)-式(1)$\times l$得到解为

$$x_2=1,x_1=0,$$

显然结果严重失真.

若反过来交换方程的顺序,用式(2)消去式(1)中含 x_1 的项,则避免了小分母,可以得到好的解.

1.3.2 避免两相近数相减

在数值计算中两相近数相减会造成有效数字严重损失. 如 $x=532.65$, $y=532.52$ 都具有五位有效数字,但 $x-y=0.13$ 只有两位有效数字. 这说明必须尽量避免出现这类运算,最好是改变计算方法,防止这种现象发生.

例 1.4 计算 $A=10^7(1-\cos2°)$(用四位数字表示).

解 由于 $\cos2°=0.9994$,直接计算

$$A=10^7(1-\cos2°)=10^7(1-0.9994)=6\times10^3,$$

只有一位有效数字. 若利用 $1-\cos x=2\sin^2\frac{x}{2}$,则

$$A=10^7(1-\cos2°)=10^7\times2\times(\sin1°)^2=6.13\times10^3,$$

具有三位有效数字($\sin1°=0.0175$).

此例说明,可通过改变计算公式避免或减少有效数字的损失.

x 和 y 很接近时,

$$\lg x-\lg y=\lg\frac{x}{y},$$

采用等号右端的算法.

x 很大时,

$$\sqrt{x+1}-\sqrt{x}=\frac{1}{\sqrt{x+1}+\sqrt{x}},$$

也采用右端的算法.

一般,当 $f(x)\approx f(x^*)$,可用泰勒展开

$$f(x)-f(x^*)=f'(x^*)(x-x^*)+\frac{f''(x^*)}{2!}(x-x^*)^2+\cdots.$$

取右端的有限项近似左端. 若无法改变算法,直接计算时就要多保留几位有效数字.

1.3.3 防止大数"吃掉"小数的现象

在数值计算中参与运算的数的数量级有时相差很大,而在计算机上做加法、减法时要"对阶",当绝对值相差很大的两个数进行加、减运算时,绝对值较小的那个数往往被另一个数"吃掉"而不能发挥其作用,这样就会严重影响计算结果的准确性,所以要采取相应的措施,以保证计算结果的准确性. 下面用具体例子来说明.

例 1.5 在五位十进制计算机上,计算 $A = 51234 + \sum_{i=1}^{1000} \delta_i$,其中 $0.1 \leqslant \delta_i \leqslant 0.9$.

解 先把参加运算的数写成规格化形式

$$51234 = 0.51234 \times 10^5.$$

由于在计算机中两数相加时,要先对阶,即把两数都写成绝对值小于 1 而阶码相同的数. 若取 $\delta_i = 0.9$,对阶时 $\delta_i = 0.000009 \times 10^5$,由于计算机只能表示五位小数,所以

$$A = 0.51234 \times 10^5 + 0.000009 \times 10^5 + \cdots + 0.000009 \times 10^5 \triangleq 0.51234 \times 10^5.$$

(符号$\triangleq$表示机器中相等)

这一结果显然不可靠,这是对阶时出现了大数 51234“吃掉”小数 δ_i 的结果. 如果计算时先把数量级相同的一千个 δ_i 相加,最后再加 51234,就不会出现大数“吃掉”小数的现象. 这时

$$\sum_{i=1}^{1000} \delta_i = 0.9 \times 10^3,$$

于是

$$A = 0.51234 \times 10^5 + 0.00900 \times 10^5 = 52134.$$

所以在数值计算中,应先分析计算方案的数量量级,编程序时加以合理安排,使重要的物理量不致在计算过程中被“吃掉”.

1.3.4 注意简化计算步骤,减少运算次数

同样一个计算问题,如果能减少运算次数,不但可节省计算机的计算时间,还能减少舍入误差,这是数值计算中必须遵从的原则.

例 1.6 计算 x^{255} 的值.

解 如果逐个相乘要用 254 次乘法,但若写成

$$x^{255} = x \cdot x^2 \cdot x^4 \cdot x^8 \cdot x^{16} \cdot x^{32} \cdot x^{64} \cdot x^{128},$$

只需做 14 次乘法运算即可.

又如计算多项式

$$p_n(x) = a_n x^n + a_{n-1} x^{n-1} + \cdots + a_1 x + a_0$$

的值,若直接计算 $a_k x^k$ 再逐项相加,一共需做

$$n + (n-1) + \cdots + 2 + 1 = \frac{n(n+1)}{2}$$

次乘法和 n 次加法. 若采用秦九韶算法

$$b_0 = a_0, b_i = a_i + b_{i-1} x, i = 1, 2, \cdots, n,$$

则

$$b_n = p_n(x),$$

只要 n 次乘法和 n 次加法就可算出 $p_n(x)$ 的值.

1.3.5 使用数值稳定的算法

所谓算法,就是给定一些数据,按着某种规定的次序进行计算的一个运算序列. 它是

一个近似的计算过程,选择一个算法,主要要求它的计算结果能达到给定的精确度.

一般而言,在计算过程中初始数据的误差和计算中产生的舍入误差总是存在的,而数值解是逐步求出的,前一步数值解的误差必然要影响后一步数值解. 把运算过程中舍入误差不增长的计算公式称为数值稳定的,否则称为数值不稳定的. 只有稳定的数值方法才可能给出可靠的计算结果,不稳定的数值方法毫无实用价值. 下面举例说明.

例 1.7 计算积分 $I_n = \int_0^1 x^n e^{x-1} dx \quad (n = 0,1,2,\cdots,9)$.

解 由分部积分法可得

$$I_n = \int_0^1 x^n e^{x-1} dx = x^n e^{x-1} \Big|_0^1 - n\int_0^1 x^{n-1} e^{x-1} dx = 1 - nI_{n-1} \quad (n = 0,1,2,\cdots).$$

由于

$$I_0 = \int_0^1 e^{x-1} dx = e^{x-1} \Big|_0^1 = 1 - e^{-1} \approx 0.6321 \triangleq I_0^*,$$

以 I_0^* 为初值可以得出如下递推公式

$$\begin{cases} I_0^* = 0.6321, \\ I_n^* = 1 - nI_{n-1}^*, \quad n = 1,2,\cdots,9. \end{cases}$$

依次代入,计算结果为

$$I_1^* = 0.3679, I_2^* = 0.2642, I_3^* = 0.2074, I_4^* = 0.1704,$$
$$I_5^* = 0.1480, I_6^* = 0.1120, I_7^* = 0.2160, I_8^* = -0.7280, I_9^* = 7.5520.$$

由 I_n 的表达式易知

$$I_n > 0, I_n < I_{n-1}.$$

但上面的计算结果却并不都是这样,为什么会造成这样错误的结果呢? 主要原因是在计算初值 I_0^* 时产生了舍入误差($I_0 = 0.632120558\cdots$,实际上仅取四位有效数字),误差约为 0.2056×10^{-4},舍入误差在后继的计算过程中不断传播,不断增大,从而导致错误结果.

事实上,由

$$I_n = 1 - nI_{n-1} \text{(理论递推公式)},$$
$$I_n^* = 1 - nI_{n-1}^* \text{(实际递推公式)},$$

两式相减,得

$$I_n - I_n^* = -n(I_{n-1} - I_{n-1}^*) = (-1)^2 n(n-1)(I_{n-2} - I_{n-2}^*) = \cdots = (-1)^n n!(I_0 - I_0^*).$$

若 I_0^* 的误差为 0.2056×10^{-4},则 I_n^* 的误差约为 $n! \times 0.2056 \times 10^{-4}$,所以计算 I_9^* 时产生的误差约为 $(9!) \times 0.2056 \times 10^{-4}$.

由此可见,误差的传播速度非常快.

那么碰到这样的问题应当怎么办呢? 如果从另外一个角度考虑这个问题,即将递推公式改写为

$$I_{n-1} = \frac{1}{n}(1 - I_n).$$

按照这个公式进行计算(从后向前),I_{n-1} 的误差为上一步(即 I_n)的 $\frac{1}{n}$.

所以按公式$I_{n-1}^*=\frac{1}{n}(1-I_n^*)$进行计算,先求$I_{10}^*$的某个初值. 由于

$$I_n = \int_0^1 x^n e^{x-1} dx < \int_0^1 x^n dx < \frac{1}{n+1},$$

当$n\to\infty$时,$I_n\to 0$,即当n很大时,I_n很快减小,假定$I_{10}^*\approx I_{11}^*$,由于

$$I_{10}^* = \frac{1}{11}(1 - I_{11}^*),$$

所以可以取

$$I_{10}^* \approx \frac{1}{12} \approx 0.0833.$$

由此可得递推公式

$$\begin{cases} I_{10}^* = 0.0833, \\ I_{n-1}^* = \frac{1}{n}(1 - I_n^*), \quad n = 10,9,8,\cdots,2,1. \end{cases}$$

计算结果为

$$I_9^* = 0.0917, I_8^* = 0.1009, I_7^* = 0.11274, I_6^* = 0.1268, I_5^* = 0.1455,$$

$$I_4^* = 0.1709, I_3^* = 0.2073, I_2^* = 0.2642, I_1^* = 0.3679, I_0^* = 0.6321.$$

由此可知,对同一个数学问题,算法不同,初始数据误差传播速度不同,结果也不同,因此采用误差传播较小或不传播的算法,也就是数值稳定的算法.

习题一

1.1 何谓绝对误差、相对误差与有效数字?它们之间有何关系?

1.2 下列各数都是经过四舍五入得到的近似数,指出它们有几位有效数字,并写出绝对误差限:

$x_1^* = 1.1021, x_2^* = 0.031, x_3^* = 385.6, x_4^* = 56.480, x_5^* = 7\times 10^5, x_6^* = 9800.$

1.3 设已测量某长方形场地长a的近似值$a^*=100\text{m}$,宽b的近似值$b^*=60\text{m}$,若已知$|a^*-a|\leqslant 0.2\text{m}$,$|b^*-b|\leqslant 0.1\text{m}$,试求其面积的绝对误差限和相对误差限.

1.4 要使$\sqrt{20}$的近似值的相对误差限小于0.1%,近似值要取几位有效数字?

1.5 计算球体积要使相对误差限为1%,问度量半径为R时允许的相对误差限是多少?

1.6 序列$\{y_n\}$满足递推关系

$$y_n = 10y_{n-1} - 1, \quad n = 1,2,\cdots.$$

若$y_0=\sqrt{2}\approx 1.41$(三位有效数字),问按上述递推公式从y_0计算到y_{10}时误差有多大?这个计算过程稳定吗?

复习题一

1.1 设x相对误差为2%,求x^n的相对误差.

1.2 求方程 $x^2-56x+1=0$ 的两个根,使它至少具有四位有效数字($\sqrt{783}\approx 27.982$).

1.3 设 $x=3.214$ 和 $y=3.213$ 都是准确值,在四位十进制的限制下试选择精确度较高的算法,计算出 u 的近似值:

(1)$u=\sqrt{x}-\sqrt{y}$;　　　　(2)$u=\tan x-\tan y$.

1.4 在四位十进制的限制下,试选择精确度最高的算法计算

$$u=1340\times 10^2+40+50+60+90$$

的值.

1.5 当 $a=(\sqrt{2}-1)^6$,已知

$$(\sqrt{2}-1)^6=(3-2\sqrt{2})^3=99-70\sqrt{2}=\frac{1}{(\sqrt{2}+1)^6},$$

$$\frac{1}{(3+2\sqrt{2})^3}=\frac{1}{99+70\sqrt{2}}.$$

若取$\sqrt{2}\approx 1.4$,试分析用以上哪一个公式进行计算所得结果最好.

1.6 设 $s=\frac{1}{2}gt^2$,假定 g 是准确的,而对 t 的测量有 ±0.1s(秒)的误差.证明当 t 增加时,s 的绝对误差增加,而相对误差却减少.

1.7 设$f(x)=\ln\left(x-\sqrt{x^2-1}\right)$,试求$f(30)$的值.若开平方用六位函数表,问求对数时误差有多大?若改用另一等价公式$f(x)=-\ln\left(x+\sqrt{x^2-1}\right)$计算,对数的误差又有多大?

1.8 设 $y_n=\int_0^1\frac{x^n}{1+4x}\mathrm{d}x$ 在四位十进制的限制下,试选择一个数值稳定的算法,计算 $y_n(n=0,1,2,\cdots,8)$的近似值.

上机实践题一

1.1 分别用公式$f(x)=x\left(\sqrt{x+1}-\sqrt{x}\right)$和$f(x)=\frac{x}{\sqrt{x+1}+\sqrt{x}}$计算$f(1)$和$f(10^{10})$的值,并与准确值$f(1)=0.414213562$,$f(10^{10})=50000$作比较,说明误差大小及原因.

1.2 对于积分

$$I_n=\int_0^1\frac{x^n}{x+5}\mathrm{d}x,\quad n=0,1,2,\cdots,$$

(1)证明递推关系:$\begin{cases}I_n=-5I_{n-1}+\dfrac{1}{n}, & n=1,2,3,\cdots,\\ I_0=\ln 1.2.\end{cases}$

(2)用上述递推关系计算 $I_1,I_2,\cdots,I_{20}$,观察数值结果是否合理并说明原因.

第2章 非线性方程求根

2.1 引言

在科学研究和工程设计中常常会遇到求解单个方程

$$f(x) = 0 \tag{2.1}$$

的问题,本章将介绍方程 $f(x)=0$ 的数值解法.

方程 $f(x)=0$ 的解通常称为方程的根,或称为函数 $f(x)$ 的零点.

如果 $f(x)$ 是多项式,即

$$f(x) = a_0 + a_1 x + \cdots + a_n x^n \quad (a_n \neq 0),$$

则称方程(2.1)为代数方程.

如果 $f(x)$ 中含有三角函数、指数函数或其他超越函数,则称方程(2.1)为超越方程.

例如:

$$x^2 - 5x + 2 = 0, \tag{2.2}$$

$$2^x - 5x + 2 = 0, \tag{2.3}$$

方程(2.2)为一二次代数方程,它的根可以表示为

$$x_{1,2} = \frac{5}{2} \pm \frac{\sqrt{17}}{2}.$$

方程(2.3)是一个超越方程,一般而言,必须用数值方法求它的解.

方程的根可能是实数,也可能是复数,相应地称为实根和复根. 如果对于 x^* 有 $f(x^*)=0$,但 $f'(x^*)\neq 0$,则称 x^* 为方程 $f(x)=0$ 的单根;如果有 $f(x^*)=f'(x^*)=\cdots=f^{(k)}(x^*)=0$,但 $f^{(k+1)}(x^*)\neq 0$,则称 x^* 为 $f(x)=0$ 的 $k+1$ 重根.

对于高次代数方程,由代数学基本定理可知根(实根或复根)的个数与其次数相同;但对于超越方程就复杂得多,如果有解,其解可能是一个或几个,也可能是无穷多个. 在大多数情况下,对于高于四次的代数方程及超越方程没有精确的求根公式. 事实上,实际应

用中也不一定需要得到根的精确表达式,只要得到满足一定精度要求的根的近似值就可以了.

2.2 二分法

如果$f(x)$在$[a,b]$上连续,且$f(a)\cdot f(b)<0$,则根据连续函数的性质,$f(x)=0$在$[a,b]$内一定有根,称$[a,b]$为$f(x)=0$的有根区间;如果在$[a,b]$内仅有$f(x)=0$的一个实根,则称$[a,b]$为$f(x)=0$的隔根区间.

考虑$f(x)=0$的一个隔根区间$[a,b]$,下面用二分法来求$f(x)=0$在$[a,b]$上的根,方法如下:

(1)取$[a,b]$的中点$x_1=\frac{a+b}{2}$,计算该点处的函数值$f\left(\frac{a+b}{2}\right)$,若$f\left(\frac{a+b}{2}\right)=0$,则根为$x^*=x_1=\frac{a+b}{2}$,计算结束.否则,若$f\left(\frac{a+b}{2}\right)$与$f(a)$异号,则取$a_1=a,b_1=x_1=\frac{a+b}{2}$;若同号,取$a_1=x_1=\frac{a+b}{2},b_1=b$.通过以上过程,得一小区间$[a_1,b_1]$,$[a_1,b_1]$区间长度为$\frac{b-a}{2}$,且$x^*\in[a_1,b_1]$,接着进行下一步.

(2)取$[a_1,b_1]$的中点$x_2=\frac{a_1+b_1}{2}$,计算该点处的函数值$f\left(\frac{a_1+b_1}{2}\right)$,若$f\left(\frac{a_1+b_1}{2}\right)=0$,则根$x^*=x_2=\frac{a_1+b_1}{2}$.否则,若$f\left(\frac{a_1+b_1}{2}\right)$与$f(a_1)$异号,取$a_2=a_1,b_2=x_2=\frac{a_1+b_1}{2}$;若同号,取$a_2=x_2=\frac{a_1+b_1}{2},b_2=b_1$,则得到一个区间$[a_2,b_2]$,区间长度为$\frac{b-a}{2^2}$,且$x^*\in[a_2,b_2]$,接着进行下一步.

按照上述方法一直进行下去,直到第$n-1$步.

(3)取$[a_{n-1},b_{n-1}]$的中点$x_n=\frac{a_{n-1}+b_{n-1}}{2}$,计算该点处的函数值$f(x_n)$,若$f(x_n)=0$,则得根$x^*=x_n$.否则,若$f(x_n)$与$f(a_{n-1})$异号,取$a_n=a_{n-1},b_n=x_n$;若同号取$a_n=x_n,b_n=b_{n-1}$,则得到一个小区间$[a_n,b_n]$,区间长度为$\frac{b-a}{2^n}$,且$x^*\in[a_n,b_n]$.

当$\frac{b_n-a_n}{2}=\frac{b-a}{2^{n+1}}<\varepsilon$(允许误差)时,取$x_{n+1}=\frac{a_n+b_n}{2}$.则有如下误差估计式

$$|x^*-x_{n+1}|\leqslant\frac{b_n-a_n}{2}=\frac{b-a}{2^{n+1}}\leqslant\varepsilon. \tag{2.4}$$

由式(2.4)知,当$n\to\infty$时,$x_{n+1}\to x^*$.在实际计算中,只要n足够大,x_{n+1}都可达到任意给定的精度.由式(2.4)知,在要求绝对误差不超过ε时,则二分法的二分次数n为

$$n\geqslant\frac{\ln(b-a)-\ln\varepsilon}{\ln 2}-1. \tag{2.5}$$

图 2.1 是二分法的算法 N－S 图.

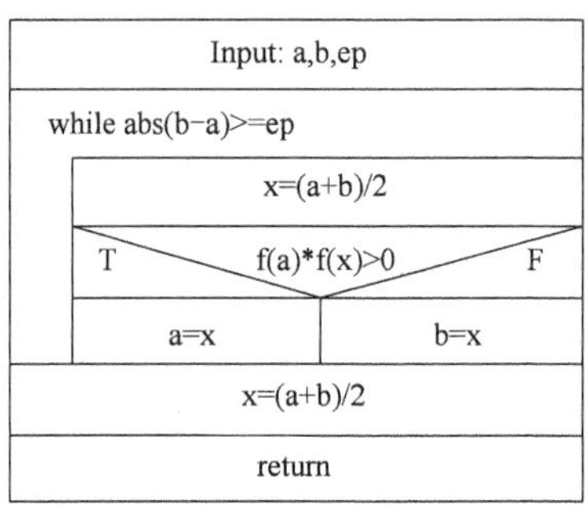

图 2.1

例 2.1 用二分法求方程 $x^3-x-1=0$ 在 $[1.0,1.5]$ 内的根,使绝对误差不超过 10^{-2}.

解 令 $f(x)=x^3-x-1$,因为 $f(1.0)=-1<0$, $f(1.5)=1.5^3-1.5-1>0$,且当 $x\in[1.0,1.5]$ 时, $f'(x)=3x^2-1>0$,则 $f(x)=0$ 在 $[1.0,1.5]$ 内仅有一个根. 由式(2.5)知

$$n \geqslant \frac{\ln 0.5+2\ln 10}{\ln 2}-1\approx 4.6,$$

取 $n=5$,即可达到要求,计算结果见表 2.1.

表 2.1

n	a_n	b_n	x_{n+1}	$f(x_{n+1})$ 的符号
0	1.0	1.5	1.25	−
1	1.25	1.5	1.375	+
2	1.25	1.375	1.3125	−
3	1.3125	1.375	1.3438	+
4	1.3125	1.3438	1.3281	+
5	1.3125	1.3281	1.3203	−

取 $\frac{1.3125+1.3281}{2}=1.3203$ 作为根的近似值.

二分法的优点是程序简单,对 $f(x)$ 的光滑性要求不高;缺点是收敛速度较慢,不能求重根.

2.3 迭代法

迭代法是数值计算中一类典型的重要方法,尤其是电子计算机的普遍使用,使迭代法的应用更为广泛.

2.3.1 迭代法的基本思想

迭代法是一种逐步逼近的方法,它的基本思想是使用某个固定公式反复校正根的近

似值,从而得到一个近似根的序列$\{x_k\}$,使得该序列的极限就是方程的一个根.

对于一般方程$f(x)=0$用迭代法求根的具体做法是:

先将方程$f(x)=0$改写成便于迭代的等价形式

$$x=\varphi(x), \tag{2.6}$$

然后选定一个根的初始近似值x_0,代入$\varphi(x)$算得$x_1=\varphi(x_0)$.

一般而言,$x_1\neq x_0$,把x_1再代入$\varphi(x)$得$x_2=\varphi(x_1)$,$\cdots$,有如下递推关系式

$$x_{k+1}=\varphi(x_k),\quad k=0,1,2,\cdots, \tag{2.7}$$

这样继续下去就得到了一个数列

$$x_0,x_1,x_2,\cdots.$$

显然,如果$\varphi(x)$连续,数列$\{x_k\}$收敛到x^*,则有

$$x^*=\lim_{k\to\infty}x_{k+1}=\lim_{k\to\infty}\varphi(x_k)=\varphi(\lim_{k\to\infty}x_k)=\varphi(x^*),$$

即x^*满足方程$x=\varphi(x)$,由于方程$x=\varphi(x)$与$f(x)=0$等价,所以x^*即为方程$f(x)=0$的一个根.此时称该迭代法收敛,否则称为发散.

上述这种迭代法,是从一个初始近似值x_0出发计算迭代的,一般也称为单点迭代法,$\varphi(x)$称为迭代函数,式(2.7)称为迭代格式,由此产生的序列$\{x_k\}$称为迭代序列.显然,$\varphi(x)$依赖于函数$f(x)$,用不同的方法构造迭代函数就得到不同的迭代方法.

但是要注意,迭代法的效果并不总是令人满意的.迭代过程可能收敛,也可能发散,就是同一个方程,取不同迭代格式时也会得到完全不同的结果.

例 2.2 用迭代法求方程$f(x)=x^2+x-16=0$的根(已知方程的一个根是$x=3.5311289$).

解 把方程分别改写成下列三种等价的形式:

(1)$x=16-x^2$;(2)$x=\dfrac{16}{x+1}$;(3)$x=x-\dfrac{x^2+x-16}{2x+1}$.

取相同初值$x_0=3$,经分别迭代计算得到的结果见表2.2.

表 2.2

k	0	1	2	3	4	5	6	7	8	9
$x_{(1)}$	3	7	−33	−1073	−1151313					
$x_{(2)}$	3	4	3.2	3.810	3.326	3.699	3.405	3.632	3.454	3.592
$x_{(3)}$	3	3.571	3.531							

从表2.2可以看出,迭代格式(1)得到的迭代结果不收敛;迭代格式(2)得到的迭代序列虽然收敛,但收敛速度很慢;迭代格式(3)得到的迭代序列不但收敛,而且收敛速度很快,只迭代二次就得到很精确的近似值.

从上述计算可以看出,选取的迭代函数$\varphi(x)$不同,相应的迭代序列$\{x_k\}$的收敛情况也不一样.一个发散的迭代过程,纵使进行了千百次迭代,其结果也是毫无价值的;即使同是收敛的迭代过程,也有收敛速度快慢的问题.

因此,用迭代法求方程$f(x)=0$的近似解,需要讨论的问题是:迭代函数$\varphi(x)$的构造,迭代序列$\{x_k\}$的收敛性和收敛速度,以及误差估计.

下面分析一下迭代过程的几何意义:

求方程 $x=\varphi(x)$ 的解,在几何上就是要确定曲线 $y=\varphi(x)$ 与直线 $y=x$ 的交点 A 的横坐标 x^*,如图 2.2 所示.

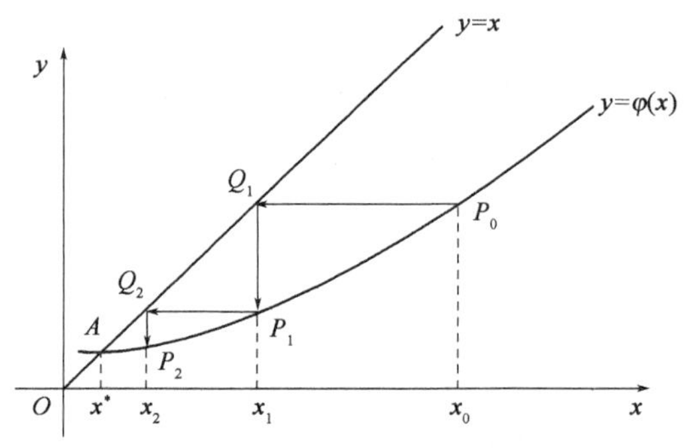

图 2.2

对于 x^* 的某个近似值 x_0,在曲线 $y=\varphi(x)$ 上可确定一点 P_0,它以 x_0 为横坐标,而纵坐标则等于 $\varphi(x_0)=x_1$,过 P_0 引平行 x 轴的直线,设交直线 $y=x$ 于点 Q_1,然后过 Q_1 再作平行于 y 轴的直线,它与曲线 $y=\varphi(x)$ 的交点记为 P_1,则点 P_1 的横坐标为 x_1,纵坐标则等于 $\varphi(x_1)=x_2$. 按图 2.2 中箭头所示的路径继续作下去,在曲线 $y=\varphi(x)$ 上得到点 P_1,P_2,…,其横坐标分别为依公式 $x_{k+1}=\varphi(x_k)$ 求得的迭代值 $x_1,x_2,\cdots$,如果点列 $\{P_k\}$ 趋向于 A,则相应的迭代值 x_k 收敛到所求根 x^*.

在什么情况下能保证迭代序列 $\{x_k\}$ 收敛呢?迭代序列的收敛主要取决于什么呢?下面将指出只要迭代函数 $\varphi(x)$ 满足一定的条件就可保证迭代序列收敛.

2.3.2 迭代法的全局收敛性

定理 2.1 设方程 $f(x)=0$ 迭代格式为

$$x_{k+1}=\varphi(x_k),\quad k=0,1,2,\cdots,\quad x\in[a,b].$$

设迭代函数 $\varphi(x)$ 在 $[a,b]$ 上具有连续的一阶导数,且

(1) 当 $x\in[a,b]$ 时,$a\leqslant\varphi(x)\leqslant b$;

(2) 存在正数 $L<1$,使对任意 $x\in[a,b]$ 有 $|\varphi'(x)|\leqslant L<1$ 成立.

则

①方程 $x=\varphi(x)$ 在 $[a,b]$ 上有唯一解 x^*,且对任意初始值 $x_0\in[a,b]$,迭代格式 $x_{k+1}=\varphi(x_k)\ (k=0,1,2,\cdots)$ 均收敛于 x^*;

② $|x^*-x_k|\leqslant\dfrac{L}{1-L}|x_k-x_{k-1}|$;

③ $|x^*-x_k|\leqslant\dfrac{L^k}{1-L}|x_1-x_0|,\quad k=1,2,\cdots$.

证明 ①由于 $\varphi'(x)$ 连续,作 $g(x)=x-\varphi(x)$,则 $g(x)$ 也连续,由条件知:

$$g(a)=a-\varphi(a)\leqslant 0,g(b)=b-\varphi(b)\geqslant 0,$$

则

$$g(a)\cdot g(b)\leqslant 0.$$

由连续函数介值定理知 $g(x)$ 在 $[a,b]$ 上必有一实根 x^*，即 $g(x^*)=0, x^*=\varphi(x^*)$，此即证明了根的存在性. 设还有一根 $\bar{x}^*\in[a,b]$，即 $\bar{x}^*=\varphi(\bar{x}^*)$，于是

$$\begin{aligned}|x^*-\bar{x}^*| &= |\varphi(x^*)-\varphi(\bar{x}^*)| \\ &= |\varphi'(\xi)(x^*-\bar{x}^*)|\leqslant L|x^*-\bar{x}^*| \quad (\xi\text{ 介于 }x^*\text{ 与 }\bar{x}^*\text{ 之间}).\end{aligned}$$

由于 $0<L<1$，则 $x^*=\bar{x}^*$，这就证明了根的唯一性.

由于

$$\begin{aligned}|x_{k+1}-x^*| &= |\varphi(x_k)-\varphi(x^*)| = |\varphi'(\xi_k)(x_k-x^*)|\leqslant L|x_k-x^*| \\ &\leqslant L^2|x_{k-1}-x^*|\leqslant\cdots\leqslant L^{k+1}|x_0-x^*|,\end{aligned}$$

当 $k\to\infty$ 时，$L^{k+1}\to 0$，即 $\lim\limits_{k\to\infty}x_{k+1}=x^*$.

②对于迭代格式 $x_{k+1}=\varphi(x_k)$，由于

$$|x_k-x^*| = |\varphi(x_{k-1})-\varphi(x_k)+\varphi(x_k)-\varphi(x^*)|\leqslant L|x_k-x_{k-1}|+L|x_k-x^*|,$$

从而得到

$$|x^*-x_k|\leqslant\frac{L}{1-L}|x_k-x_{k-1}|.$$

③由于

$$|x_k-x_{k-1}|=|\varphi(x_{k-1})-\varphi(x_{k-2})|\leqslant L|x_{k-1}-x_{k-2}|,$$

所以

$$|x^*-x_k|\leqslant\frac{L}{1-L}|x_k-x_{k-1}|\leqslant\frac{L^2}{1-L}|x_{k-1}-x_{k-2}|\leqslant\cdots\leqslant\frac{L^k}{1-L}|x_1-x_0|.$$

在实际计算中，对于给定的允许误差 ε，当相邻两次迭代的值满足 $|x_{k+1}-x_k|\leqslant\varepsilon$ 时，取 x_{k+1} 作为根的近似值. 由于给定 x_0 后，$x_1=\varphi(x_0)$ 就确定了，则 $|x_1-x_0|$ 为定值，若要求 $|x^*-x_k|<\varepsilon$，则

$$\frac{L^k}{1-L}|x_1-x_0|<\varepsilon, \tag{2.8}$$

解之得估计迭代次数 k 的值为

$$k\geqslant\ln\frac{\varepsilon(1-L)}{|x_1-x_0|}\bigg/\ln L. \tag{2.9}$$

图 2.3 为用迭代法求方程近似根的程序 N－S 图.

例 2.3 求方程 $x=\mathrm{e}^{-x}$ 在 $x_0=0.5$ 附近的近似根，要求精确到小数后三位.

解 设 $f(x)=x-\mathrm{e}^{-x}$，由于 $f(0.4)<0, f(0.7)>0$，知方程在区间 $[0.4,0.7]$ 上有一根. 取迭代格式

$$x_{k+1}=\mathrm{e}^{-x_k}=\varphi(x_k), k=0,1,\cdots,$$

此处迭代函数为 $\varphi(x)=\mathrm{e}^{-x}$.

(1) $\varphi(0.4)\approx 0.6703$，$\varphi(0.7)\approx 0.4966$，$\varphi(x)$ 单调，所以在区间 $[0.4,0.7]$ 上，

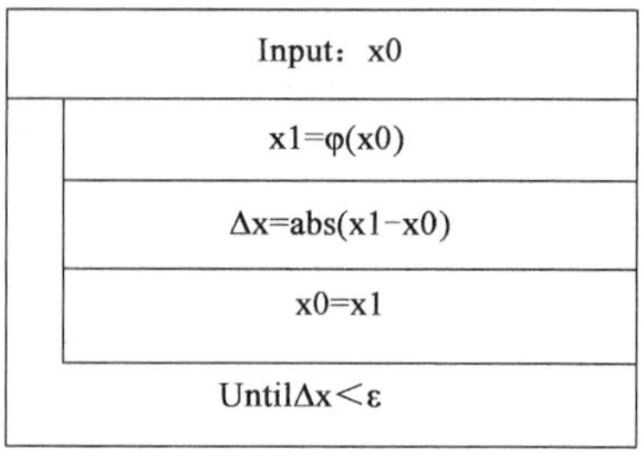

Input：x0
x1=φ(x0)
Δx=abs(x1-x0)
x0=x1
UntilΔx＜ε

图 2.3

$\varphi(x)\in[0.4,0.7]$;

(2)对 $x\in[0.4,0.7]$, $|\varphi'(x)|=e^{-x}\leqslant e^{-0.4}\approx0.6703<1$.

所以对于任意的迭代初值 $x_0\in[0.4,0.7]$,迭代格式 $x_{k+1}=e^{-x_k}=\varphi(x_k)$ 产生的数列都收敛于方程 $x=e^{-x}$的根.

取初值 $x_0=0.5$,利用迭代格式

$$x_{k+1}=e^{-x_k}=\varphi(x_k),\quad k=0,1,\cdots$$

进行计算,计算结果见表 2.3.

表 2.3

k	x_k	k	x_k
0	0.500	6	0.565
1	0.607	7	0.568
2	0.545	8	0.567
3	0.580	9	0.567
4	0.560		
5	0.571		

$x_9=0.567$ 已满足精度要求,故可取 $x^*\approx0.567$.

综上所述,用迭代法求方程 $f(x)=0$ 的根的近似值的计算步骤是:

(1)准备:选定初始近似值 x_0,确定方程 $f(x)=0$ 的等价形式 $x=\varphi(x)$.

(2)迭代:按公式 $x_1=\varphi(x_0)$计算 $\varphi(x_0)$的值.

(3)判别:如果公式 $|x_1-x_0|<\varepsilon$(ε 为预先给定的误差),则终止迭代,取 x_1 为根的近似值;否则用 x_1 代替 x_0 重复步骤(2)和(3).如果迭代次数超过预先指定的次数 N,仍达不到精度,则认为方法发散.

2.3.3 迭代法的局部收敛性

定理 2.1 给出的是迭代法 $x_{k+1}=\varphi(x_k)$ $(k=0,1,2,\cdots)$在区间$[a,b]$上的全局(整体)收敛性.下面讨论在不动点 x^* 附近的收敛性问题,即局部收敛性.

定义 2.1 设 $\varphi(x)$ 在某区间 I 有不动点 x^*,若存在 x^* 的一个闭邻域 $N(x^*)=[x^*-\delta,x^*+\delta]$ $(\delta>0)$,对任意的 $x_0\in N(x^*)$,迭代格式 $x_{k+1}=\varphi(x_k)$产生的序列$\{x_k\}$均

收敛于 x^*,则称迭代法 $x_{k+1}=\varphi(x_k)$ 局部收敛.

定理 2.2 设 x^* 为 $\varphi(x)$ 的不动点,在 x^* 的某邻域内 $\varphi'(x)$ 连续,且满足 $|\varphi'(x)|\leqslant L<1$,则迭代法 $x_{k+1}=\varphi(x_k)$ 局部收敛.

2.3.4 迭代法的收敛速度

迭代法是依靠收敛的迭代序列来求方程根的近似值.一个迭代法要具有实用的价值,首先要求它是收敛的,其次还要求它收敛得比较快.不同的迭代格式所得到的迭代序列即使都收敛,也会有收敛快慢之分,即存在一个收敛速度的问题.迭代过程的收敛速度,是指在接近收敛时迭代误差的下降速度.一般地,它主要由方法决定,方程的性态也会起一些影响.

用什么来反映迭代序列的收敛速度呢?下面引进迭代法的收敛阶的概念,这是迭代法的一个重要概念,它反映了迭代序列的收敛速度,是衡量一个迭代法好坏的标志之一.

定义 2.2 设序列 $\{x_k\}$ 是收敛于方程 $f(x)=0$ 的根 x^* 的迭代序列,即 $x^*=\lim\limits_{k\to\infty}x_k$,记 $e_k=x^*-x_k(k=0,1,2,\cdots)$ 表示各步的迭代误差,若有某个实数 p 和非零常数 C,使得

$$\lim_{k\to\infty}\frac{|e_{k+1}|}{|e_k|^p}=C(\neq 0),$$

则称序列 $\{x_k\}$ 是 p 阶收敛的.特别地,当 $p=1$ 时称线性收敛,$p=2$ 时称平方收敛,$p>1$ 时称超线性收敛.

由此可见,一个方法的收敛速度实际上就是绝对误差的收缩率.p 越大,绝对误差缩减得越快,也就是该方法收敛得越快.

定理 2.3 对于迭代过程 $x_{k+1}=\varphi(x_k)$,如果迭代函数 $\varphi(x)$ 在所求根 x^* 的邻近有连续的二阶导数,且 $|\varphi'(x)|<1$,则有

(1)当 $\varphi'(x)\neq 0$ 时,迭代过程为线性收敛;

(2)当 $\varphi'(x)=0$,而 $\varphi''(x)\neq 0$ 时,迭代过程为平方收敛.

证明 (1)由于

$$e_{k+1}=x^*-x_{k+1}=\varphi(x^*)-\varphi(x_k)=\varphi'(\xi_k)(x^*-x_k),$$

则

$$\frac{|e_{k+1}|}{|e_k|}=|\varphi'(\xi_k)|\to|\varphi'(x^*)|(k\to\infty),$$

这样,若 $\varphi'(x)\neq 0$,则该迭代过程为线性收敛.

(2)若 $\varphi'(x)=0$,将 $\varphi(x_k)$ 在根 x^* 处作泰勒展开

$$\varphi(x_k)=\varphi(x^*)+\varphi'(x^*)(x_k-x^*)+\frac{\varphi''(\xi_k)}{2!}(x_k-x^*)^2,$$

故

$$|e_{k+1}|=|x^*-x_{k+1}|=\frac{|\varphi''(\xi_k)|}{2!}|e_k|^2,$$

即

$$\frac{|e_{k+1}|}{|e_k|^2}=\frac{|\varphi''(\xi_k)|}{2!}\to\frac{|\varphi''(x^*)|}{2!}(k\to\infty).$$

这表明此时迭代过程为平方收敛.

由上述定理可知,迭代过程的收敛速度取决于迭代函数 $\varphi(x)$ 的选取. 当 $x\in[a,b]$ 时,$\varphi'(x)\neq 0$,则该迭代过程只可能是线性收敛.

2.3.5 迭代收敛的加速方法

对于一个收敛的迭代过程,只要迭代次数足够多,从理论上讲就能得到满足任意精度的结果. 但这里有一个重要的问题,即收敛速度问题,若迭代过程收敛速度太慢,则计算工作量就会很大,这是不实用的. 因而有必要研究加速迭代收敛的方法.

设 x_k 是 x^* 的某个近似值,经过一次迭代得

$$\bar{x}_{k+1}=\varphi(x_k),$$

$$x^*-\bar{x}_{k+1}=\varphi(x^*)-\varphi(x_k)=\varphi'(\xi_k)(x^*-x_k),$$

其中 ξ_k 是介于 x^* 和 x_k 之间的某个点.

假定 $\varphi'(x)$ 在求根范围内变化不大,近似地取某个近似值 L,自然要求 $|L|<1$,于是得近似公式

$$x^*-\bar{x}_{k+1}\approx L(x^*-x_k),$$

移项整理得

$$x^*\approx\frac{1}{1-L}\bar{x}_{k+1}-\frac{L}{1-L}x_k,$$

于是有

$$x^*-\bar{x}_{k+1}\approx\frac{L}{1-L}(\bar{x}_{k+1}-x_k).$$

这说明,迭代值 $\bar{x}_{k+1}$ 的误差可以用迭代初值 x_k 和迭代终值 $\bar{x}_{k+1}$ 大致地估计出来. 如果用这样得到的误差值 $\frac{L}{1-L}(\bar{x}_{k+1}-x_k)$ 来改进 $\bar{x}_{k+1}$,则可以期望所得到的

$$x_{k+1}=\bar{x}_{k+1}+\frac{L}{1-L}(\bar{x}_{k+1}-x_k)=\frac{1}{1-L}\bar{x}_{k+1}-\frac{L}{1-L}x_k$$

是一个比 $\bar{x}_{k+1}$ 更好的近似值.

经过这样加工后的计算过程可归纳为

$$\begin{cases}\text{迭代 } \bar{x}_{k+1}=\varphi(x_k),\\ \text{改进 } x_{k+1}=\bar{x}_{k+1}+\dfrac{L}{1-L}(\bar{x}_{k+1}-x_k),\end{cases}$$

这便建立了一种迭代加速公式.

例 2.4 用加速收敛的方法求方程 $x=e^{-x}$ 在 $x_0=0.5$ 附近的根.

解 取 $\varphi(x)=e^{-x}$,在 $x_0=0.5$ 附近,$\varphi'(x)=-e^{-x}\approx-0.6$,取 $L=-0.6$,故上述迭

代加速公式的具体形式是

$$\begin{cases} \bar{x}_{k+1} = e^{-x_k}, \\ x_{k+1} = \bar{x}_{k+1} + \dfrac{0.6}{1.6}(\bar{x}_{k+1} - x_k). \end{cases}$$

取 $x_0 = 0.5$，用五位小数的计算结果见表 2.4.

表 2.4

k	0	1	2	3	4
x_k	0.50000	0.56658	0.56713	0.56714	0.56714

与例 2.3 相比可以看出，这里迭代值 x_1 的精度与表 2.3 中的 x_9 相近，而 x_3 已精确到五位小数，可见迭代加速公式的效果是很明显的.

然而，用上述加速方法计算时，在确定 L 时要用到迭代函数的导数 $\varphi'(x)$，这在实际使用时不太方便. 假若在求得方程根 x^* 某个近似值 x_k 以后，先求出迭代值 $x_{k+1}^{(1)} = \varphi(x_k)$，然后再迭代一次，又得一个迭代值 $x_{k+1}^{(2)} = \varphi(x_{k+1}^{(1)})$，再利用前后两次的迭代值 $x_{k+1}^{(1)}$ 和 $x_{k+1}^{(2)}$ 构造格式

$$x_{k+1} = x_{k+1}^{(2)} - \frac{[x_{k+1}^{(2)} - x_{k+1}^{(1)}]^2}{x_{k+1}^{(2)} - 2x_{k+1}^{(1)} + x_k},$$

这样构造的迭代公式不再含有关于导数的信息，但是每步先要进行二次迭代，这一过程叫作埃特金(Aitken)加速方法. 可以证明，它是一个二阶收敛的方法，一般可以用它来加速具有线性收敛序列的收敛速度.

若记 $y_k = \varphi(x_k)$，$z_k = \varphi(y_k)$，$k = 0,1,2,\cdots$，则上式可写成如下的斯蒂芬森(Steffensen)迭代法：

$$\begin{cases} y_k = \varphi(x_k), z_k = \varphi(y_k), \\ x_{k+1} = x_k - \dfrac{(y_k - x_k)^2}{z_k - 2y_k + x_k}, k = 0,1,2,\cdots. \end{cases}$$

可以证明，斯蒂芬森(Steffensen)迭代法是二阶收敛的，而且极限仍为 x^*.

2.4　牛顿法

2.4.1　迭代格式

设有一个非线性方程 $f(x) = 0$，设 $f(x)$ 在 $[a,b]$ 上连续，$f(a) \cdot f(b) < 0$，且 x_0 为 $[a,b]$ 上根 $x^* \in [a,b]$ 的一个近似值. 过 $(x_0, f(x_0))$ 作曲线 $y = f(x)$ 的切线，其方程为

$$y - f(x_0) = f'(x_0)(x - x_0).$$

上式与 x 轴的交点记为 x_1，作为根的近似值，即在上式中令 $y = 0$，可得

$$x_1 = x_0 - \frac{f(x_0)}{f'(x_0)}.$$

同理，过 $(x_1, f(x_1))$ 作 $y = f(x)$ 的切线，方程为

$$y-f(x_1)=f'(x_1)(x-x_1),$$

其与 x 轴交点 $x_2=x_1-\dfrac{f(x_1)}{f'(x_1)}$可作为根的另一近似值.

依此类推,过$(x_{n-1},f(x_{n-1}))$作 $y=f(x)$的切线,方程为

$$y-f(x_{n-1})=f'(x_{n-1})(x-x_{n-1}),$$

其与 x 轴交点记为 $x_n=x_{n-1}-\dfrac{f(x_{n-1})}{f'(x_{n-1})}$,可以作为方程$f(x)=0$ 根的近似值.

由上述过程,可生成下列形式的牛顿迭代格式

$$\begin{cases} x_0(\text{初始值}), \\ x_n=x_{n-1}-\dfrac{f(x_{n-1})}{f'(x_{n-1})}, \quad n=1,2,3,\cdots. \end{cases} \tag{2.10}$$

因此,牛顿法有时也称为切线法.

2.4.2 牛顿法的收敛性

在式(2.6)中,当取 $\varphi(x)=x-\dfrac{f(x)}{f'(x)}$时,牛顿法实际上是一种迭代法,由定理 2.1 知:当$|\varphi'(x)|\leqslant L<1$ 时,牛顿迭代格式收敛,而

$$\varphi'(x)=1-\frac{[f'(x)]^2-f(x)\cdot f''(x)}{[f'(x)]^2}=\frac{f(x)\cdot f''(x)}{[f'(x)]^2},$$

于是有如下定理:

定理 2.4 设$f'(x)$存在,且$f'(x)$在方程$f(x)=0$ 的根 x^* 附近不为零,若

$$\left|\frac{f(x)\cdot f''(x)}{[f'(x)]^2}\right|\leqslant L<1,$$

则牛顿迭代格式收敛,且$\lim\limits_{n\to\infty}x_n=x^*$.

上述定理中,其实要求 x_0 要充分靠近 x^* 时才能保证收敛. 下面给出牛顿法在大范围内收敛的定理.

定理 2.5 设$f(x)$在$[a,b]$上满足下列条件:

(1)$f(a)\cdot f(b)<0$;

(2)$f'(x)\neq 0$;

(3)$f''(x)$存在且不变号;

(4)取 $x_0\in[a,b]$,使$f''(x_0)\cdot f(x_0)>0$.

则由式(2.10)生成的牛顿迭代序列$\{x_n\}$收敛于$f(x)=0$ 在$[a,b]$上的唯一根.

证明略. 下面分析一下定理的条件:条件(1)保证根的存在性;条件(2)表明$f(x)$单调,即根唯一;条件(3)保证$f(x)$的曲线凹凸性不变;条件(4)保证当 $x\in[a,b]$时,$\varphi(x)\in[a,b]$.

图 2.4 给出了满足定理条件的四种情况. 由四种情况可以看出,只要选取$f(x_0)$与$f''(x_0)$同号,则 $x_0,x_1,\cdots,x_n$ 单调收敛于 x^*.

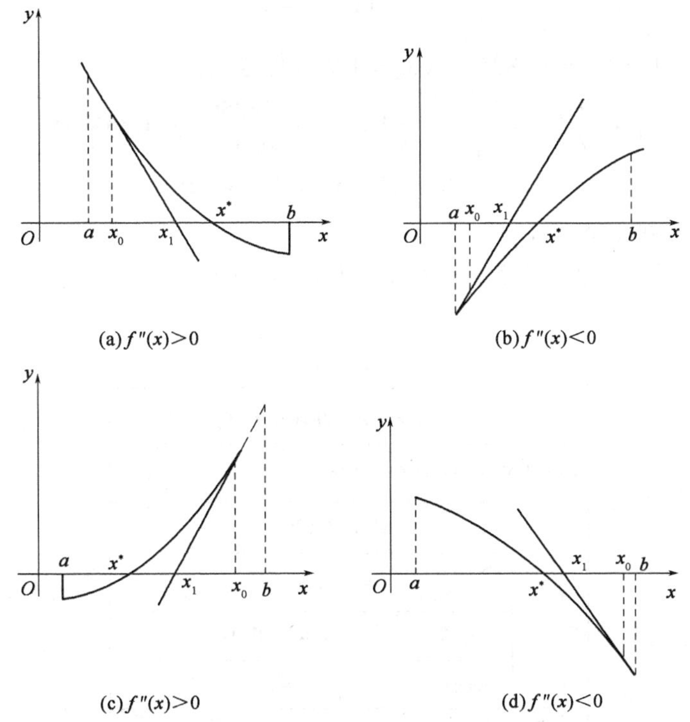

图 2.4

例 2.5 用牛顿法求方程 $f(x)=x^3-2x^2-4x-7=0$ 在[3,4]内根的近似值,准确到三位有效数字.

解 由于 $f(3)=-10<0$, $f(4)=9>0$, $f'(x)=3x^2-4x-4$, $f''(x)=6x-4$. 当 $x\in[3,4]$ 时, $f'(x)>0$, $f''(x)>0$,满足定理 2.5 的条件,则取 $x_0=4$,经过式(2.10)牛顿迭代有

$$x_1=x_0-\frac{f(x_0)}{f'(x_0)}=3.678,$$

$$x_2=x_1-\frac{f(x_1)}{f'(x_1)}=3.633,$$

$$x_3=x_2-\frac{f(x_2)}{f'(x_2)}=3.632,$$

$$x_4=x_3-\frac{f(x_3)}{f'(x_3)}=3.632,$$

则方程根的近似值为: $x^*=3.63$.

例 2.6 用牛顿迭代法建立求平方根 $\sqrt{c}$ 的迭代格式,并求 $\sqrt{0.78256}$.

解 令 $f(x)=x^2-c=0$,则 $\sqrt{c}\,(c>0)$ 为方程 $f(x)=0$ 的根,且 $f'(x)=2x$. 则求 $\sqrt{c}\,(c>0)$ 的牛顿迭代格式为

$$x_{n+1}=x_n-\frac{x_n^2-c}{2x_n}=\frac{1}{2}\left(x_n+\frac{c}{x_n}\right),\quad n=0,1,2,\cdots. \tag{2.11}$$

在式(2.11)中,令 $c=0.78256$,取 $x_0=0.9$ 进行迭代:

$$x_1=\frac{1}{2}\left(x_0+\frac{c}{x_0}\right)=\frac{1}{2}\left(0.9+\frac{0.78256}{0.9}\right)\approx 0.884756,$$

$$x_2=0.8846224,x_3=0.884624,$$

取 $\sqrt{0.78256}\approx 0.884624$.

图 2.5 给出了牛顿法求方程近似根的子程序 N - S 图.

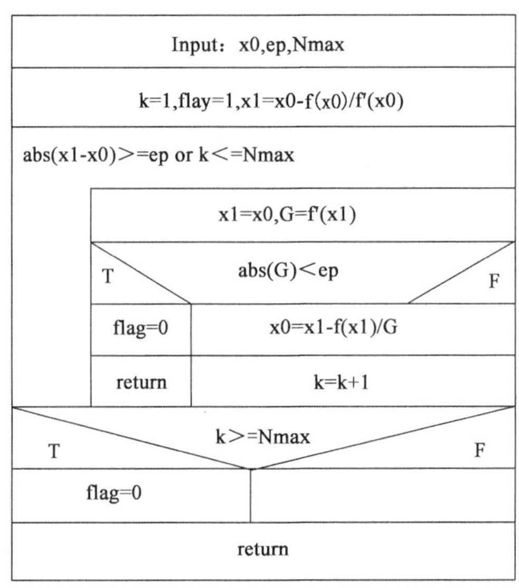

图 2.5

2.4.3 重根情形的牛顿法

在定理 2.4 中假定 $f'(x^*)\neq 0$,即 x^* 是方程 $f(x)=0$ 的单根.下面讨论方程 $f(x)=0$ 有多重根时牛顿法的收敛情况.设 x^* 为方程 $f(x)=0$ 的 m 重根($m\geqslant 2$),$f(x)$ 在 x^* 的某邻域内有 m 阶连续导数,则

$$f(x^*)=f'(x^*)=\cdots=f^{(m-1)}(x^*)=0,f^{(m)}(x^*)\neq 0.$$

由泰勒公式可得

$$f(x)=\frac{1}{m!}f^{(m)}(\xi_1)(x-x^*)^m,f'(x)=\frac{1}{(m-1)!}f^{(m)}(\xi_2)(x-x^*)^{m-1},$$

$$f''(x)=\frac{1}{(m-2)!}f^{(m)}(\xi_3)(x-x^*)^{m-2},$$

其中 ξ_1,ξ_2,ξ_3 都在 x 与 x^* 之间.由牛顿法的迭代函数 $\varphi(x)=x-\dfrac{f(x)}{f'(x)}$ 可以得到 $\varphi'(x^*)=1-\dfrac{1}{m}<1$,所以对于 $m(m\geqslant 2)$ 重根情况,牛顿法仍然收敛,但只是线性收敛,而

对于单根的情况,牛顿法是平方收敛的.

处理方法有:

(1)令 $\varphi(x)=x-m\frac{f(x)}{f'(x)}$,则 $\varphi'(x^*)=0$,因此得到平方收敛的方法

$$x_{k+1}=x_k-m\frac{f(x_k)}{f'(x_k)},\quad k=0,1,2,\cdots. \tag{2.12}$$

实际上,由于事先很难知道根的重数 m,所以实际计算时难以应用式(2.12).

(2)令 $\mu(x)=\frac{f(x)}{f'(x)}$,若 x^* 为方程 $f(x)$ 的 m 重零点($m\geqslant 2$),则 x^* 为 $\mu(x)$ 的单重零点,此时取迭代函数

$$\varphi(x)=x-\frac{\mu(x)}{\mu'(x)}=x-\frac{f(x)f'(x)}{[f'(x)]^2-f(x)f''(x)},$$

得到迭代格式为

$$x_{k+1}=x_k-\frac{f(x_k)f'(x_k)}{[f'(x_k)]^2-f(x_k)f''(x_k)},\quad k=0,1,\cdots. \tag{2.13}$$

此迭代格式是二阶收敛,但缺点是需要计算 $f''(x_k)$,计算量稍大一些.

2.4.4 牛顿下山法

由牛顿法的收敛性定理可知,牛顿法对初值 x_0 的要求是很苛刻的,在实际应用中往往难以给出较好的初值 x_0. 牛顿下山法是一种降低对初值要求的修正的牛顿法.

方程 $f(x)=0$ 的解 x^* 是函数 $|f(x)|$ 的最小值点,即

$$0=|f(x^*)|=\min_x|f(x)|. \tag{2.14}$$

若视 $|f(x)|$ 为 $f(x)$ 在 x 处的高度,则 x^* 是山谷最低点. 如果序列 $\{x_k\}$ 满足 $|f(x_{k+1})|<|f(x_k)|$,则称 $\{x_k\}$ 是 $f(x)$ 的一个下山序列. 下山序列的一个极限点不一定是方程 $f(x)=0$ 的解,但收敛的牛顿序列除去有限点外一定是下山序列. 这是因为 $f(x_{k+1})=f(x_{k+1})-f(x^*)=f'(\xi_{k+1})(x_{k+1}-x^*)$.

由泰勒展开式

$$f(x)=f(x_k)+f'(x_k)(x-x_k)+\frac{1}{2!}f''(\eta_k)(x-x_k)^2,$$

令 $x=x^*$ 并且 $f(x^*)=0$,可得

$$f(x_k)+f'(x_k)(x^*-x_k)+\frac{1}{2!}f''(\eta_k)(x^*-x_k)^2=0,$$

$$x^*=\underbrace{x_k-\frac{f(x_k)}{f'(x_k)}}_{x_{k+1}}-\frac{1}{2}\frac{f''(\eta_k)}{f'(x_k)}(x^*-x_k)^2,$$

所以

$$x_{k+1}-x^*=\frac{1}{2}\frac{f''(\eta_k)}{f'(x_k)}(x^*-x_k)^2.$$

而

$$f(x_k)=f(x_k)-f(x^*)=f'(\xi_k)(x_k-x^*),$$

所以

$$(x_k-x^*)^2=\left[\frac{f(x_k)}{f'(\xi_k)}\right]^2,$$

从而

$$f(x_{k+1})=\frac{f'(\xi_{k+1})f''(\eta_k)}{2f'(x_k)}\left[\frac{f(x_k)}{f'(\xi_k)}\right]^2.$$

当 $k\to\infty$ 时

$$\frac{f(x_{k+1})}{f^2(x_k)}\to\frac{f''(x^*)}{[f'(x^*)]^2},$$

说明当 $k\to\infty$ 时,$f(x_{k+1})$ 和 $[f(x_k)]^2$ 是同阶无穷小量,从而,当 k 充分大时,$f(x_{k+1})<f(x_k)$. 所以收敛的牛顿序列除去有限点外一定是下山序列.

引理 若 $f(x)\in C^2[a,b]$,且 $f(x)\neq 0$, $f'(x)\neq 0$,则存在 $\delta>0$,使得当 $0<t<\delta$ 时,$\left|f(x-t\frac{f(x)}{f'(x)}\right|<|f(x)|, x\in[a,b]$.

由引理可知,$-\frac{f(x)}{f'(x)}$是 $f(x)$ 在 x 点的下山方向. 可以选择适当的 $t_k>0$,使 $x_{k+1}=x_k-t_k\frac{f(x_k)}{f'(x_k)}$满足 $f(x_{k+1})<f(x_k)$, $k=0,1,2,\cdots$.

在牛顿迭代格式中引入下山因子 $t_k\in(0,1]$,将迭代格式修改为

$$x_{k+1}=x_k-t_k\frac{f(x_k)}{f'(x_k)},\quad k=0,1,2,\cdots,\tag{2.15}$$

使得 $f(x_{k+1})<f(x_k)$. 为保证收敛性,t_k 不能太小;为保证牛顿法的高阶收敛性,希望当 k 充分大时,$t_k=1$,转化为标准的牛顿法. 下山因子 t_k 的一种常用取法是取自集合 $\left\{1,\frac{1}{2},\frac{1}{4},\cdots\right\}$. 这种把下山法和牛顿法结合起来使用的方法,称为**牛顿下山法**.

牛顿下山法的计算步骤如下:

(1)选取初值 x_0;

(2)对 t 赋值 1;

(3)计算 $x_{k+1}=x_k-t\frac{f(x_k)}{f'(x_k)}$;

(4)判断条件 $|f(x_{k+1})|<|f(x_k)|$是否成立:

如果 $|f(x_{k+1})|<|f(x_k)|$,则有两种情况:

①当 $|x_{k+1}-x_k|<\varepsilon_x$ 时,$x^*\approx x_{k+1}$,计算终止;

②当 $|x_{k+1}-x_k|\geqslant\varepsilon_x$ 时,把 x_{k+1}作为新的 x_k,返回(2)继续迭代;

如果 $|f(x_{k+1})|\geqslant|f(x_k)|$,也有两种情况:

①当 $t>\varepsilon_t$ 且 $|f(x_{k+1})|\geqslant\varepsilon_f$ 时,将 t 缩小一半,返回(3),继续迭代;

②当 $t\leqslant\varepsilon_t$ 且 $|f(x_{k+1})|<\varepsilon_f$,则 $x^*\approx x_{k+1}$终止计算,否则取 $x_{k+1}+\delta$(δ 为一适当增量)作为新的 x_k,返回(2)继续迭代.

上述步骤中 $\varepsilon_x,\varepsilon_f$ 分别表示根的允许误差和残量精度要求,ε_t 为下山因子下界.

2.5 割线法

如果 $f(x)$ 的表达式很复杂,则求其导数很困难,此时可将牛顿迭代法中的导数用差商来代替,即

$$\frac{f(x_k)-f(x_{k-1})}{x_k-x_{k-1}}\approx f'(x_k),$$

则此时格式(2.10)变成

$$\begin{cases}\text{初值 } x_0,x_1, \\ x_{k+1}=x_k-\dfrac{f(x_k)}{f(x_k)-f(x_{k-1})}(x_k-x_{k-1}), \quad k=2,3,\cdots,\end{cases} \tag{2.16}$$

由式(2.16)生成的迭代法称为割线法.

割线法的几何意义如图2.6所示,它是用割线 $P_{k-1}P_k$ 与 x 轴交点的横坐标 x_{k+1} 来代替曲线 $y=f(x)$ 与 x 轴交点的横坐标 x^* 的近似值.

割线法与牛顿法一样,即在根的某个邻域内,$f(x)$ 有直至二阶的连续导数,且 $f'(x)\neq 0$,则在邻域内选取初值 x_0,x_1,迭代均收敛.

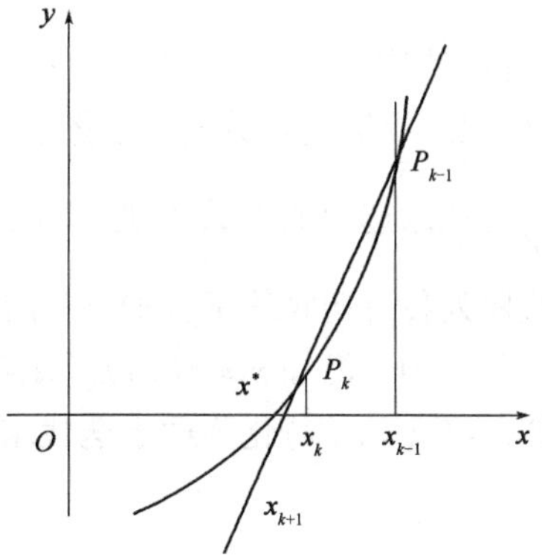

图 2.6

例 2.7 用割线法求方程 $x^3-x-1=0$ 在 $x=1.5$ 附近的根,保留五位有效数字.

解 取初始值 $x_0=1.5,x_1=1.4$,用式(2.16)进行迭代:

$$x_2=x_1-\frac{(x_1^3-x_1-1)(x_1-x_0)}{(x_1^3-x_1-1)-(x_0^3-x_0-1)}=1.33522$$

同理可以得到

$$x_3=1.32541,x_4=1.32472,x_5=1.32472.$$

取 $x^*\approx 1.3247$ 作为方程根的近似值.

习题二

2.1 利用二分法求方程 $f(x)=x^3-2x-5=0$ 在[2,3]内根的近似值,并指出误差.

2.2 证明方程 $1-x-\sin x=0$ 在[0,1]内有一个根,使用二分法求误差不大于 $\frac{1}{2}\times 10^{-4}$ 的根要二分多少次?

2.3 建立求解下列方程的一种收敛的迭代格式,并证明其收敛性:

(1) $x=(\cos x+\sin x)/4$; (2) $x=4-2^x$.

2.4 为求方程 $x^3-x^2-1=0$ 在 $x_0=1.5$ 附近的一个根,设将方程改写为下列等价形

式,并建立相应的迭代公式:

(1)$x=1+\frac{1}{x^2}$,迭代公式 $x_{k+1}=1+\frac{1}{x_k^2}$;

(2)$x^3=x^2+1$,迭代公式 $x_{k+1}=\sqrt[3]{x_k^2+1}$;

(3)$x^2=\frac{1}{x-1}$,迭代公式 $x_{k+1}=\sqrt{1/(x_k-1)}$.

试分析每种迭代公式的收敛性,并取一种公式求出具有四位有效数字的近似根.

2.5 应用牛顿法解方程 $x^3-a=0$,导出求立方根$\sqrt[3]{a}$的近似公式.

2.6 用牛顿法求 $x^3-3x-1=0$ 在 $x=2$ 附近实根的近似值,要求根的近似值具有四位有效数字.

2.7 用割线法求 $x^3-3x-1=0$ 在 $x=2$ 附近实根的近似值,取 $x_0=2,x_1=1.9$,保留四位有效数字.

2.8 对方程 $f(x)=1-\frac{a}{x^2}=0$ 应用牛顿法,导出求$\sqrt{a}$的迭代公式,并用此公式求$\sqrt{115}$的值.

2.9 给定函数$f(x)$,设对一切 x, $f'(x)$存在且 $0<m\leqslant f'(x)\leqslant M$,证明对于 $0<\lambda<\frac{2}{M}$内任意选定的参数 λ,迭代格式 $x_{k+1}=x_k-\lambda f(x_k)(k=0,1,2,\cdots)$由任初值 x_0 产生的迭代序列$\{x_k\}$均收敛于$f(x)=0$ 的根.

2.10 已知 $x=\varphi(x)$在$[a,b]$内只有一个根,但$|\varphi'(x)|\geqslant K>1$, $\forall x\in(a,b)$试讨论如何将 $x=\varphi(x)$化为适于迭代求解的形式.

复习题二

2.1 对于方程 $e^x+10x-2=0$,

(1)证明此方程在(0,1)内有一个实根 x^*,并用二分法求这个根,若要求$|x_k-x^*|<10^{-6}$,需二分区间[0,1]多少次?

(2)构造求解该方程的根的迭代法 $x_{k+1}=\varphi(x_k)(k=0,1,2,\cdots)$,讨论其收敛性,并将根求出来,使其满足$|x_{k+1}-x_k|<10^{-5}$.

2.2 对于迭代函数 $\varphi(x)=x+c(x^2-3)$,试讨论:

(1)当 c 为何值时,迭代格式 $x_{k+1}=\varphi(x_k)$产生的序列$\{x_k\}$收敛于$\sqrt{3}$?

(2)c 取何值时收敛最快?

(3)取 $c=\frac{1}{2}$和$\frac{1}{2\sqrt{3}}$,分别计算 $\varphi(x)$的不动点$\sqrt{3}$,要求$|x_{k+1}-x_k|<10^{-5}$.

2.3 对于牛顿迭代公式 $x_{k+1}=x_k-\frac{f(x_k)}{f'(x_k)}$,证明:

$$\lim_{k\to\infty}\frac{x_k-x_{k-1}}{(x_{k-1}-x_{k-2})^2}=-\frac{1}{2}\frac{f''(x^*)}{f'(x^*)}.$$

2.4 方程 $x^3-2x-5=0$ 在 $x=2$ 附近有根,把方程写成三种不同的等价形式:

(1) $x=\sqrt[3]{2x+5}$ 对应迭代格式 $x_{k+1}=\sqrt[3]{2x_k+5}$;

(2) $x=\sqrt{2+\frac{5}{x}}$ 对应迭代格式 $x_{k+1}=\sqrt{2+\frac{5}{x_k}}$;

(3) $x=x^3-x-5$ 对应迭代格式 $x_{k+1}=x_k^3-x_k-5$.

判断迭代格式在 $x_0=2$ 的收敛性,选一种收敛格式计算 $x_0=2$ 附近的根,精确到小数点后第二位.

2.5 对方程 $xe^x-1=0$,构造收敛的简单迭代格式 $x_{k+1}=\varphi(x_k)\ (k=0,1,2,\cdots)$,求其根,要求写出完全的推理论证过程及迭代计算过程,且 $|x_{k+1}-x_k|<10^{-4}$.

2.6 曲线 $y=x^3$ 与 $y=1-x$ 在点(0.7,0.3)附近有一交点 $(\bar{x},\bar{y})$,试用牛顿迭代法求 $\bar{x}$ 的近似值 x_k,要求 $|x_k-x_{k-1}|<10^{-4}$.

2.7 曲线 $y=x^3-0.51x+1$ 与 $y=2.4x^2-1.89$ 在点(1.6,1)附近相切,试用牛顿迭代法求切点横坐标的近似值 x_{k+1},使 $|x_{k+1}-x_k|\leqslant 10^{-5}$.

2.8 试构造一个求方程 $e^x+x=2$ 根的收敛的迭代格式,要求说明收敛理由,并求根的近似值 x_k,使 $|x_k-x_{k-1}|<10^{-2}$.

上机实践题二

2.1 二分法:

(1) 简述二分法的基本原理;

(2) 给定方程 $f(x)=x^3+4x^2-10=0$,在区间[1,2]上有一实根 x^*;

(3) 编制实现二分法计算该方程的程序,要求 $|x_{k+1}-x^*|<\frac{1}{2^2}\times 10^{-3}$.

2.2 迭代法实验:

考虑一个方程 $x^2-x-1=0$,构造三种迭代格式:

(1) $x_{k+1}=x_k^2-1$;(2) $x_{k+1}=1+\frac{1}{x_k}$;(3) $x_{k+1}=\sqrt{x_k+1}$.

在实轴上选取初值 x_0,分别用以上迭代做实验,记录各算法的迭代过程.

实验要求:

(1) 取定某个初始值,按以上迭代格式进行计算,它们的收敛性如何?重复选取不同的初值,反复实验.请自行设计一种比较形象的记录方式(如利用 MATLAB 的图形功能),分析三种迭代法的收敛性与初值选取的关系.

(2) 对三个迭代法中的某一个,取不同的初值进行迭代,结果如何?试分析迭代法对不同的初值是否有差异?

2.3 牛顿法:

用牛顿法求正实数 a 的平方根 $\sqrt{a}$,要求:

(1) 建立对应的牛顿迭代格式;

(2)编制对应的计算机程序,给定一个具体的 a 值,确定迭代初值;

(3)确定迭代次数或相邻两次迭代误差作为迭代结束的准则;

(4)分析迭代收敛性和迭代结果.

第3章 线性代数方程组的解法

3.1 引言

3.1.1 研究数值解法的必要性

在生产实践和科学研究中及数学的一系列分支里，经常会遇到求解线性代数方程组的问题. 如在物理学、生物学、自然科学、社会科学等领域中会遇到求解线性代数方程组的问题；网络问题、最优化问题、函数逼近、常微分方程与偏微分方程的边值问题等，也要用到求解线性代数方程组，且其中很多问题求解的未知元多达几百个，甚至几千个，对于这种大型的方程组的求解，仅用线性代数中的克莱姆法则是难以实施的，必须掌握线性代数方程组的数值解法，特别是设计能够利用计算机进行数值求解的方法.

设有 n 阶线性代数方程组

$$\begin{cases} a_{11}x_1 + a_{12}x_2 + \cdots + a_{1n}x_n = b_1, \\ a_{21}x_1 + a_{22}x_2 + \cdots + a_{2n}x_n = b_2, \\ \cdots\cdots\cdots\cdots\cdots\cdots\cdots\cdots \\ a_{n1}x_1 + a_{n2}x_2 + \cdots + a_{nn}x_n = b_n, \end{cases} \tag{3.1}$$

其中 $x_i(i=1,2,\cdots,n)$ 为未知元，$a_{ij}(i,j=1,2,\cdots,n)$，$b_i(i=1,2,\cdots,n)$ 为常数.

或写成矩阵形式

$$\boldsymbol{A}\boldsymbol{x} = \boldsymbol{b},$$

$\boldsymbol{A}=(a_{ij})_{n\times n}$是由方程组系数组成的 n 阶矩阵，称为系数矩；$\boldsymbol{b}=(b_1,b_2,\cdots,b_n)^{\mathrm{T}}$ 是由右端项组成的 n 维列向量，称为右端向量；$\boldsymbol{x}=(x_1,x_2,\cdots,x_n)^{\mathrm{T}}$ 是由未知元组成的 n 维列向量，称为解向量.

由线性代数知识可知，当且仅当 $\det(\boldsymbol{A})\neq 0$，即 $\boldsymbol{A}$ 非奇异时，根据克莱姆法则，线性代数方程组(3.1)存在唯一解，并可表示成两个行列式之比

$$x_i = \frac{D_i}{D}(i = 1,2,\cdots,n),$$

其中 $D = |\boldsymbol{A}|$ 为系数行列式.

D_i 是将行列式 D 的第 i 列用右端向量 $\boldsymbol{b}$ 来代替所成的行列式,但这种方法在实际使用时仅适用于低阶方程组,对于高阶方程组并不适用. 而实际问题计算时,经常会遇到高阶方程组,特别是当前工程中遇到的大部分问题最终都归结为大型方程组的求解,这就要求人们提供依靠计算机求解方程组的行之有效的数值解法.

3.1.2 数值解法分类

假定方程组的系数矩阵非奇异. 目前,计算机上解线性代数方程组的数值方法尽管很多,但归纳起来,大致可以分为两大类:一类是直接法,另一类是迭代法.

所谓直接法是指这样一类方法,若不计算过程的舍入误差(即假定计算都是精确进行的),经过有限次运算后,能求得方程组的精确解. 但实际计算时,由于机器只能用有限位小数做运算,所以不可能没有舍入误差. 由于舍入误差的存在和影响,这种方法也只能求得方程组的近似解.

所谓迭代法,就是用通过某种极限过程去逐步逼近方程组精确解的方法. 由于迭代法不需要存储系数矩阵的零元素,因而适用于求解系数矩阵为大型稀疏矩阵的方程组,同时还由于计算机程序设计比较简单,原始系数矩阵在计算中始终保持不变,所以迭代法被广泛使用,但迭代法存在收敛性和收敛速度的问题,往往要求方程组的系数矩阵具有某些特殊的性质. 另外,用迭代法时,不可能把极限过程进行到底,只是把迭代进行有限多次,使迭代若干次所得的结果达到一定的精度,因而在有限步内所得到的解也只能是近似解.

3.2 高斯消去法

高斯(Gauss)消去法是解线性方程组最常用的直接方法之一,它的基本思想是通过逐步消元,把原方程组的系数矩阵化为三角形矩阵的同解方程组,然后用回代法解此三角形方程组可得方程组的解.

3.2.1 三角形方程组的解

系数矩阵为三角形矩阵的线性方程组很容易求解,如上三角形方程组

$$\begin{cases} u_{11}x_1 + u_{12}x_2 + \cdots + u_{1n}x_n = b_1, \\ \qquad\quad u_{22}x_2 + \cdots + u_{2n}x_n = b_2, \\ \qquad\qquad \cdots\cdots\cdots\cdots \\ \qquad\qquad\qquad u_{nn}x_n = b_n, \end{cases} \tag{3.2}$$

若 $u_{ii} \neq 0(i = 1,2,\cdots,n)$,从式(3.2)的最后一个方程,逐次向上回代求出 $x_n, x_{n-1}, \cdots, x_2, x_1$,有

$$\begin{cases} x_n = b_n/u_{nn}, \\ x_{n-1} = (b_{n-1} - u_{n-1,n}x_n)/u_{n-1,n-1}, \\ \cdots\cdots\cdots\cdots\cdots\cdots\cdots\cdots\cdots\cdots \\ x_1 = (b_1 - u_{12}x_2 - u_{13}x_3 - \cdots - u_{1n}x_n)/u_{11}. \end{cases} \tag{3.3}$$

上述解方程组的过程就是一个回代过程. 规定当 $m > n$ 时, $\sum_{i=m}^{n} = 0$, 则式(3.3)可记为

$$x_i = \frac{b_i - \sum_{k=i+1}^{n} u_{ik}x_k}{u_{ii}}, \quad i = n, n-1, \cdots, 1.$$

对于下列形式的三角方程组

$$\begin{cases} l_{11}x_1 = b_1, \\ l_{21}x_1 + l_{22}x_2 = b_2, \\ \cdots\cdots\cdots\cdots\cdots\cdots \\ l_{n1}x_1 + l_{n2}x_2 + \cdots + l_{nn}x_n = b_n, \end{cases} \tag{3.4}$$

经由上至下的逐次回代可解得

$$x_i = \frac{(b_i - \sum_{k=1}^{i-1} l_{ik}x_k)}{l_{ii}}, \quad i = 1, 2, \cdots, n.$$

3.2.2 高斯消去法的步骤

高斯消去法是一个古老的求解线性方程组的方法(早在公元前250年我国就掌握了解三元一次联立方程组的方法),它的基本思想是通过逐步消去未知元的方法把原方程组化成同解的三角形方程组,然后再回代求解. 下面用一简单例子予以说明.

例3.1 用高斯消去法解方程组

$$\begin{cases} x_1 + x_2 + x_3 = 6, & (3.5) \\ 4x_2 - x_3 = 5, & (3.6) \\ 2x_1 - 2x_2 + x_3 = 1. & (3.7) \end{cases}$$

第一步:将方程(3.5)乘上(−2)加到方程(3.7)上去,消去式(3.7)中的未知数 x_1,得到

$$-4x_2 - x_3 = -11. \tag{3.8}$$

第二步:将方程(3.6)加到方程(3.8)上去,消去方程(3.8)中的未知数 x_2,得到与原方程组等价的三角形方程组

$$\begin{cases} x_1 + x_2 + x_3 = 6, \\ 4x_2 - x_3 = 5, \\ -2x_3 = -6. \end{cases} \tag{3.9}$$

方程组(3.9)的解为$\boldsymbol{x}^* = (1,2,3)^{\mathrm{T}}$.

上述过程相当于

$$(\boldsymbol{A}\vdots\boldsymbol{b})=\begin{pmatrix}1&1&1&6\\0&4&-1&5\\2&-2&1&1\end{pmatrix}\to\begin{pmatrix}1&1&1&6\\0&4&-1&5\\0&-4&-1&-11\end{pmatrix}\to\begin{pmatrix}1&1&1&6\\0&4&-1&5\\0&0&-2&-6\end{pmatrix},$$

也就是用行的初等变换将原方程组系数矩阵化为简单形式,从而将求解原方程组的问题转化为求解简单方程组的问题,这就是高斯消去法.

下面讨论一般形式的方程组

$$\boldsymbol{Ax}=\boldsymbol{b} \tag{3.10}$$

其中

$$\boldsymbol{A}=\begin{pmatrix}a_{11}&a_{12}&\cdots&a_{1n}\\a_{21}&a_{22}&\cdots&a_{2n}\\\vdots&\vdots&&\vdots\\a_{n1}&a_{n2}&\cdots&a_{nn}\end{pmatrix},\quad \boldsymbol{x}=\begin{pmatrix}x_1\\x_2\\\vdots\\x_n\end{pmatrix},\quad \boldsymbol{b}=\begin{pmatrix}b_1\\b_2\\\vdots\\b_n\end{pmatrix}.$$

设 $\boldsymbol{A}$ 非奇异,引进记号 $\boldsymbol{A}^{(1)}=\boldsymbol{A}=(a_{ij})=(a_{ij}^{(1)})$,$\boldsymbol{b}^{(1)}=\boldsymbol{b}=(b_i)=(b_i^{(1)})$,则方程组即变成 $\boldsymbol{A}^{(1)}\boldsymbol{x}=\boldsymbol{b}^{(1)}$,高斯消去法的步骤如下:

第一步:不妨设 $a_{11}^{(1)}\neq0$ (因为 $\det\boldsymbol{A}\neq0$,在 $\boldsymbol{A}$ 的第一列中总有一个非零元素,可以将其调至第一行第一列上),用第一个方程中的 $a_{11}^{(1)}$ 将第 2 个方程至第 n 个方程中 x_1 的系数消成 0,为此计算乘数 $l_{i1}=a_{i1}^{(1)}/a_{11}^{(1)}\ (i=2,3,\cdots,n)$,用 $(-l_{i1})$ 乘以第一个方程分别加到第 i 个方程上去,得到下列同解方程组:

$$\begin{cases}a_{11}^{(1)}x_1+a_{12}^{(1)}x_2+\cdots+a_{1n}^{(1)}x_n=b_1^{(1)},\\ \qquad\quad a_{22}^{(2)}x_2+\cdots+a_{2n}^{(2)}x_n=b_2^{(2)},\\ \qquad\quad\cdots\cdots\cdots\cdots\cdots\cdots\\ \qquad\quad a_{n2}^{(2)}x_2+\cdots+a_{nn}^{(2)}x_n=b_n^{(2)},\end{cases} \tag{3.11}$$

其中

$$a_{ij}^{(2)}=a_{ij}^{(1)}-l_{i1}a_{1j}^{(1)},b_i^{(2)}=b_i^{(1)}-l_{i1}b_1\quad(i,j=2,3,\cdots,n).$$

第二步:不妨设 $a_{22}^{(2)}\neq0$,令 $l_{i2}=a_{i2}^{(2)}/a_{22}^{(2)}\ (i=3,4,\cdots,n)$,用 $(-l_{i2})$ 分别乘以式(3.11)中的第二方程加到第 i 个方程 $(i=3,4,\cdots,n)$ 上,将第 3 个方程至第 n 个方程中 x_2 的系数消为 0,有

$$\begin{cases}a_{11}^{(1)}x_1+a_{12}^{(1)}x_2+\cdots+a_{1n}^{(1)}x_n=b_1^{(1)},\\ \qquad\quad a_{22}^{(2)}x_2+\cdots+a_{2n}^{(2)}x_n=b_2^{(2)},\\ \qquad\quad a_{33}^{(3)}x_3+\cdots+a_{3n}^{(3)}x_n=b_3^{(3)},\\ \qquad\quad\cdots\cdots\cdots\cdots\cdots\cdots\\ \qquad\quad a_{n3}^{(3)}x_3+\cdots+a_{nn}^{(3)}x_n=b_n^{(3)}.\end{cases} \tag{3.12}$$

一般地,经过第 $k-1$ 步消元后,方程组化为

$$\begin{cases} a_{11}^{(1)}x_1 + a_{12}^{(1)}x_2 + \cdots + a_{1n}^{(1)}x_n = b_1^{(1)}, \\ \qquad a_{22}^{(2)}x_2 + \cdots + a_{2n}^{(2)}x_n = b_2^{(2)}, \\ \cdots\cdots\cdots\cdots\cdots\cdots\cdots\cdots\cdots \\ \qquad a_{kk}^{(k)}x_k + \cdots + a_{kn}^{(k)}x_n = b_k^{(k)}, \\ \cdots\cdots\cdots\cdots\cdots\cdots\cdots\cdots\cdots \\ \qquad a_{nk}^{(k)}x_k + \cdots + a_{nn}^{(k)}x_n = b_n^{(k)}. \end{cases}$$

第 k 步：不妨设 $a_{kk}^{(k)} \neq 0$，令 $l_{ik} = a_{ik}^{(k)}/a_{kk}^{(k)}\,(i=k+1,k+2,\cdots,n)$，用$(-l_{ik})$乘以第 k 个方程分别加到第 i 个方程上$(i=k+1,k+2,\cdots,n)$，得到下列同解方程组：

$$\begin{cases} a_{11}^{(1)}x_1 + a_{12}^{(1)}x_2 + \cdots + a_{1n}^{(1)}x_n = b_1^{(1)}, \\ \qquad a_{22}^{(2)}x_2 + \cdots + a_{2n}^{(2)}x_n = b_2^{(2)}, \\ \cdots\cdots\cdots\cdots\cdots\cdots\cdots\cdots\cdots \\ \qquad a_{kk}^{(k)}x_k + \cdots + a_{kn}^{(k)}x_n = b_k^{(k)}, \\ a_{k+1,k+1}^{(k+1)}x_{k+1} + \cdots + a_{k+1,n}^{(k+1)}x_n = b_{k+1}^{(k+1)}, \\ \cdots\cdots\cdots\cdots\cdots\cdots\cdots\cdots\cdots \\ a_{n,k+1}^{(k+1)}x_{k+1} + \cdots + a_{n,n}^{(k+1)}x_n = b_n^{(k+1)}, \end{cases} \tag{3.13}$$

其中，$a_{ij}^{(k+1)} = a_{ij}^{(k)} - l_{ik}a_{kj}^{(k)}$，$b_i^{(k+1)} = b_i^{(k)} - l_{ik}b_k^{(k)}\,(i,j=k+1,\cdots,n)$.

按上述作法，经过 $n-1$ 步消元后，原方程组就转化为下列同解的上三角形方程组

$$\begin{cases} a_{11}^{(1)}x_1 + a_{12}^{(1)}x_2 + \cdots + a_{1n}^{(1)}x_n = b_1^{(1)}, \\ \qquad a_{22}^{(2)}x_2 + \cdots + a_{2n}^{(2)}x_n = b_2^{(2)}, \\ \cdots\cdots\cdots\cdots\cdots\cdots\cdots\cdots\cdots \\ \qquad\qquad a_{nn}^{(n)}x_n = b_n^{(n)}. \end{cases} \tag{3.14}$$

将原方程组(3.10)转化为方程组(3.14)，即完成了消元过程. 对于方程组(3.14)利用回代求出方程组的解

$$\begin{cases} x_n = b_n^{(n)}/a_{nn}^{(n)}, \\ x_k = \left[b_k^{(k)} - \sum\limits_{j=k+1}^{n} a_{kj}^{(k)}x_j\right]/a_{kk}^{(k)}, \quad k=n-1,\cdots,2,1. \end{cases} \tag{3.15}$$

上述方法就是高斯消去法，包括消元和回代两个过程.

对于一般的 n 元方程组 $\sum\limits_{j=1}^{n} a_{ij}^{(1)}x_j = b_i^{(1)}\,(i=1,2,\cdots,n)$，如果能够消元的话，则方程组经过 $n-1$ 步消元后，可化为方程组(3.14). 其消元过程的计算公式为

$$\begin{cases} l_{ik} = a_{ik}^{(k)}/a_{kk}^{(k)}, \quad k=1,2,\cdots,n-1, \\ a_{ij}^{(k+1)} = a_{ij}^{(k)} - l_{ik}a_{kj}^{(k)}, \quad i,j=k+1,\cdots,n, \\ b_i^{(k+1)} = b_i^{(k)} - l_{ik}b_k^{(k)}, \quad i=k+1,\cdots n. \end{cases} \tag{3.16}$$

然后再按方程组(3.15)进行回代求解.

图3.1给出用高斯消去法解线性方程组的子程序 N－S 图.

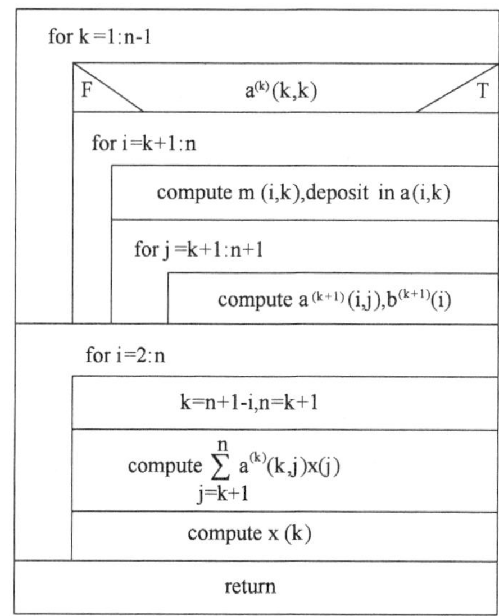

图 3.1

3.3 高斯消去法的改进方法

3.3.1 高斯消去法存在的问题

在高斯消去法中,每次消元之前都要先找出一个主元素 $a_{kk}^{(k)}$,用它将所在同列的元素都消为零,此元素称为高斯消去法中的主元素,共有 $a_{11}^{(1)},a_{22}^{(2)},\cdots,a_{nn}^{(n)}$ n 个主元素. 如果遇到 $a_{kk}^{(k)}=0$,则消去过程就要中断,高斯消去法中的消元过程将无法进行到底. 如果 $a_{kk}^{(k)}$ 不为 0,但其绝对值很小,由于要计算 $l_{ik}=a_{ik}^{(k)}/a_{kk}^{(k)}$,则有可能出现 l_{ik}数值过大而产生数据溢出造成停机,或者舍入误差过大,与实际解相差很大.

例 3.2 求解下列方程组

$$\begin{cases}0.0030x_1+59.14x_2=59.17,\\5.291x_1-6.130x_2=46.78.\end{cases}\tag{3.17}$$

此方程组的精确解为 $x_1=10.00,x_2=1.000$.

解 采用高斯消去法解方程组(取四位有效数字),计算 $l_{21}=5.291/0.0030$,用式(3.17)中的第一个方程乘以($-l_{21}$)加到第二个方程上,消去 x_1,得 $-1043x_2=-1044$,则$x_2=1.001$. 将 x_2 代入第一个方程,计算得 $x_1=-9.713$.

可见,用高斯消去法求出的解与实际的解相差很大. 下面将两个方程的位置对调一下,再采用高斯消去法.

$$\begin{cases}5.291x_1-6.130x_2=46.78,\\0.0030x_1+59.14x_2=59.17.\end{cases}$$

用第一个方程消去第二个方程中的 x_1，有 $59.14x_2 = 59.14$，则 $x_2 = 1.000$，代入第一个方程得 $x_1 = 10.00$（舍入误差后得到）. 用这种方法求出的解与精确解是一致的.

从上述方程组的求解过程可以看出，在第一种解法中，用小主元 0.0300，得到乘数 $l_{21} = 5.291/0.0030$；而第二种解法中，换成主元 5.291，得到乘数 $\tilde{l}_{21} = 0.0030/5.291$. 正如前所述，由于 l_{21} 过大，容易产生溢出或出现错误的结果，对此希望在高斯消去法中 l_{21} 尽量小一些，即要求 $a_{kk}^{(k)}$ 尽可能大一些，这就产生了求解方程组的高斯列主元消去法.

3.3.2 高斯列主元消去法

设方程组 $\boldsymbol{Ax} = \boldsymbol{b}$ 的系数矩阵 $\boldsymbol{A}$ 为非奇异，因为高斯消去法的消元过程实际上是对方程组的系数进行计算，与未知元毫无关系，所以为简单起见，把方程组 $\boldsymbol{Ax} = \boldsymbol{b}$ 的系数与右端项从方程组中分离出，作成一个增广矩阵 $(\boldsymbol{A} \vdots \boldsymbol{b})$.

目前在计算机上常用的选主元方法是列主元消去法和全主元消去法，其中以列主元消去法应用更广泛.

对方程组 $\boldsymbol{Ax} = \boldsymbol{b}$，仍按 $x_1, x_2, \cdots, x_n$ 的顺序依次进行高斯消元，只是在每一步消元前增加一步按列选主元的工作，即：

第一步：在消元前先在系数矩阵 $\boldsymbol{A}$ 的第一列元素中选取绝对值最大的元素为主元素，即已知

$$(\boldsymbol{A} \vdots \boldsymbol{b}) = \begin{pmatrix} a_{11} & a_{12} & \cdots & a_{1n} & b_1 \\ a_{21} & a_{22} & \cdots & a_{2n} & b_2 \\ \vdots & \vdots & & \vdots & \vdots \\ a_{n1} & a_{n2} & \cdots & a_{nn} & b_n \end{pmatrix}.$$

设取到 $|a_{i_1,1}| = \max\limits_{1 \leqslant i \leqslant n} |a_{i1}|$，若 $|a_{i_1,1}| = 0$，则第一列全为 0，即系数矩阵 $\boldsymbol{A}$ 为奇异的，这与假设 $\boldsymbol{A}$ 非奇异矛盾，所以 $|a_{i_1,1}| \neq 0$；若 $a_{i_1,1}$ 不在(1,1)位置上，则可通过交换第一行与第 i_1 行，把 $a_{i_1,1}$ 换到(1,1)位置作为主元素，再进行高斯消去法的第一步，得

$$(\boldsymbol{A}^{(1)} \vdots \boldsymbol{b}^{(1)}) \to \begin{pmatrix} a_{11}^{(1)} & a_{12}^{(1)} & \cdots & a_{1n}^{(1)} & b_1^{(1)} \\ 0 & a_{22}^{(2)} & \cdots & a_{2n}^{(2)} & b_2^{(2)} \\ \vdots & \vdots & & \vdots & \vdots \\ 0 & a_{n2}^{(2)} & \cdots & a_{nn}^{(2)} & b_n^{(2)} \end{pmatrix}.$$

第二步：在第二列 $a_{i2}^{(2)}\ (i = 2, 3, \cdots, n)$ 中选取绝对值最大的元素为第二步的主元素，设 $|a_{i_2,2}^{(2)}| = \max\limits_{2 \leqslant i \leqslant n} |a_{i2}^{(2)}|$，显然 $|a_{i_2,2}^{(2)}| \neq 0$，否则与 $\boldsymbol{A}$ 非奇异矛盾；若 $a_{i_2,2}^{(2)}$ 不在(2,2)位置，则交换第二行与第 i_2 行，把 $a_{i_2,2}^{(2)}$ 换到(2,2)位置，作为主元素，再进行高斯消去法的第二步.

如此进行下去，一直到 $n-1$ 步，完成了消元过程，得

$$(\boldsymbol{A}^{(n)} \vdots \boldsymbol{b}^{(n)}) = \begin{pmatrix} a_{11}^{(1)} & a_{12}^{(1)} & \cdots & a_{1n}^{(1)} & b_1^{(1)} \\ 0 & a_{22}^{(2)} & \cdots & a_{2n}^{(2)} & b_2^{(2)} \\ \vdots & \vdots & & \vdots & \vdots \\ 0 & 0 & \cdots & a_{nn}^{(n)} & b_n^{(n)} \end{pmatrix},$$

然后再利用回代求出其解,这种方法称为高斯列主元消去法.

例 3.3 用高斯列主元消去法解方程组(计算中始终保留四位有效数字)

$$\begin{cases}0.002x_1 + 87.17x_2 = 87.15,\\ 4.453x_1 - 7.26x_2 = 37.27.\end{cases}$$

解 (1)消元过程.

$$\bar{A} = \begin{pmatrix}0.002 & 87.17 & 87.15\\ 4.453 & -7.26 & 37.27\end{pmatrix} \xrightarrow[r_1 \leftrightarrow r_2]{} \begin{pmatrix}4.453 & -7.26 & 37.27\\ 0.002 & 87.17 & 87.15\end{pmatrix}$$
$$\to \begin{pmatrix}4.453 & -7.26 & 37.27\\ 0 & 87.13 & 87.13\end{pmatrix}.$$

(2)回代求解.

$$x_2 = \frac{87.13}{87.13} = 1.000, x_1 = 10.00.$$

则方程组的解为

$$\begin{cases}x_1 = 10.00,\\ x_2 = 1.000.\end{cases}$$

3.3.3 高斯—约当消去法

前面所讨论的高斯消去法和高斯列主元消去法都包含两个过程:消元和回代.若在消元过程中进一步把方程组化为下列形式

$$\begin{pmatrix}1 & & & \\ & 1 & & 0\\ & & \ddots & \\ 0 & & & 1\end{pmatrix}\begin{pmatrix}x_1\\ x_2\\ \vdots\\ x_n\end{pmatrix} = \begin{pmatrix}b_1^{(n)}\\ b_2^{(n)}\\ \vdots\\ b_n^{(n)}\end{pmatrix},$$

则无须回代即可求出方程组的解

$$x_i = b_i^{(n)}, \quad i = 1,2,\cdots,n.$$

这种方法称为高斯—约当(Gauss - Jordan)消去法,具体步骤如下.

考察由方程组 $\boldsymbol{Ax} = \boldsymbol{b}$ 组成的增广矩阵

$$(\boldsymbol{A} \vdots \boldsymbol{b}) = \begin{pmatrix}a_{11} & a_{12} & \cdots & a_{1n} & b_1\\ a_{21} & a_{22} & \cdots & a_{2n} & b_2\\ \vdots & \vdots & & \vdots & \vdots\\ a_{1n} & a_{2n} & \cdots & a_{nn} & b_n\end{pmatrix}. \tag{3.18}$$

假设每次消元前先按列主元的要求进行适当的置换,然后将主元所在的列除主元化为 1 外,其他元素均化为 0,这样经过第一步消元后,增广矩阵(3.18)化为

$$\begin{pmatrix}1 & a_{12}^{(1)} & \cdots & a_{1n}^{(1)} & b_1^{(1)}\\ 0 & a_{22}^{(1)} & \cdots & a_{2n}^{(1)} & b_2^{(1)}\\ \vdots & \vdots & & \vdots & \vdots\\ 0 & a_{n2}^{(1)} & \cdots & a_{nn}^{(1)} & b_n^{(1)}\end{pmatrix},$$

其中

$$l_{11}=1/a_{11},a_{1j}^{(1)}=l_{11}a_{1j}(j=2,3,\cdots,n),b_1^{(1)}=l_{11}b_1,$$
$$l_{i1}=a_{i1}/a_{11},a_{ij}^{(1)}=a_{ij}-l_{i1}a_{1j},b_i^{(1)}=b_i-l_{i1}b_1(i,j=2,3,\cdots,n).$$

经过第二步消元后,式(3.18)化为

$$\begin{pmatrix}1 & 0 & a_{13}^{(2)} & \cdots & a_{1n}^{(2)} & b_1^{(n)}\\ 0 & 1 & a_{23}^{(2)} & \cdots & a_{2n}^{(2)} & b_2^{(2)}\\ \vdots & \vdots & \vdots & & \vdots & \vdots\\ 0 & 0 & a_{n3}^{(2)} & \cdots & a_{nn}^{(2)} & b_n^{(2)}\end{pmatrix}.$$

其中

$$l_{22}=1/a_{22}^{(1)},\ a_{2j}^{(2)}=l_{22}a_{2j}^{(1)}(j=3,4,\cdots,n),\ b_2^{(2)}=l_{22}b_2^{(1)},$$
$$l_{i2}=a_{i2}^{(1)}/a_{22}^{(1)},\ a_{ij}^{(2)}=a_{ij}^{(1)}-l_{i2}a_{2j}^{(1)}(i=1,3,4,\cdots,n,\ j=3,4,\cdots,n),$$
$$b_i^{(2)}=b_i^{(1)}-l_{i2}b_2^{(1)}(i=1,3,4,\cdots,n).$$

依此类推一直做到 n 步后,式(3.18)化为

$$\begin{pmatrix}1 & 0 & 0 & \cdots & 0 & b_1^{(n)}\\ 0 & 1 & 0 & \cdots & 0 & b_2^{(n)}\\ \vdots & \vdots & \vdots & & \vdots & \vdots\\ 0 & 0 & 0 & \cdots & 1 & b_n^{(n)}\end{pmatrix},$$

则方程组的解为 $x_i=b_i^{(n)}(i=1,2,\cdots,n)$.

上述这种无回代的消去法称为高斯—约当消去法.

例 3.4 用高斯—约当消去法求解方程组

$$\begin{cases}x_1+2x_2+3x_3=2,\\ 2x_1+4x_2+5x_3=5,\\ 3x_1+5x_2+6x_3=3.\end{cases}$$

解

$$(\boldsymbol{A}\vdots\boldsymbol{b})=\begin{pmatrix}1&2&3&2\\2&4&5&5\\3&5&6&3\end{pmatrix}\xrightarrow[r_1\leftrightarrow r_3]{}\begin{pmatrix}3&5&6&3\\2&4&5&5\\1&2&3&2\end{pmatrix}\xrightarrow{\text{第一次消元}}\begin{pmatrix}1&5/3&2&1\\0&2/3&1&3\\0&1/3&1&1\end{pmatrix}$$
$$\xrightarrow{\text{第二次消元}}\begin{pmatrix}1&0&-1/2&-13/2\\0&1&3/2&9/2\\0&0&1/2&-1/2\end{pmatrix}\xrightarrow{\text{第三次消元}}\begin{pmatrix}1&0&0&-7\\0&1&0&6\\0&0&1&-1\end{pmatrix},$$

因此方程组的解为 $x_1=-7,x_2=6,x_3=-1$.

3.4 矩阵分解法

3.4.1 三角分解法

在前几节中,介绍了用高斯消去法和高斯列主元消去法解方程组,即将其化为较为简

单的三角形方程组,然后回代求解.下面将这种消去过程用矩阵的分解来实现.如果能把方程组 $\boldsymbol{Ax}=\boldsymbol{b}$ 的系数矩阵 $\boldsymbol{A}$ 直接分解为

$$\boldsymbol{A} = \boldsymbol{LU},$$

其中 $\boldsymbol{L}$ 为单位下三角阵,$\boldsymbol{U}$ 为非奇异上三角阵,那么方程组 $\boldsymbol{Ax}=\boldsymbol{b}$ 可以化为

$$\boldsymbol{LUx} = \boldsymbol{b}, \text{即 } \boldsymbol{Ux} = \boldsymbol{L}^{-1}\boldsymbol{b}.$$

这种形式已经是上三角形方程组了,再进行回代就可求出方程组的解.

把一个方阵 $\boldsymbol{A}$ 分解成一个单位下三角矩阵 $\boldsymbol{L}$ 和一个上三角矩阵 $\boldsymbol{U}$ 的乘积,称为 $\boldsymbol{A}$ 的三角分解,又称 LU 分解.那么在什么情况下一个方阵可以进行三角分解呢?

定义 3.1 n 阶方阵 $\boldsymbol{A}=(a_{ij})$ 的左上角 $p\times p$ 子矩阵的行列式

$$\Delta p = \begin{vmatrix} a_{11} & a_{12} & \cdots & a_{1p} \\ a_{21} & a_{22} & \cdots & a_{2p} \\ \vdots & \vdots & & \vdots \\ a_{p1} & a_{p2} & \cdots & a_{pp} \end{vmatrix}$$

称为 $\boldsymbol{A}$ 的 p 阶顺序主子式.

定理 3.1 n 阶方阵 $\boldsymbol{A}$ 有唯一三角分解,即 $\boldsymbol{A}=\boldsymbol{LU}$ 的充分必要条件是矩阵 $\boldsymbol{A}$ 的各阶顺序主子式 $\Delta p\neq 0(p=1,2,\cdots,n)$.

证明略.

已知 $\boldsymbol{A}$ 为 n 阶方阵,且它的各阶顺序主子式不为零,利用矩阵运算求出 $\boldsymbol{L},\boldsymbol{U}$.

设 $\boldsymbol{L}=(l_{ij}),\boldsymbol{U}=(u_{ij})$, 由 $\boldsymbol{A}=\boldsymbol{LU}$ 知

$$\begin{pmatrix} a_{11} & a_{12} & \cdots & a_{1n} \\ a_{21} & a_{22} & \cdots & a_{2n} \\ \vdots & \vdots & & \vdots \\ a_{n1} & a_{n2} & \cdots & a_{nn} \end{pmatrix} = \begin{pmatrix} 1 & & & \\ l_{21} & 1 & & \\ l_{31} & l_{32} & 1 & \\ \vdots & \vdots & & \ddots & \\ l_{n1} & l_{n2} & \cdots & & 1 \end{pmatrix} \begin{pmatrix} u_{11} & u_{12} & \cdots & u_{1n} \\ & u_{22} & \cdots & u_{2n} \\ & & \ddots & \vdots \\ & & & u_{nn} \end{pmatrix},$$

由矩阵乘法知

$$a_{1j}=u_{1j}, \quad j=1,2,\cdots,n,$$

$$a_{ij} = \begin{cases} \sum_{p=1}^{j} l_{ip}u_{pj}, & j < i, \\ \sum_{p=1}^{i-1} l_{ip}u_{pj} + u_{ij}, & j \geqslant i. \end{cases}$$

由此可推得计算 l_{ij} 和 u_{ij} 的递推公式

$$\begin{cases} (1)\, u_{1j} = a_{1j}(j = 1,2,\cdots,n),\, l_{i1} = a_{i1}/u_{11}(i = 2,3,\cdots,n), \\ \text{计算 } L \text{ 的第 } r \text{ 列元素}, U \text{ 的第 } r \text{ 行元素}(r = 2,3,\cdots,n), \\ (2)\, u_{ri} = a_{ri} - \sum_{k=1}^{r-1} l_{rk}u_{ki}(i = r,r+1,\cdots,n), \\ (3)\, l_{ir} = (a_{ir} - \sum_{k=1}^{r-1} l_{ik}u_{kr})/u_{rr}(i = r+1,\cdots,n, \text{且 } r \neq n). \end{cases} \tag{3.19}$$

利用式(3.19)将矩阵 $\boldsymbol{A}$ 进行三角分解后,即 $\boldsymbol{A}=\boldsymbol{LU}$,再将其代入方程组 $\boldsymbol{Ax}=\boldsymbol{b}$ 中,得 $(\boldsymbol{LU})\boldsymbol{x}=\boldsymbol{b}$. 令 $\boldsymbol{y}=\boldsymbol{Ux}$,则 $\boldsymbol{Ly}=\boldsymbol{b}$. 这样方程组 $\boldsymbol{Ax}=\boldsymbol{b}$ 可以化为如下方程组

$$\begin{cases}\boldsymbol{Ly}=\boldsymbol{b},\\ \boldsymbol{Ux}=\boldsymbol{y},\end{cases}\tag{3.20}$$

它与原方程组 $\boldsymbol{Ax}=\boldsymbol{b}$ 同解.

由于 $\boldsymbol{L},\boldsymbol{U}$ 均为三角矩阵,则式(3.20)中方程组均可用回代法求出其解,求解公式为

$$\begin{cases}y_1=b_1,\\ y_i=b_i-\sum\limits_{j=1}^{i-1}l_{ij}y_j, \quad i=2,3,\cdots,n,\\ x_n=y_n/u_{nn},\\ x_i=(y_i-\sum\limits_{j=i+1}^{n}u_{ij}x_j)/u_{ii}, \quad i=n-1,n-2,\cdots,2,1.\end{cases}\tag{3.21}$$

可以证明,这种三角分解法解方程组与高斯消去法是等价的.

例 3.5 用三角分解法解方程组

$$\begin{pmatrix}1&2&3\\2&5&2\\3&1&5\end{pmatrix}\begin{pmatrix}x_1\\x_2\\x_3\end{pmatrix}=\begin{pmatrix}14\\18\\20\end{pmatrix}.$$

解 利用式(3.19)可得

$$\boldsymbol{A}=\begin{pmatrix}1&2&3\\2&5&2\\3&1&5\end{pmatrix}=\begin{pmatrix}1&0&0\\2&1&0\\3&-5&1\end{pmatrix}\begin{pmatrix}1&2&3\\0&1&-4\\0&0&-24\end{pmatrix}=\boldsymbol{LU}.$$

求解 $\boldsymbol{Ly}=\boldsymbol{b},\boldsymbol{Ux}=\boldsymbol{y}$,得 $\boldsymbol{y}=(14,-10,-72)^{\mathrm{T}},\boldsymbol{x}=(1,2,3)^{\mathrm{T}}$.

3.4.2 平方根法

在工程设计及计算中,经常遇到方程组的系数矩阵为对称正定矩阵,由于对称正定矩阵的性质,它的三角分解的形式有着特殊性. 所谓平方根法,就是利用对称正定矩阵的三角分解而得到的求解对称正定方程组的一种有效方法. 目前在计算机上广泛应用平方根法解此类方程组.

定理 3.2 若 $\boldsymbol{A}$ 为对称正定矩阵,则存在唯一的主对角线元素都是正数的下三角阵 $\boldsymbol{L}$,使 $\boldsymbol{A}=\boldsymbol{LL}^{\mathrm{T}}$.

证明 用 $\bar{\boldsymbol{L}}$ 表示单位下三角矩阵,由于 $\boldsymbol{A}$ 为正定的,则 $\boldsymbol{A}$ 的各阶顺序主子式 $\Delta p>0$ $(p=1,2,\cdots,n)$. 由定理3.1知,$\boldsymbol{A}$ 有唯一的 $\bar{\boldsymbol{L}}\boldsymbol{U}$ 分解,根据 l_{ij} 与 u_{ij} 的计算公式及 $\Delta p>0$ 可知 $u_{ii}>0(i=1,2,\cdots,n)$,将 $\boldsymbol{U}$ 表示成

$$\boldsymbol{U}=\mathrm{diag}(u_{11},u_{22},\cdots,u_{nn})\bar{\boldsymbol{U}},\tag{3.22}$$

其中 $\bar{\boldsymbol{U}}$ 为单位上三角矩阵,则有

$$\boldsymbol{A} = \bar{\boldsymbol{L}}\mathrm{diag}(u_{11}, u_{22}, \cdots, u_{nn})\bar{\boldsymbol{U}}, \tag{3.23}$$

且上述分解式是唯一的.

由于 $\boldsymbol{A} = \bar{\boldsymbol{A}}$,知

$$\bar{\boldsymbol{L}}\mathrm{diag}(u_{11}, u_{22}, \cdots, u_{nn})\bar{\boldsymbol{U}} = \bar{\boldsymbol{U}}^{\mathrm{T}}\mathrm{diag}(u_{11}, u_{22}, \cdots, u_{nn})\bar{\boldsymbol{L}}^{\mathrm{T}}, \tag{3.24}$$

由于分解式唯一,从式(3.24)知

$$\bar{\boldsymbol{U}} = \bar{\boldsymbol{L}}^{\mathrm{T}},$$

则

$$\boldsymbol{A} = \bar{\boldsymbol{L}}\,\mathrm{diag}(u_{11}, u_{22}, \cdots, u_{nn})\,\bar{\boldsymbol{L}}^{\mathrm{T}}.$$

令

$$D^{\frac{1}{2}} = \mathrm{diag}(\sqrt{u_{11}}, \sqrt{u_{22}}, \cdots, \sqrt{u_{nn}}),$$

则

$$\boldsymbol{A} = \bar{\boldsymbol{L}}\,D^{\frac{1}{2}}D^{\frac{1}{2}}\bar{\boldsymbol{L}}^{\mathrm{T}} = (\bar{\boldsymbol{L}}\,D^{\frac{1}{2}})(D^{\frac{1}{2}}\bar{\boldsymbol{L}}^{\mathrm{T}}) = (\bar{\boldsymbol{L}}\,D^{\frac{1}{2}})(\bar{\boldsymbol{L}}\,D^{\frac{1}{2}})^{\mathrm{T}} = \boldsymbol{L}\boldsymbol{L}^{\mathrm{T}},$$

其中 $\boldsymbol{L} = \bar{\boldsymbol{L}}\,D^{\frac{1}{2}}$ 为一个下三角矩阵. 证毕.

用 l_{ij} 表示 $\boldsymbol{L}$ 的元素,由 $\boldsymbol{A} = \boldsymbol{L}\boldsymbol{L}^{\mathrm{T}}$ 可知

$$\begin{aligned}
&a_{11} = l_{11}^2,\\
&a_{21} = l_{21}l_{11}, a_{22} = l_{21}^2 + l_{22}^2,\\
&a_{31} = l_{31}l_{11}, a_{32} = l_{31}l_{21} + l_{32}l_{22}, a_{33} = l_{31}^2 + l_{32}^2 + l_{33}^2,\\
&\cdots\cdots
\end{aligned}$$

一般地

$$\begin{cases}
a_{ii} = \sum_{p=1}^{i} l_{ip}^2, & i = 1,2,\cdots,n,\\
a_{ij} = \sum_{p=1}^{j} l_{ip}l_{jp}, & i = 2,3,\cdots,n, j = 1,2,\cdots,i.
\end{cases} \tag{3.25}$$

由式(3.25)可逐行求出 $\boldsymbol{L}$ 的元素 $l_{11} \to l_{21} \to l_{22} \to l_{31} \to \cdots$.

其递推公式如下

$$\begin{cases}
l_{ii} = \left(a_{ii} - \sum_{k=1}^{i-1} l_{ik}^2\right)^{\frac{1}{2}}, & i = 1,2,\cdots,n,\\
l_{ji} = \frac{1}{2}\left(a_{ji} - \sum_{k=1}^{i-1} l_{ik}l_{jk}\right), & j = i+1, i+2, \cdots, n.
\end{cases} \tag{3.26}$$

把系数矩阵 $\boldsymbol{A}$ 按式(3.26)分解,即 $\boldsymbol{A} = \boldsymbol{L}\boldsymbol{L}^{\mathrm{T}}$, 代入 $\boldsymbol{A}\boldsymbol{x} = \boldsymbol{b}$ 中得 $\boldsymbol{L}\boldsymbol{L}^{\mathrm{T}}\boldsymbol{x} = \boldsymbol{b}$. 将其化为下列与原方程组等价的两个方程组

$$\begin{cases} \boldsymbol{L}\boldsymbol{y} = \boldsymbol{b}, \\ \boldsymbol{L}^{\mathrm{T}}\boldsymbol{x} = \boldsymbol{y}, \end{cases}$$

然后进行回代,求出 $\boldsymbol{y}$ 与 $\boldsymbol{x}$,求解公式为

$$\begin{cases} y_i = (b_i - \sum_{k=1}^{i-1} l_{ik} y_k)/l_{ii}, & i = 1,2,\cdots,n, \\ x_i = (y_i - \sum_{k=i+1}^{n} l_{ki} x_k)/l_{ii}, & i = n,n-1,\cdots,2,1. \end{cases} \tag{3.27}$$

利用平方根法求解方程组的步骤归纳如下:

第一步:按式(3.26)求出 $\boldsymbol{L}$;

第二步:按式(3.27)求出 $\boldsymbol{y}$;

第三步:按式(3.27)求出 $\boldsymbol{x}$.

例 3.6　用平方根法解下列方程组

$$\begin{pmatrix} 4 & 2 & 4 \\ 2 & 10 & 5 \\ 4 & 5 & 21 \end{pmatrix}\begin{pmatrix} x_1 \\ x_2 \\ x_3 \end{pmatrix} = \begin{pmatrix} 4 \\ 11 \\ -9 \end{pmatrix}.$$

解　系数矩阵 $\boldsymbol{A} = \begin{pmatrix} 4 & 2 & 4 \\ 2 & 10 & 5 \\ 4 & 5 & 21 \end{pmatrix}$,易知 $\boldsymbol{A}$ 为对称正定矩阵. 按式(3.26)将 $\boldsymbol{A}$ 分解为 $\boldsymbol{A} = \boldsymbol{L}\boldsymbol{L}^{\mathrm{T}}$, 即

$$\boldsymbol{A} = \boldsymbol{L}\boldsymbol{L}^{\mathrm{T}} = \begin{pmatrix} 2 & 0 & 0 \\ 1 & 3 & 0 \\ 2 & 1 & 4 \end{pmatrix}\begin{pmatrix} 2 & 1 & 2 \\ 0 & 3 & 1 \\ 0 & 0 & 4 \end{pmatrix},$$

将 $\boldsymbol{A}\boldsymbol{x} = \boldsymbol{b}$ 化为下列两个等价方程组

$$\begin{pmatrix} 2 & 0 & 0 \\ 1 & 3 & 0 \\ 2 & 1 & 4 \end{pmatrix}\begin{pmatrix} y_1 \\ y_2 \\ y_3 \end{pmatrix} = \begin{pmatrix} 4 \\ 11 \\ -9 \end{pmatrix} \text{和} \begin{pmatrix} 2 & 1 & 2 \\ 0 & 3 & 1 \\ 0 & 0 & 4 \end{pmatrix}\begin{pmatrix} x_1 \\ x_2 \\ x_3 \end{pmatrix} = \begin{pmatrix} y_1 \\ y_2 \\ y_3 \end{pmatrix},$$

先求出 $\boldsymbol{y} = (y_1, y_2, y_3)^{\mathrm{T}} = (2,3,-4)^{\mathrm{T}}$,然后再求出 $\boldsymbol{x} = (x_1, x_2, x_3)^{\mathrm{T}} = (\frac{4}{3}, \frac{4}{3}, -1)^{\mathrm{T}}$,即为方程组的解.

3.4.3　解三对角方程组的追赶法

在一些实际问题中,如用差分法解二阶常微分方程边值问题,船体数学放样中建立三次样条函数等,最后都归结为要求解方程组

$$\boldsymbol{A}\boldsymbol{x} = \boldsymbol{d}.$$

它的系数矩阵 $\boldsymbol{A}$ 是一个三对角矩阵(简称三对角矩阵),即

$$
\boldsymbol{A}=\begin{pmatrix} b_1 & c_1 & & & & \\ a_2 & b_2 & c_2 & & & \\ & a_3 & b_3 & c_3 & & \\ & & \ddots & \ddots & \ddots & \\ & & & a_{n-1} & b_{n-1} & c_{n-1} \\ & & & & a_n & b_n \end{pmatrix},\boldsymbol{d}=\begin{pmatrix} d_1 \\ d_2 \\ \vdots \\ d_n \end{pmatrix}.
$$

三对角矩阵的特点是所有非零元素都集中在主对角线及其相邻的两条次对角线上,除了在这三条对角线上的元素外,其余的元素全为零.下面从矩阵的三角分解来讨论三对角方程组的求解问题.

根据前面的讨论,只要 $\boldsymbol{A}$ 的各阶顺序主子式都不为0,那么 $\boldsymbol{A}$ 就可分解为一个单位下三角阵和一个非奇异上三角阵的乘积,即有

$$
\boldsymbol{A}=\begin{pmatrix} 1 & & & \\ l_2 & 1 & & 0 \\ & \ddots & \ddots & \\ 0 & & l_n & 1 \end{pmatrix}\begin{pmatrix} u_1 & v_1 & & & \\ & u_2 & v_2 & & 0 \\ & & \ddots & \ddots & \\ & 0 & & & v_{n-1} \\ & & & & u_n \end{pmatrix}=\bar{\boldsymbol{L}}\bar{\boldsymbol{U}}. \tag{3.28}
$$

类似于前面的推导,由式(3.28)可计算 l_i、u_i 与 v_i 的递推公式

$$
\begin{cases} v_i=c_i, i=1,2,\cdots,n-1, \\ u_1=b_1, \\ l_i=\dfrac{a_i}{u_{i-1}}, \\ u_i=b_i-l_iv_{i-1}, \quad i=2,3,\cdots n. \end{cases} \tag{3.29}
$$

把 $\boldsymbol{A}=\bar{\boldsymbol{L}}\,\bar{\boldsymbol{U}}$ 代入 $\boldsymbol{Ax}=\boldsymbol{d}$,有

$$
\bar{\boldsymbol{L}}\bar{\boldsymbol{U}}\boldsymbol{x}=\boldsymbol{d}.
$$

于是求解三对角方程组 $\boldsymbol{Ax}=\boldsymbol{d}$ 就转化为求解下列两个等价方程组

$$
\begin{cases} \bar{\boldsymbol{L}}\boldsymbol{y}=\boldsymbol{d}, \\ \bar{\boldsymbol{U}}\boldsymbol{x}=\boldsymbol{y}. \end{cases}
$$

由 $\bar{\boldsymbol{L}}\boldsymbol{y}=\boldsymbol{d}$,即

$$
\begin{pmatrix} 1 & & & \\ l_2 & 1 & & 0 \\ & \ddots & \ddots & \\ 0 & & l_n & 1 \end{pmatrix}\begin{pmatrix} y_1 \\ y_2 \\ \vdots \\ y_n \end{pmatrix}=\begin{pmatrix} d_1 \\ d_2 \\ \vdots \\ d_n \end{pmatrix}.
$$

得递推公式

$$\begin{cases} y_1 = d_1, \\ y_i = d_i - l_i y_{i-1}, \quad i = 2,3,\cdots n. \end{cases} \tag{3.30}$$

再由 $\bar{\boldsymbol{U}}\boldsymbol{x} = \boldsymbol{y}$,求出 $\boldsymbol{x}$

$$\begin{pmatrix} u_1 & v_1 & & & \\ & u_2 & v_2 & & 0 \\ & & \ddots & \ddots & \\ & 0 & & & v_{n-1} \\ & & & & u_n \end{pmatrix} \begin{pmatrix} x_1 \\ x_2 \\ \vdots \\ x_n \end{pmatrix} = \begin{pmatrix} y_1 \\ y_2 \\ \vdots \\ y_n \end{pmatrix},$$

于是递推公式为

$$\begin{cases} x_n = \dfrac{y_n}{u_n}, \\ x_i = \dfrac{y_i - c_i x_{i+1}}{u_i}, \quad i = n-1, n-2, \cdots, 1. \end{cases} \tag{3.31}$$

通常把由式(3.29)、式(3.30)、式(3.31)所给出的求解三对角方程组的方法称为追赶法.

图 3.2 给出解三对角方程组追赶法的程序 N－S 图.

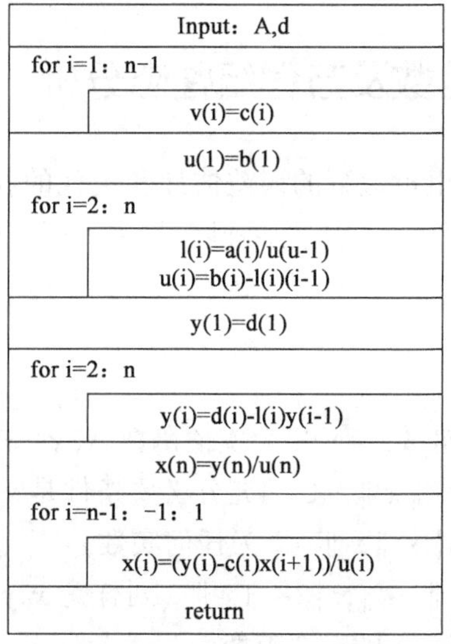

图 3.2

例 3.7　用追赶法求解下列方程组

$$\begin{pmatrix} 6 & 1 & 0 \\ 1 & 4 & 1 \\ 0 & 1 & 14 \end{pmatrix} \begin{pmatrix} x_1 \\ x_2 \\ x_3 \end{pmatrix} = \begin{pmatrix} 6 \\ 24 \\ 322 \end{pmatrix}. \tag{3.32}$$

解　易知,方程组的系数矩阵为三对角阵,将其分解

$$\begin{pmatrix}6&1&0\\1&4&1\\0&1&14\end{pmatrix}=\begin{pmatrix}1&0&0\\1/6&1&0\\0&6/23&1\end{pmatrix}\begin{pmatrix}6&1&0\\0&23/6&1\\0&0&316/23\end{pmatrix},$$

由式(3.30)求出下列方程组的 $\boldsymbol{y}$

$$\begin{pmatrix}1&0&0\\1/6&1&0\\0&6/23&1\end{pmatrix}\begin{pmatrix}y_1\\y_2\\y_3\end{pmatrix}=\begin{pmatrix}6\\24\\322\end{pmatrix},$$

得

$$\boldsymbol{y}=\begin{pmatrix}6\\23\\316\end{pmatrix}.$$

由式(3.31)求出下列方程组的 $\boldsymbol{x}$

$$\begin{pmatrix}6&1&0\\0&23/6&1\\0&0&316/23\end{pmatrix}\begin{pmatrix}x_1\\x_2\\x_3\end{pmatrix}=\begin{pmatrix}6\\23\\316\end{pmatrix},$$

得

$$\boldsymbol{x}=(1,0,23)^{\mathrm{T}}.$$

3.5 向量和矩阵的范数及方程组性态分析

为了研究线性代数方程组近似解的误差估计和迭代的收敛性,需要对 n 维向量空间 $\mathbf{R}^n$ 中向量或 $n\times n$ 阶矩阵的“大小”引进某种度量——向量和矩阵的范数,它们在数值计算中起着重要作用.

3.5.1 向量的范数

定义 3.2 设 $\boldsymbol{x}$ 是 n 维向量,定义一个实值函数 $N(\boldsymbol{x})=\|\boldsymbol{x}\|$ 满足以下条件:

(1)非负性:$\|\boldsymbol{x}\|\geqslant 0$,且 $\|\boldsymbol{x}\|=0$ 的充分必要条件是 $\boldsymbol{x}=0$;

(2)齐次性:$\|k\boldsymbol{x}\|=|k|\cdot\|\boldsymbol{x}\|$ (k 为任何实数);

(3)三角不等式:$\|\boldsymbol{x}+\boldsymbol{y}\|\leqslant\|\boldsymbol{x}\|+\|\boldsymbol{y}\|$ (对任意 $\boldsymbol{x},\boldsymbol{y}\in\mathbf{R}^n$).

则称 $\|\boldsymbol{x}\|$ 为 n 维向量空间 $\mathbf{R}^n$ 上的一个范数.

从定义可以看出,向量的范数是以实的 n 维线性空间 $\mathbf{R}^n$ 中的一切 n 维向量为定义域的一种特殊函数——满足条件(1)、(2)、(3)的一个实的非负函数.

一个向量空间可以定义多种范数,下面给出向量 $\boldsymbol{x}$ 的三种常用范数:

(1)1—范数:$\|\boldsymbol{x}\|_1=\sum\limits_{i=1}^{n}|x_i|$;

(2)2—范数:$\|\boldsymbol{x}\|_2=\left(\sum\limits_{i=1}^{n}x_i^2\right)^{\frac{1}{2}}$;

(3) ∞—范数：$\|x\|_\infty = \max\limits_{1 \leqslant i \leqslant n} |x_i|$.

容易证明，这样定义的向量 x 的三种范数确实满足向量范数的三个条件，因此它们都是 $\mathbf{R}^n$ 上的向量范数，且它们可以统一地记为

$$\|x\|_p = \left(\sum_{i=1}^{n} |x_i|^p \right)^{\frac{1}{p}}, \quad p = 1,2,\infty$$

并称为向量的"p—范数"

为了方便，有时在不针对某个向量 x 时，常把范数记号中的变量省掉，简记为 $\|\cdot\|_p$ $(p=1,2,\infty)$.

例 3.8 已知 $x=(1,2,-1,1)^{\mathrm{T}}$，求 x 的三种范数.

解 $\|x\|_1 = 1+2+1+1=5$，$\|x\|_2 = (1^2+2^2+(-1)^2+1^2)^{\frac{1}{2}} = \sqrt{7}$，$\|x\|_\infty = 2$.

范数有以下性质：

性质 3.1 设 $x,y \in \mathbf{R}^n$，则 $\big| \|x\| - \|y\| \big| \leqslant \|x-y\|$.

证明 $\|x\| = \|(x-y)+y\| \leqslant \|x-y\| + \|y\|$，

则

$$\|x\| - \|y\| \leqslant \|x-y\|.$$

同理由于

$$\|y\| - \|x\| \leqslant \|y-x\| = \|x-y\|,$$

所以

$$-\|x-y\| \leqslant \|x\| - \|y\| \leqslant \|x-y\|,$$

故

$$\big| \|x\| - \|y\| \big| \leqslant \|x-y\|.$$

性质 3.2 设 $\|x\|_\alpha$ 与 $\|x\|_\beta$ 是 $\mathbf{R}^n$ 上的任两种向量范数，则存在正数 M 和 m，使一切 $x \in \mathbf{R}^n$，有 $m\|x\|_\beta \leqslant \|x\|_\alpha \leqslant M\|x\|_\beta$.

这个性质说明 $\mathbf{R}^n$ 中一切范数都是等价的.

定义 3.3 设有向量序列 $x^{(k)} = (x_1^{(k)}, x_2^{(k)}, \cdots, x_n^{(k)})^{\mathrm{T}}$ $(k=1,2,\cdots)$ 和向量 $x^* = (x_1^*, x_2^*, \cdots, x_n^*)^{\mathrm{T}}$，若对所有 i，都有 $\lim\limits_{k\to\infty} x_i^{(k)} = x_i^*$ $(i=1,2,\cdots,n)$，则称向量序列 $\{x^{(k)}\}$ 收敛于 x^*，记作

$$\lim_{k\to\infty} x^{(k)} = x^*.$$

定理 3.3 对 $\mathbf{R}^n$ 上的任何一种向量范数 $\|\cdot\|$，向量序列 $\{x^{(k)}\}$ 收敛于 x^* 的充要条件是

$$\|x^{(k)} - x^*\| \to 0 \ (k \to \infty).$$

证明 由于 $\lim\limits_{k\to\infty} x^{(k)} = x^* \Leftrightarrow \lim\limits_{k\to\infty} x_i^{(k)} = x_i^*$ $(i=1,2,\cdots,n) \Leftrightarrow \|x^{(k)} - x^*\|_\infty \to 0 \ (k\to\infty)$，由性质 3.2，对 $\mathbf{R}^n$ 上任何一种范数 $\|\cdot\|$，存在 $M,m>0$，使

$$m\|x^{(k)} - x^*\|_\infty \leqslant \|x^{(k)} - x^*\| \leqslant M\|x^{(k)} - x^*\|_\infty,$$

则

$$\|x^{(k)} - x^*\|_\infty \to 0 \Leftrightarrow \|x^{(k)} - x^*\| \to 0 \ (k\to\infty),$$

即

$$\lim_{k\to\infty}\boldsymbol{x}^{(k)}=\boldsymbol{x}^*\Leftrightarrow\|\boldsymbol{x}^{(k)}-\boldsymbol{x}^*\|\to 0(k\to\infty).$$

3.5.2 矩阵的范数

把向量范数概念推广到矩阵上去,用 $\mathbf{R}^{n\times n}$ 表示 $n\times n$ 阶方阵的集合,实际上是和 $\mathbf{R}^n$ 一样的向量空间.因此可以按向量范数的定义来规定方阵的范数.

定义 3.4 对于 n 阶方阵 $\boldsymbol{A}$,定义实值函数 $N(\boldsymbol{A})=\|\boldsymbol{A}\|$ 为方阵 $\boldsymbol{A}$ 的范数,要求它满足条件:

(1) $\|\boldsymbol{A}\|\geqslant 0$, 且 $\|A\|=0\Leftrightarrow A=0$;

(2) $\|k\boldsymbol{A}\|=|k|\,\|\boldsymbol{A}\|$($k$ 为任意实数);

(3) $\|\boldsymbol{A}+\boldsymbol{B}\|\leqslant\|\boldsymbol{A}\|+\|\boldsymbol{B}\|$($\boldsymbol{A},\boldsymbol{B}$ 为任 n 阶方阵);

(4) $\|\boldsymbol{AB}\|\leqslant\|\boldsymbol{A}\|\cdot\|\boldsymbol{B}\|$.

则称 $N(\boldsymbol{A})=\|\boldsymbol{A}\|$ 是 $\mathbf{R}^{n\times n}$ 上的一个矩阵范数.

如 $F(\boldsymbol{A})=\|\boldsymbol{A}\|_F=(\sum_{i=1}^{n}\sum_{j=1}^{n}a_{ij}^2)^{\frac{1}{2}}$ 就是满足上述四个条件的一个矩阵范数,称为 $\boldsymbol{A}$ 的 Frobenius 范数,简称 F—范数.

由于在大多数与估计有关的问题中,矩阵和向量会同时参与讨论,所以希望引进一种矩阵的范数,它是和向量范数相联系而且和向量范数相容的,即

$$\|\boldsymbol{Ax}\|\leqslant\|\boldsymbol{A}\|\cdot\|\boldsymbol{x}\|$$

对任何向量 $\boldsymbol{x}\in\mathbf{R}^n$ 及 $\boldsymbol{A}\in\mathbf{R}^{n\times n}$ 都成立.

定义 3.5(矩阵的算子范数) 设 $\boldsymbol{x}\in\mathbf{R}^n,\boldsymbol{A}\in\mathbf{R}^{n\times n}$,且给出一种向量范数 $\|\boldsymbol{x}\|_\nu$,则称

$$\|\boldsymbol{A}\|_\nu=\max_{\substack{\boldsymbol{x}\neq 0\\ \boldsymbol{x}\in\mathbf{R}^n}}\frac{\|\boldsymbol{Ax}\|_\nu}{\|\boldsymbol{x}\|_\nu}$$

为矩阵 $\boldsymbol{A}$ 的算子范数.

可以验证这样定义的算子范数满足定义 3.4 中的四个条件及相容性条件.

下面给出从属于向量 1—范数,2—范数及 ∞—范数的三种常用的矩阵的算子范数.

设 $\boldsymbol{A}$ 为 n 阶方阵,$\boldsymbol{A}=(a_{ij})_{n\times n}$.

$\|\boldsymbol{A}\|_\infty=\max\limits_{1\leqslant i\leqslant n}\sum\limits_{j=1}^{n}|a_{ij}|$ 称为 $\boldsymbol{A}$ 的行范数;

$\|\boldsymbol{A}\|_1=\max\limits_{1\leqslant j\leqslant n}\sum\limits_{i=1}^{n}|a_{ij}|$ 称为 $\boldsymbol{A}$ 的列范数;

$\|\boldsymbol{A}\|_2=\sqrt{\lambda_{\max}}$ 称为 $\boldsymbol{A}$ 的 2—范数,或称 $\boldsymbol{A}$ 的谱范数,其中 $\lambda_{\max}$ 为矩阵 $\boldsymbol{A}^{\mathrm{T}}\boldsymbol{A}$ 的最大特征值.

例 3.9 计算 $\boldsymbol{A}=\begin{pmatrix}1&-2\\-3&4\end{pmatrix}$ 的三种范数 $\|\boldsymbol{A}\|_p(p=1,2,\infty)$.

解 按定义 $\|\boldsymbol{A}\|_\infty=7$, $\|\boldsymbol{A}\|_1=6$, $\boldsymbol{A}^{\mathrm{T}}=\begin{pmatrix}1&-3\\-2&4\end{pmatrix}$,则 $\boldsymbol{A}^{\mathrm{T}}\boldsymbol{A}=\begin{pmatrix}10&-14\\-14&20\end{pmatrix}$.

$\boldsymbol{A}^{\mathrm{T}}\boldsymbol{A}$ 的最大特征值 $\lambda_{\max}=29.866$,因此 $\|\boldsymbol{A}\|_2=5.465$.

定义 3.6 设 $\lambda_i(i=1,2,\cdots,n)$ 为矩阵 $\boldsymbol{A}\in\mathbf{R}^{n\times n}$ 的 n 个特征值,称

$$\rho(A) = \max_{1\leq i\leq n}|\lambda_i|$$

为矩阵 A 的谱半径.

定理 3.4　矩阵 $A \in \mathbf{R}^{n\times n}$ 的谱半径不超过 A 的任一种算子范数,即

$$\rho(A) \leq \|A\|_\nu \quad (\nu = 1,2,\infty).$$

证明　设 λ 为 A 的任一特征值,则必有非零特征向量 $x \in \mathbf{R}^n$,使 $Ax = \lambda x$,则

$$\|Ax\|_\nu = \|\lambda x\|_\nu = |\lambda| \cdot \|x\|_\nu \leq \|A_\nu\| \cdot \|x\|_\nu,$$

所以

$$|\lambda| \leq \|A\|_\nu \Rightarrow \rho(A) \leq \|A\|_\nu.$$

3.5.3　方程组性态分析

在用数值计算方法解线性代数方程组时,计算结果有时不准确,这可能有两种原因:一是计算方法不合理;二是线性方程组本身的问题.对于有问题的方程组即使用最好的数值方法去求解也是毫无意义的.下面简单说明一下方程组本身的"好"和"坏"的问题,即方程组的性态问题.

一个线性代数方程组 $Ax = b$ 完全由它的系数矩阵 A 和右端向量 b 确定,当 A、b 确定后,方程组的解 x 也就完全确定.但是在求解线性代数方程组时,A、b 的数据都是由实际问题所提供的,如通过物理观测实验或其他手段所得,这样或多或少有一定误差,此外将数据输入计算机内要进行数制转换,也会带来误差.因此在计算机上求解的方程组和实际线性代数方程组的系数矩阵及常数向量都不可避免地存在一定误差,而计算结果是否会产生影响呢?下面举例说明.

例 3.10　解下面两个线性代数方程组:

$$\begin{cases} 2x_1 + 6x_2 = 8, \\ 2x_1 + 6.00001x_2 = 8.00001, \end{cases}$$

$$\begin{cases} 2x_1 + 6x_2 = 8, \\ 2x_1 + 5.9999x_2 = 8.00002. \end{cases}$$

分析　易算出第一个方程组的解为 $(1,1)^{\mathrm{T}}$,而第二个方程组的解为 $(10,-2)^{\mathrm{T}}$.这个例子说明,即使两个线性代数方程组的系数及右端项变化很小,但它们的解却相差很大.如果把其中的一个方程组看成另一个方程组的近似方程组,那么,即使把近似方程组解得再精确,也没有什么意义.

例 3.11　求解下列两个方程组:

$$\begin{cases} x_1 + 2x_2 = 7, \\ 2x_1 - x_2 = -1, \end{cases}$$

$$\begin{cases} x_1 + 2x_2 = 7, \\ 2x_1 - 1.0009x_2 = -1.003. \end{cases}$$

分析　第一个方程组的准确解为 $x_1 = 1, x_2 = 3$;第二个方程组的准确解为 $x_1 = 0.99988, x_2 = 3.00006$.可见方程组有微小变化时,其解变化也不大.

若一个方程组由于初始数据的小扰动而使解严重失真,这样的方程组称为病态方程组(例3.10中的方程组),反之称为良态方程组(例3.11中的方程组).下面分三种情况来讨论说明方程组这种性态的方法.

(1)常数向量$\boldsymbol{b}$有小扰动$\delta\boldsymbol{b}$:设此时解的扰动为$\delta\boldsymbol{x}$,则有

$$\boldsymbol{A}(\boldsymbol{x}+\delta\boldsymbol{x})=\boldsymbol{b}+\delta\boldsymbol{b}.$$

由$\boldsymbol{Ax}=\boldsymbol{b}$,则$\boldsymbol{A}\delta\boldsymbol{x}=\delta\boldsymbol{b}$或$\delta\boldsymbol{x}=\boldsymbol{A}^{-1}\delta\boldsymbol{b}$,有

$$\|\delta\boldsymbol{x}\| = \|\boldsymbol{A}^{-1}\delta\boldsymbol{b}\| \leqslant \|\boldsymbol{A}^{-1}\|\ \|\delta\boldsymbol{b}\|.$$

又$\|\boldsymbol{b}\| = \|\boldsymbol{Ax}\| \leqslant \|\boldsymbol{A}\|\ \|\boldsymbol{x}\|$,则

$$\frac{\|\delta\boldsymbol{x}\|}{\|\boldsymbol{x}\|}\leqslant \|\boldsymbol{A}\|\cdot\|\boldsymbol{A}^{-1}\|\frac{\|\delta\boldsymbol{b}\|}{\|\boldsymbol{b}\|}.$$

(2)系数阵$\boldsymbol{A}$有小扰动$\delta\boldsymbol{A}$:设此时相应的解产生的扰动为$\delta\boldsymbol{x}$,则有

$$(\boldsymbol{A}+\delta\boldsymbol{A})(\boldsymbol{x}+\delta\boldsymbol{x}) = \boldsymbol{b},$$

$$\boldsymbol{A}\delta\boldsymbol{x} = -\delta\boldsymbol{A}(\boldsymbol{x}+\delta\boldsymbol{x}),$$

$$\delta\boldsymbol{x} = -\boldsymbol{A}^{-1}\delta\boldsymbol{A}(\boldsymbol{x}+\delta\boldsymbol{x}),$$

$$\|\delta\boldsymbol{x}\| = \|\boldsymbol{A}^{-1}\delta\boldsymbol{A}(\boldsymbol{x}+\delta\boldsymbol{x})\| \leqslant \|\boldsymbol{A}^{-1}\|\cdot\|\delta\boldsymbol{A}\|(\|\boldsymbol{x}\|+\|\delta\boldsymbol{x}\|),$$

$$(1-\|\boldsymbol{A}^{-1}\|\cdot\|\delta\boldsymbol{A}\|)\|\delta\boldsymbol{x}\| \leqslant \|\boldsymbol{A}^{-1}\|\ \|\delta\boldsymbol{A}\|\ \|\boldsymbol{x}\|.$$

当$\|\boldsymbol{A}^{-1}\|\cdot\|\delta\boldsymbol{A}\|<1$时,有

$$\frac{\|\delta\boldsymbol{x}\|}{\|\boldsymbol{x}\|}\leqslant\frac{\|\boldsymbol{A}^{-1}\|\ \|\delta\boldsymbol{A}\|}{1-\|\boldsymbol{A}^{-1}\|\cdot\|\delta\boldsymbol{A}\|}=\frac{\|\boldsymbol{A}^{-1}\|\cdot\|\boldsymbol{A}\|\cdot\dfrac{\|\delta\boldsymbol{A}\|}{\|\boldsymbol{A}\|}}{1-\|\boldsymbol{A}^{-1}\|\cdot\|\boldsymbol{A}\|\dfrac{\|\delta\boldsymbol{A}\|}{\|\boldsymbol{A}\|}}.$$

(3)系数阵$\boldsymbol{A}$有小扰动$\delta\boldsymbol{A}$,同时常项$\boldsymbol{b}$有小扰动$\delta\boldsymbol{b}$:设此时相应的解产生的扰动为$\delta\boldsymbol{x}$,则

$$(\boldsymbol{A}+\delta\boldsymbol{A})(\boldsymbol{x}+\delta\boldsymbol{x}) = \boldsymbol{b}+\delta\boldsymbol{b},$$

经过推导知,当$\|\boldsymbol{A}^{-1}\|\cdot\|\delta\boldsymbol{A}\|<1$时,有

$$\frac{\|\delta\boldsymbol{x}\|}{\|\boldsymbol{x}\|}\leqslant\frac{\|\boldsymbol{A}^{-1}\|\cdot\|\boldsymbol{A}\|}{1-\|\boldsymbol{A}^{-1}\|\cdot\|\boldsymbol{A}\|\dfrac{\|\delta\boldsymbol{A}\|}{\|\boldsymbol{A}\|}}\cdot\left(\frac{\|\delta\boldsymbol{A}\|}{\|\boldsymbol{A}\|}+\frac{\|\delta\boldsymbol{b}\|}{\|\boldsymbol{b}\|}\right).$$

由上面推导可知,当$\boldsymbol{A}$或$\boldsymbol{b}$有扰动时,数$\|\boldsymbol{A}^{-1}\|\cdot\|\boldsymbol{A}\|$的大小标志着方程组解的敏感程度,解$\boldsymbol{x}$的某种范数意义下的相对误差的上界随$\|\boldsymbol{A}^{-1}\|\cdot\|\boldsymbol{A}\|$的增大而增大,并且完全由系数矩阵$\boldsymbol{A}$的特性所决定.

定义3.7 设$\boldsymbol{A}$为非奇异矩阵,称

$$\mathrm{Cond}(\boldsymbol{A}) = \|\boldsymbol{A}^{-1}\|\cdot\|\boldsymbol{A}\|$$

为矩阵$\boldsymbol{A}$的条件数.

由此可知,方程组$\boldsymbol{Ax}=\boldsymbol{b}$的病态程度可由系数矩阵的条件数Cond($\boldsymbol{A}$)来说明,Cond($\boldsymbol{A}$)的值越大,方程组的病态就越严重.如矩阵$\boldsymbol{A}=\begin{pmatrix}2 & 6\\ 2 & 6.00001\end{pmatrix}$,则$\|\boldsymbol{A}\|_\infty=8.00001$,$\|\boldsymbol{A}^{-1}\|_\infty=6\times10^5$,所以$\mathrm{Cond}_\infty(\boldsymbol{A})=\|\boldsymbol{A}^{-1}\|_\infty\cdot\|\boldsymbol{A}\|_\infty=4.8\times10^6$.

由于Cond($\boldsymbol{A}$)很大,则以$\boldsymbol{A}$为系数阵的方程组(例3.10)是严重病态的,初始数据有

微小扰动,就会导致解严重失真.

再分析例3.11的系数阵,$\boldsymbol{B}=\begin{pmatrix}1 & 2\\ 2 & -1\end{pmatrix}$, $\|\boldsymbol{B}\|_\infty=3$, $\|\boldsymbol{B}^{-1}\|_\infty=\frac{3}{5}$,则$\mathrm{Cond}_\infty(\boldsymbol{B})=\frac{9}{5}$.

因此方程组为良态的,即初始数据有小扰动,对解也不会有很大的影响.

3.6 解线性代数方程组的迭代法

前面几节讨论了解线性代数方程组的直接解法.如果不考虑舍入误差的影响,这类解法经过有限次的运算即可求得方程组的精确解.这对于阶数不高的方程组是很有效的,但对于阶数较高的线性代数方程组,则常用迭代法.

3.6.1 雅可比(Jacobi)迭代法

下面用一个具体例子来说明雅可比迭代法(又称为简单迭代法)的基本思想.

例3.12 用雅可比迭代法解方程组

$$\begin{cases}10x_1-2x_2-x_3=3,\\ -2x_1+10x_2-x_3=15,\\ -x_1-2x_2+5x_3=10.\end{cases}\tag{3.33}$$

解 先从式(3.33)的三个方程中分别分离出x_1,x_2,x_3,即

$$\begin{cases}x_1=(2x_2+x_3+3)/10,\\ x_2=(2x_1+x_3+15/10,\\ x_3=(x_1+2x_2+10)/5.\end{cases}\tag{3.34}$$

用任意一组近似值$(x_1^{(k)},x_2^{(k)},x_3^{(k)})^{\mathrm{T}}$代入式(3.34)的右端,可得到一组新的近似值

$$\begin{cases}x_1^{(k+1)}=(2x_2^{(k)}+x_3^{(k)}+3)/10,\\ x_2^{(k+1)}=(2x_1^{(k)}+x_3^{(k)}+15)/10,\\ x_3^{(k+1)}=(x_1^{(k)}+2x_2^{(k)}+10)/5.\end{cases}\tag{3.35}$$

任取一初始向量$\boldsymbol{x}^{(0)}=(x_1^{(0)},x_2^{(0)},x_3^{(0)})^{\mathrm{T}}$作为一组近似解,由它出发用式(3.35)可求出$\boldsymbol{x}^{(1)}=(x_1^{(1)},x_2^{(1)},x_3^{(1)})^{\mathrm{T}}$,再把$\boldsymbol{x}^{(1)}$代入式(3.35)的右端可求出$\boldsymbol{x}^{(2)}=(x_1^{(2)},x_2^{(2)},x_3^{(2)})^{\mathrm{T}}$,如此反复便可得到一个近似解序列

$$\{(x_1^{(k)},x_2^{(k)},x_3^{(k)})^{\mathrm{T}}\}\quad(k=0,1,2,\cdots).$$

用初始值$\boldsymbol{x}^{(0)}=(0,0,0)^{\mathrm{T}}$进行计算,结果见表3.1.

表3.1

k	$x_1^{(k)}$	$x_2^{(k)}$	$x_3^{(k)}$
0	0	0	0
1	0.3000	1.5000	2.0000
2	0.8000	1.7600	2.6600

续表

k	$x_1^{(k)}$	$x_2^{(k)}$	$x_3^{(k)}$
3	0.9180	1.9260	2.8640
4	0.9716	1.9700	2.9540
5	0.9894	1.9897	2.9823
6	0.9963	1.9961	2.9938
7	0.9986	1.9986	2.9977
8	0.9995	1.9995	2.9992
9	0.9998	1.9998	2.9998
10	0.9999	1.9999	2.9999

容易验证方程组(3.33)或(3.34)的精确解为 $x_1=1, x_2=2, x_3=3$. 可见当迭代次数增加时,迭代结果越来越逼近其精确解. 这时就说迭代格式(3.35)是收敛的,其迭代序列收敛于方程组的精确解. 若要求结果精确到小数点后第三位(即要求误差小于 0.5×10^{-3}),可取近似解为

$$\tilde{\boldsymbol{x}} = (1.000, 2.000, 3.000)^{\mathrm{T}}.$$

上述过程就是用雅可比迭代法解线性方程组的过程.

但是对于任意的线性方程组,按各种方式建立的简单迭代格式是否一定会收敛? 答案是否定的,迭代格式必须满足一定条件才能收敛. 例如上面讨论的方程组(3.33),如果依次从第二、第三及第一个方程分离出 x_1, x_2, x_3 得

$$\begin{cases} x_1 = (10x_2 - x_3 - 15)/2, \\ x_2 = (-x_1 + 5x_3 - 10)/2, \\ x_3 = 10x_1 - 2x_2 - 3. \end{cases}$$

建立雅可比迭代格式

$$\begin{cases} x_1^{(k+1)} = (10x_2^{(k)} - x_3^{(k)} - 15)/2, \\ x_2^{(k)} = (-x_1^{(k)} + 5x_3^{(k)} - 10)/2, \\ x_3^{(k+1)} = 10x_1^{(k)} - 2x_2^{(k)} - 3. \end{cases} \tag{3.36}$$

若仍取迭代初值 $\boldsymbol{x}^{(0)}=(0,0,0)^{\mathrm{T}}$,代入式(3.36)逐次得出

$$x_1^{(1)} = -7.5, x_2^{(1)} = -5, x_3^{(1)} = -3,$$
$$x_1^{(2)} = 31, x_2^{(2)} = -8.75, x_3^{(2)} = -68,$$
$$\cdots\cdots$$

继续算下去,其结果的绝对值越来越大,不可能逼近于某常数,这样的迭代格式是发散的.

从上面的讨论可知,对于同一个线性方程组,同样的格式、同样的初始值,由于对变量分离的方式不同,其结果也不同. 下面讨论对于一般的线性方程组,究竟需要满足什么样的条件,雅可比迭代法才一定收敛.

设一般的线性方程组

$$\begin{cases} a_{11}x_1 + a_{12}x_2 + \cdots + a_{1n}x_n = b_1, \\ a_{21}x_1 + a_{22}x_2 + \cdots + a_{2n}x_n = b_2, \\ \cdots\cdots\cdots\cdots\cdots\cdots \\ a_{n1}x_1 + a_{n2}x_2 + \cdots + a_{nn}x_n = b_n, \end{cases} \tag{3.37}$$

从中分离出未知数 $x_1, x_2, \cdots, x_n$，上式可改写成下列形式

$$\begin{cases} x_1 = c_{11}x_1 + c_{12}x_2 + \cdots + c_{1n}x_n + d_1, \\ x_2 = c_{21}x_1 + c_{22}x_2 + \cdots + c_{2n}x_n + d_2, \\ \cdots\cdots\cdots\cdots\cdots\cdots \\ x_n = c_{n1}x_1 + c_{n2}x_2 + \cdots + c_{nn}x_n + d_n, \end{cases} \tag{3.38}$$

简写成

$$x_i = \sum_{j=1}^{n} c_{ij}x_j + d_i \quad (i = 1,2,\cdots,n), \tag{3.39}$$

由此建立迭代格式

$$x_i^{(k+1)} = \sum_{j=1}^{n} c_{ij}x_j^{(k)} + d_i \quad (i = 1,2,\cdots,n), \tag{3.40}$$

选一初始近似解$\boldsymbol{x}^{(0)} = (x_1^{(0)}, x_2^{(0)}, x_3^{(0)})^{\mathrm{T}}$，用式(3.40)进行迭代计算，可得到一个近似解序列

$$\boldsymbol{x}^{(k)} = (x_1^{(k)}, x_2^{(k)}, x_3^{(k)})^{\mathrm{T}} \quad (k = 0,1,2,\cdots).$$

如果极限$\lim\limits_{k\to\infty} x_i^{(k)} = x_i\ (i = 1,2,\cdots,n)$存在，则称迭代格式(3.40)收敛，其极限值$(x_1, x_2, \cdots, x_n)^{\mathrm{T}}$就是原方程组的解. 按式(3.40)的格式进行迭代求方程组(3.37)解的方法称为简单迭代法，又称为雅可比(Jacobi)迭代法. 如果迭代序列的极限不存在，就说该迭代格式发散.

下面讨论迭代格式(3.40)收敛的充分条件，即讨论迭代序列$\{x_1^{(k)}, x_2^{(k)}, \cdots, x_n^{(k)}\}$在什么条件下收敛于方程组(3.37)的精确解$(x_1, x_2, \cdots, x_n)^{\mathrm{T}}$.

充分条件 1 在迭代格式(3.40)中，若

$$\mu = \max_{1\leqslant i\leqslant n} \sum_{j=1}^{n} |c_{ij}| < 1,$$

则雅可比迭代格式(3.40)对任意初值$\boldsymbol{x}^{(0)}$和$\boldsymbol{d}$都是收敛的.

证明 设方程组的精确解为 $x_1^*, x_2^*, \cdots, x_n^*$，要证明 $\lim\limits_{k\to\infty} x_i^{(k)} = x_i^*$，只要证明 $\delta_k = \max\limits_{1\leqslant i\leqslant n} |x_i^{(k)} - x_i^*| \to 0\ (k\to\infty)$即可.

由于

$$x_i^* = c_{i1}x_1^* + c_{i2}x_2^* + \cdots + c_{in}x_n^* + d_i,$$
$$x_i^{(k)} = c_{i1}x_1^{(k-1)} + c_{i2}x_2^{(k-1)} + \cdots + c_{in}x_n^{(k-1)} + d_i,$$

则

$$x_i^{(k)} - x_i^* = c_{i1}(x_1^{(k-1)} - x_1^*) + c_{i2}(x_2^{(k-1)} - x_2^*) + \cdots + c_{in}(x_n^{(k-1)} - x_n^*),$$

$$\begin{aligned} |x_i^{(k)} - x_i^*| &\leqslant |c_{i1}||x_1^{(k-1)} - x_1^*| + |c_{i2}||x_2^{(k-1)} - x_2^*| + \cdots + |c_{in}||x_n^{(k-1)} - x_n^*| \\ &\leqslant (|c_{i1}| + |c_{i2}| + \cdots + |c_{in}|) \max_{1\leqslant i\leqslant n} |x_i^{(k-1)} - x_i^*| \leqslant \mu\delta_{k-1}. \end{aligned}$$

对 $i=1,2,\cdots,n$,有

$$\max_{1\leqslant i\leqslant n}|x_i^{(k)}-x_i^*|\leqslant\mu\delta_{k-1},$$

即

$$\delta_k\leqslant\mu\delta_{k-1}\leqslant\mu^2\delta_{k-2}\leqslant\cdots\leqslant\mu^k\delta_0.$$

当$\boldsymbol{x}^{(0)}$取定后,$\delta_0=\max\limits_{1\leqslant i\leqslant n}|x_i^{(0)}-x_i^*|$为一常数,由于$0<\mu<1,\delta_k\geqslant0$,当$k\to\infty$时,$\delta_k\to0$,则对任$\boldsymbol{x}^{(0)}$和$\boldsymbol{d}$由式(3.40)产生的雅可比迭代格式均收敛于方程组的解.

还可以证明下列两个充分条件:

充分条件 2 若 $\max\limits_{1\leqslant j\leqslant n}\sum\limits_{i=1}^{n}|c_{ij}|=r<1$,则雅可比迭代格式收敛.

充分条件 3 若 $\sum\limits_{i=1}^{n}\sum\limits_{j=1}^{n}c_{ij}^2=\rho<1$,则雅可比迭代格式收敛.

由此可见,只要所构造的迭代格式满足三个充分条件中的一个,那么雅可比迭代格式一定收敛于方程组的解.

迭代收敛的格式,可以在每次迭代后判断$|x_i^{(k+1)}-x_i^{(k)}|<\varepsilon(i=1,2,\cdots,n)$($\varepsilon$为预先给定的小数)是否成立.当$|x_i^{(k+1)}-x_i^{(k)}|<\varepsilon(i=1,2,\cdots,n)$成立时,可终止迭代,把$x^{(k+1)}$作为方程组的近似解.

如果用矩阵表示,则方程组(3.37)可以表示为

$$\boldsymbol{A}\boldsymbol{x}=\boldsymbol{b},\tag{3.41}$$

其中

$$\boldsymbol{A}=\begin{pmatrix}a_{11}&a_{12}&\cdots&a_{1n}\\a_{21}&a_{22}&\cdots&a_{2n}\\\vdots&\vdots&\vdots&\vdots\\a_{n1}&a_{n2}&\cdots&a_{nn}\end{pmatrix},\boldsymbol{x}=\begin{pmatrix}x_1\\x_2\\\vdots\\x_n\end{pmatrix},\boldsymbol{b}=\begin{pmatrix}b_1\\b_2\\\vdots\\b_n\end{pmatrix}.$$

若系数矩阵$\boldsymbol{A}$的主对角线元素全不为零,将此系数矩阵进行分裂得

$$\boldsymbol{A}=\boldsymbol{D}-\boldsymbol{L}-\boldsymbol{U},$$

其中

$$\boldsymbol{L}=\begin{pmatrix}0&0&\cdots&0\\-a_{21}&0&\cdots&0\\\vdots&\ddots&\ddots&0\\-a_{n1}&-a_{n2}&\cdots&0\end{pmatrix},\boldsymbol{U}=\begin{pmatrix}0&-a_{21}&\cdots&-a_{n1}\\0&0&\cdots&-a_{n2}\\\vdots&\ddots&\ddots&\vdots\\0&0&\cdots&0\end{pmatrix},\boldsymbol{D}=\begin{pmatrix}a_{11}&0&\cdots&0\\0&a_{22}&\cdots&0\\\vdots&\ddots&\ddots&0\\0&0&\cdots&a_{nn}\end{pmatrix}.$$

代入式(3.41)可得

$$(\boldsymbol{D}-\boldsymbol{L}-\boldsymbol{U})\boldsymbol{x}=\boldsymbol{b},\boldsymbol{D}\boldsymbol{x}=(\boldsymbol{L}+\boldsymbol{U})\boldsymbol{x}+\boldsymbol{b}.$$

所以可得

$$\boldsymbol{x}=\boldsymbol{D}^{-1}(\boldsymbol{L}+\boldsymbol{U})\boldsymbol{x}+\boldsymbol{D}^{-1}\boldsymbol{b}.$$

对应的雅可比迭代格式的矩阵表示为

$$\boldsymbol{x}^{(k+1)} = \boldsymbol{D}^{-1}(\boldsymbol{L}+\boldsymbol{U})\boldsymbol{x}^{(k)} + \boldsymbol{D}^{-1}\boldsymbol{b}, \quad k = 0,1,2,\cdots, \tag{3.42}$$

其中 $\boldsymbol{B}=\boldsymbol{D}^{-1}(\boldsymbol{L}+\boldsymbol{U})$ 为雅可比迭代法的迭代矩阵.

3.6.2 高斯—赛德尔迭代法

在雅可比迭代法中,都是统一地用第 k 次迭代结果来进行第 $k+1$ 次迭代,即在计算 $x_i^{(k+1)}$ 时所用到的都是 $x_1^{(k)},x_2^{(k)},\cdots,x_n^{(k)}$ 的值,实际上,计算 $x_i^{(k+1)}$ 时,$x_1^{(k+1)},x_2^{(k+1)},\cdots,x_{i-1}^{(k+1)}$ 都已算出,用它们代替 $x_i^{(k+1)}$ 计算式中的 $x_1^{(k)},x_2^{(k)},\cdots,x_{i-1}^{(k)}$,结果应该更好,这就是高斯—赛德尔迭代法的基本思想.

高斯—赛德尔迭代格式为

$$\begin{cases} x_1^{(k+1)} = c_{11}x_1^{(k)} + c_{12}x_2^{(k)} + \cdots + c_{1n}x_n^{(k)} + d_1, \\ x_2^{(k+1)} = c_{21}x_1^{(k+1)} + c_{22}x_2^{(k)} + \cdots + c_{2n}x_n^{(k)} + d_2, \\ \cdots\cdots\cdots\cdots\cdots\cdots\cdots\cdots\cdots\cdots\cdots\cdots \\ x_n^{(k+1)} = c_{n1}x_1^{(k+1)} + c_{n2}x_2^{(k+1)} + \cdots + c_{nn-1}x_{n-1}^{(k+1)} + c_{nn}x_n^{(k)} + d_n, \end{cases}$$

或

$$x_i^{(k+1)} = \sum_{j=1}^{i-1} c_{ij}x_j^{(k+1)} + \sum_{j=i}^{n} c_{ij}x_j^{(k)} + d_i (i = 1,2,\cdots,n). \tag{3.43}$$

如可以将式(3.35)的雅可比迭代格式改写为高斯—赛德尔迭代格式

$$\begin{cases} x_1^{(k+1)} = (2x_2^{(k)} + x_3^{(k)} + 3)/10, \\ x_2^{(k+1)} = (2x_1^{(k+1)} + x_3^{(k)} + 15)/10, \\ x_3^{(k+1)} = (x_1^{(k+1)} + 2x_2^{(k+1)} + 10)/5, \end{cases}$$

同时相应的高斯—赛德尔迭代法矩阵形式可以推导得

$$\boldsymbol{x}^{(k+1)} = (\boldsymbol{D}-\boldsymbol{L})^{-1}\boldsymbol{U}\boldsymbol{x}^{(k)} + (\boldsymbol{D}-\boldsymbol{L})^{-1}\boldsymbol{b}, \quad k = 0,1,2,\cdots, \tag{3.44}$$

其中 $\boldsymbol{G}=(\boldsymbol{D}-\boldsymbol{L})^{-1}\boldsymbol{U}$ 为高斯—赛德尔迭代法的迭代矩阵.

高斯—赛德尔迭代格式收敛的充分条件有以下两个:

充分条件1 在式(3.44)中,若迭代矩阵 $\boldsymbol{G}$ 的行范数小于1,则高斯—赛德尔迭代格式收敛.

充分条件2 在式(3.44)中,若迭代矩阵 $\boldsymbol{G}$ 的列范数小于1,则高斯—赛德尔迭代格式收敛.

对于收敛的迭代格式,要判断迭代过程何时终止,可以在每次迭代后判断 $|x_i^{(k+1)} - x_i^{(k)}| < \varepsilon$(根据精度要求预先给定的一个小正数)$(i=1,2,\cdots,n)$ 是否成立. 当 $|\Delta x_i^{(k)}| < \varepsilon$ 成立时,便可停止迭代.

为了便于在计算机上进行计算,把迭代后得到的新值 $x_i^{(k+1)}$ 立即代替 $x_i^{(k)}$ 去求下一个未知量,因此一旦求出新值 $x_i^{(k+1)}$,老值 $x_i^{(k)}$ 就没有保留的必要了,只要用一个一维数组 $\boldsymbol{x}$ 来存放解的近似值. 高斯—赛德尔迭代法 N－S 图如图 3.3 所示.

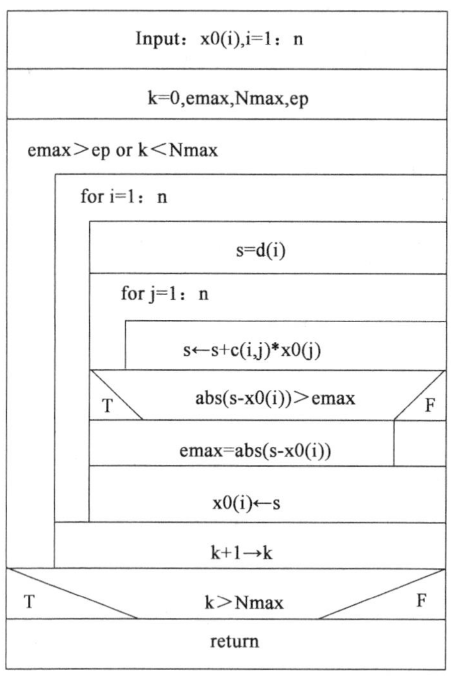

图 3.3

3.6.3 严格对角占优矩阵的雅可比和高斯—赛德尔迭代格式

定义 3.8 设 $\boldsymbol{A}=(a_{ij})$是一个 $n\times n$ 阶矩阵,若

$$|a_{ii}|>\sum_{\substack{j=1\\j\neq i}}^{n}|a_{ij}|\quad(i=1,2,\cdots,n),$$

则称 $\boldsymbol{A}$ 为严格对角占优矩阵.

定理 3.5 方程组 $\boldsymbol{Ax}=\boldsymbol{d}$,其中 $\boldsymbol{A}$ 为 $n\times n$ 阶严格对角占优矩阵时,则雅可比迭代格式和高斯—赛德尔迭代格式一定收敛.

事实上,从第 i 个方程分离出 x_i,即

$$x_i=-\sum_{j\neq i}^{n}\frac{a_{ij}}{a_{ii}}+\frac{d_i}{a_{ii}}\quad(i=1,2,\cdots,n),\tag{3.45}$$

由于

$$\sum_{\substack{j=1\\j\neq i}}^{n}\left|\frac{-a_{ij}}{a_{ii}}\right|=\frac{\sum\limits_{\substack{j=1\\j\neq i}}^{n}|a_{ij}|}{|a_{ii}|}<1,$$

则由收敛的充分条件可知,由式(3.42)产生的两种迭代格式都收敛.

例 3.13 构造下列方程组的雅可比和高斯—赛德尔迭代格式,并判断收敛性:

$$\begin{cases}5x_1-x_2-x_3=3,\\x_1+6x_2-x_3=6,\\x_1+x_2+3x_3=5.\end{cases}$$

解 由于系数矩阵

$$A = \begin{pmatrix} 5 & -1 & -1 \\ 1 & 6 & -1 \\ 1 & 1 & 3 \end{pmatrix}$$

为严格对角占优阵,则方程组对应的雅可比和高斯—赛德尔迭代格式都收敛,把方程组等价变形为

$$\begin{cases} x_1 = (x_2 + x_3 + 3)/5, \\ x_2 = (-x_1 + x_3 + 6)/6, \\ x_3 = (-x_1 - x_2 + 5)/3, \end{cases}$$

雅可比迭代格式为

$$\begin{cases} x_1^{(k+1)} = (x_2^{(k)} + x_3^{(k)} + 3)/5, \\ x_2^{(k+1)} = (-x_1^{(k)} + x_3^{(k)} + 6)/6, \\ x_3^{(k+1)} = (-x_1^{(k)} - x_2^{(k)} + 5)/3. \end{cases}$$

高斯—赛德尔迭代格式为

$$\begin{cases} x_1^{(k+1)} = (x_2^{(k)} + x_3^{(k)} + 3)/5, \\ x_2^{(k+1)} = (-x_1^{(k+1)} + x_3^{(k)} + 6)/6, \\ x_3^{(k+1)} = (-x_1^{(k+1)} - x_2^{(k+1)} + 5)/3. \end{cases}$$

例 3.14 已知方程组

$$\begin{cases} x_1 + x_2 - 7x_3 = 1, \\ 10x_1 + x_2 + x_3 = 4, \\ x_1 - 5x_2 + x_3 = 6, \end{cases}$$

试通过方程组变形,建立收敛的雅可比和高斯—赛德尔迭代格式.

解 由于直接分离 x_1, x_2, x_3 不能满足收敛条件,因此将方程组变形为

$$\begin{cases} 10x_1 + x_2 + x_3 = 4, \\ x_1 - 5x_2 + x_3 = 6, \\ x_1 + x_2 - 7x_3 = 1, \end{cases} \tag{3.46}$$

所对应的系数矩阵

$$A = \begin{pmatrix} 10 & 1 & 1 \\ 1 & -5 & 1 \\ 1 & 1 & -7 \end{pmatrix}$$

为严格对角占优矩阵,所以对应的雅可比迭代格式和高斯—赛德尔迭代格式都收敛,由式(3.46)分离出 x_1, x_2, x_3,得

$$\begin{cases} x_1 = (-x_2 - x_3 + 4)/10, \\ x_2 = (x_1 + x_3 - 6)/5, \\ x_3 = (x_1 + x_2 - 1)/7, \end{cases}$$

雅可比迭代格式为

$$\begin{cases} x_1^{(k+1)} = (-x_2^{(k)} - x_3^{(k)} + 4)/10, \\ x_2^{(k+1)} = (x_1^{(k)} + x_3^{(k)} - 6)/5, \\ x_3^{(k+1)} = (x_1^{(k)} + x_2^{(k)} - 1)/7. \end{cases}$$

高斯—赛德尔迭代格式为

$$\begin{cases} x_1^{(k+1)} = (-x_2^{(k)} - x_3^{(k)} + 4)/10, \\ x_2^{(k+1)} = (x_1^{(k+1)} + x_3^{(k)} - 6)/5, \\ x_3^{(k+1)} = (x_1^{(k+1)} + x_2^{(k+1)} - 1)/7. \end{cases}$$

例 3.15 将下列方程组进行变形,建立收敛的高斯—赛德尔迭代格式,解方程组,要求精确到两位小数:

$$\begin{cases} 11x_1 - 3x_2 - 2x_3 = 3, \\ -23x_1 + 11x_2 + x_3 = 0, \\ x_1 - 2x_2 + 2x_3 = -1. \end{cases}$$

解 已知方程组的系数矩阵不满足收敛的充分条件,也不符合上面介绍的情形,需对方程组进行变形.

将第一个方程的 2 倍加到第二个方程上,可得

$$-x_1 + 5x_2 - 3x_3 = 6.$$

将第三个方程乘以 10,再将第一个、第二个方程加到该方程,得

$$-2x_1 - 12x_2 + 19x_3 = -7.$$

于是可以得到与原方程组同解的方程组

$$\begin{cases} 11x_1 - 3x_2 - 2x_3 = 3, \\ -x_1 + 5x_2 - 3x_3 = 6, \\ -2x_1 - 12x_2 + 19x_3 = -7, \end{cases} \tag{3.47}$$

它的系数矩阵为严格对角占优矩阵,可改写为

$$\begin{cases} x_1 = (3x_2 + 2x_3 + 3)/11, \\ x_2 = (x_1 + 3x_3 + 6)/5, \\ x_3 = (2x_1 + 12x_2 - 7)/19. \end{cases} \tag{3.48}$$

式(3.45)的系数矩阵满足迭代格式收敛的充分条件,相应的高斯—赛德尔迭代格式为

$$\begin{cases} x_1^{(k+1)} = (3x_2^{(k)} + 2x_3^{(k)} + 3)/11, \\ x_2^{(k+1)} = (x_1^{(k+1)} + 3x_3^{(k)} + 6)/5, \\ x_3^{(k+1)} = (2x_1^{(k+1)} + 12x_2^{(k+1)} - 7)/19. \end{cases} \tag{3.49}$$

选初值 $x_1^{(0)} = x_2^{(0)} = x_3^{(0)} = 0$,按上式迭代格式进行计算,结果见表 3.2.

表 3.2

k	$x_1^{(k)}$	$x_2^{(k)}$	$x_3^{(k)}$
0	0	0	0
1	0.273	1.255	0.454

续表

k	$x_1^{(k)}$	$x_2^{(k)}$	$x_3^{(k)}$
2	0.698	1.612	0.724
3	0.845	1.803	0.860
4	0.922	1.901	0.930
5	0.961	1.950	0.965
6	0.981	1.975	0.983
7	0.991	1.988	0.992
8	0.996	1.994	0.997
9	0.999	1.998	0.999

从表中可以看出,因 $\max\limits_{1\leqslant i\leqslant 3}|x_i^{(9)}-x_i^{(8)}|=0.004<0.005$,故满足精度要求的原方程组的近似解为

$$x_1 = 1.00, x_2 = 2.00, x_3 = 1.00.$$

3.6.4 超松弛迭代法(SOR法)

应用迭代法解方程组的关键在于解决好收敛性问题,即使迭代格式收敛,但收敛速度缓慢,从而使计算量变得很大,这样的算法也不能说是有效的,因此有必要发展新的方法,松弛法是一种加速收敛的迭代方法,将前一步的结果 $x_i^{(k)}$ 与高斯—赛德尔迭代结果 $\bar{x}_i^{(k+1)}$ 进行适当的线性组合,来加速收敛.

假设方程组 $\boldsymbol{Ax}=\boldsymbol{b}$,经过变形,得同解方程组为

$$x_i = \sum_{j=1}^{n} c_{ij}x_j + d_i \quad (i = 1,2,\cdots,n),$$

它满足收敛的充分条件.

记高斯—赛德尔迭代结果为 $\bar{x}_i^{(k+1)} = \sum\limits_{j=1}^{i-1} c_{ij}x_j^{(k+1)} + \sum\limits_{j=i}^{n} c_{ij}x_j^{(k)} + d_i(i = 1,2,\cdots,n)$,取一因子 ω,一般取 $0<\omega<2$,作线性组合

$$x_i^{(k+1)} = \omega\bar{x}_i^{(k+1)} + (1-\omega)x_i^{(k)} \quad (i = 1,2,\cdots,n), \tag{3.50}$$

也可写成

$$x_i^{(k+1)} = x_i^{(k)} + \omega(\bar{x}_i^{(k+1)} - x_i^{(k)}) \quad (i = 1,2,\cdots,n), \tag{3.51}$$

当 $\omega=1$ 时,式(3.50)即为高斯—赛德尔迭代格式;当 $1<\omega<2$ 时,式(3.50)或式(3.51)称为超松弛迭代法的计算格式,ω 称为松弛因子;当 $0<\omega<1$ 时,上述计算格式称为低松弛(或欠松弛)迭代格式.

例3.16 用超松弛迭代法解方程组

$$\begin{cases} 4x_1 + 3x_2 = 24, \\ 3x_1 + 4x_2 - x_3 = 30, \\ -x_2 + 4x_3 = -24. \end{cases}$$

(方程组的精确解为 $\boldsymbol{x}=(3,4,-5)^{\mathrm{T}}$)

解 高斯—赛德尔迭代格式为

$$\begin{cases} x_1^{(k+1)} = (-3x_2^{(k)}+24)/4, \\ x_2^{(k+1)} = (-3x_1^{(k+1)}+x_3^{(k)}+30)/4, \\ x_3^{(k+1)} = (x_2^{(k+1)}-24)/4, \end{cases}$$

松弛迭代格式为

$$\begin{cases} x_1^{(k+1)} = x_1^{(k)}+\omega[(-3x_2^{(k)}+24)/4-x_1^{(k)}], \\ x_2^{(k+1)} = x_2^{(k)}+\omega[(-3x_1^{(k+1)}+x_3^{(k)}+30)/4-x_2^{(k)}] \quad (k=0,1,2,\cdots), \\ x_3^{(k+1)} = x_3^{(k)}+\omega[(x_2^{(k+1)}-24)/4-x_3^{(k)}]. \end{cases}$$

取初值$\boldsymbol{x}^{(0)}=(1,1,1)^{\mathrm{T}}$,用高斯—赛德尔迭代法(即松弛迭代格式中取$\omega=1$)的计算结果为

$$\begin{cases} \boldsymbol{x}^{(1)}=(5.250000,3.812500,-5.046875)^{\mathrm{T}}, \\ \cdots\cdots\cdots\cdots\cdots\cdots\cdots\cdots\cdots\cdots \\ \boldsymbol{x}^{(7)}=(3.013411,3.988824,-5.002794)^{\mathrm{T}}. \end{cases}$$

取$\omega=1.25$时的计算结果为

$$\begin{cases} \boldsymbol{x}^{(1)}=(6.312500,3.5195313,-6.6501465)^{\mathrm{T}}, \\ \cdots\cdots\cdots\cdots\cdots\cdots\cdots\cdots\cdots\cdots \\ \boldsymbol{x}^{(7)}=(3.0000498,4.0002586,-5.0003486)^{\mathrm{T}}. \end{cases}$$

若要求迭代过程满足精度

$$\|\boldsymbol{x}^{(k)}-\boldsymbol{x}^*\|_\infty < \frac{1}{2}\times 10^{-7},$$

利用高斯—赛德尔迭代法(即$\omega=1$)需要迭代34次,而用超松弛迭代法($\omega=1.25$),仅需要迭代14次.

从这个例子可以看出,松弛因子选得好,会使超松弛迭代法的收敛大大加速.

3.7* 非线性代数方程组的迭代法简介

在很多实际问题中,经常遇到所求解的方程组为非线性方程组,对于非线性方程组,一般来说,难以求得其精确解,通常采用数值解法,把非线性方程组转化为线性方程组进行求解.为了使线性方程组的解收敛于非线性方程组的解,出现了各种不同的处理方法,但它们都有一定的局限性,没有一种像线性方程组一样的统一的处理方法.本节主要介绍非线性方程组的简单的迭代解法.

3.7.1 一般概念

含有n个方程的n元非线性方程组的一般形式为

$$\begin{cases} f_1(x_1,x_2,\cdots,x_n)=0, \\ f_2(x_1,x_2,\cdots,x_n)=0, \\ \cdots\cdots\cdots\cdots\cdots \\ f_n(x_1,x_2,\cdots,x_n)=0, \end{cases} \tag{3.52}$$

其中$f_i(i=1,2,\cdots,n)$是定义在区域$D\subset\mathbf{R}^n$上的n元实值函数,且f_i中至少有一个是非线性函数. 令

$$\boldsymbol{x}=(x_1,x_2,\cdots,x_n)^{\mathrm{T}},F(\boldsymbol{x})=(f_1(\boldsymbol{x}),f_2(\boldsymbol{x}),\cdots,f_n(\boldsymbol{x}))^{\mathrm{T}},$$

则方程组(3.52)可表示为向量形式

$$F(\boldsymbol{x})=\mathbf{0}, \tag{3.53}$$

其中$F:D\subset\mathbf{R}^n\to\mathbf{R}^n$,即$F$为定义在区域$D\subset\mathbf{R}^n$上并且是$n$维是向量值函数. 若存在$\boldsymbol{x}^*\in D$使得$F(\boldsymbol{x}^*)=\mathbf{0}$,则称$\boldsymbol{x}^*$是方程组(3.53)的解. 关于方程组(3.53)的解的存在性及有效解法已有很多成果. 下面介绍其中的几种迭代解法,为此先介绍有关概念.

定义3.9 设$f:D\subset\mathbf{R}^n\to\mathbf{R}$,$\boldsymbol{x}\in\mathrm{int}(D)$(即$\boldsymbol{x}$是$D$的内点),若存在向量$l(\boldsymbol{x})\in\mathbf{R}^n$,使极限

$$\lim_{h\to 0}\frac{f(\boldsymbol{x}+\boldsymbol{h})-f(\boldsymbol{x})-l(\boldsymbol{x})^{\mathrm{T}}\boldsymbol{h}}{\|\boldsymbol{h}\|}=0 \tag{3.54}$$

成立,则称f在$\boldsymbol{x}$处可微,向量$l(\boldsymbol{x})$称为f在$\boldsymbol{x}$处的导数,记为$f'(\boldsymbol{x})=l(\boldsymbol{x})$;若$D$是开区域且$f$在$D$内每一点处都可微,则称$f$在$D$内可微.

定理3.6 若$f:D\subset\mathbf{R}^n\to\mathbf{R}$在$\boldsymbol{x}\in\mathrm{int}(D)$处可微,则$f$在$\boldsymbol{x}$处关于各自变量的偏导数$\dfrac{\partial f(\boldsymbol{x})}{\partial x_j}(j=1,2,\cdots,n)$存在,且有

$$f'(\boldsymbol{x})=\left(\frac{\partial f(\boldsymbol{x})}{\partial x_1},\frac{\partial f(\boldsymbol{x})}{\partial x_2},\cdots,\frac{\partial f(\boldsymbol{x})}{\partial x_n}\right)^{\mathrm{T}}.$$

证明 记$l(\boldsymbol{x})=(l_1(\boldsymbol{x}),l_2(\boldsymbol{x}),\cdots,l_n(\boldsymbol{x}))^{\mathrm{T}}$,取$\boldsymbol{h}=h\mathbf{e}_j$,(实数$h\neq 0$,$\mathbf{e}_j$为$n$维基本单位向量),式(3.54)成立,故有

$$\lim_{h\to 0}\frac{f(\boldsymbol{x}+h\,\mathbf{e}_j)-f(\boldsymbol{x})-l(\boldsymbol{x})^{\mathrm{T}}\boldsymbol{h}}{h}=0,\quad j=1,2,\cdots,n,$$

因而有

$$l_j(\boldsymbol{x})=\lim_{h\to 0}\frac{f(\boldsymbol{x}+h\,\mathbf{e}_j)-f(\boldsymbol{x})}{h}=\frac{\partial f(\boldsymbol{x})}{\partial x_j},\quad j=1,2,\cdots,n$$

存在,并且有

$$f'(\boldsymbol{x})=l(\boldsymbol{x})=\left(\frac{\partial f(\boldsymbol{x})}{\partial x_1},\frac{\partial f(\boldsymbol{x})}{\partial x_2},\cdots,\frac{\partial f(\boldsymbol{x})}{\partial x_n}\right)^{\mathrm{T}}.$$

f在$\boldsymbol{x}$处的导数$f'(\boldsymbol{x})$又称为f在$\boldsymbol{x}$处的梯度,记为$\mathrm{grad}f(\boldsymbol{x})$或$\nabla f(\boldsymbol{x})$.

定义3.10 设$F:D\subset\mathbf{R}^n\to\mathbf{R}^n$,$\boldsymbol{x}\in\mathrm{int}(D)$,若存在矩阵$A(\boldsymbol{x})\in\mathbf{R}^{n\times n}$,使得极限

$$\lim_{h\to 0}\frac{\|F(\boldsymbol{x}+\boldsymbol{h})-F(\boldsymbol{x})-A(x)\boldsymbol{h}\|}{\|\boldsymbol{h}\|}=0 \tag{3.55}$$

成立,则称F在$\boldsymbol{x}$处可微,矩阵$A(\boldsymbol{x})$称为F在$\boldsymbol{x}$的导数,记为$F'(\boldsymbol{x})=A(\boldsymbol{x})$. 若$D$是开区域且$F$在$D$内每一点处都可微,则称$F$在$D$内可微.

定理3.7 设$F:D\subset\mathbf{R}^n\to\mathbf{R}^n$,$F$在$\boldsymbol{x}\in\mathrm{int}(D)$处可微的充要条件是$F$的所有分量$f_i(i=1,2,\cdots,n)$在$\boldsymbol{x}$点处可微;若$F$在$\boldsymbol{x}$处可微,则

$$F'(\boldsymbol{x}) = \left(\frac{\partial f_i(\boldsymbol{x})}{\partial x_j}\right)_{n\times n} = \begin{pmatrix} \frac{\partial f_1(\boldsymbol{x})}{\partial x_1} & \frac{\partial f_1(\boldsymbol{x})}{\partial x_2} & \cdots & \frac{\partial f_1(\boldsymbol{x})}{\partial x_n} \\ \vdots & \vdots & & \vdots \\ \frac{\partial f_n(\boldsymbol{x})}{\partial x_1} & \frac{\partial f_n(\boldsymbol{x})}{\partial x_2} & \cdots & \frac{\partial f_n(\boldsymbol{x})}{\partial x_n} \end{pmatrix}.$$

证明略.

其中 $F'(\boldsymbol{x}) = A(\boldsymbol{x}) = \left(\frac{\partial f_i(\boldsymbol{x})}{\partial x_j}\right)_{n\times n}$ 称为 F 在 $\boldsymbol{x}$ 的雅可比矩阵.

定理 3.8 设 $F:D\subset\mathbf{R}^n\to\mathbf{R}^n$,

(1)若 F 在 $\boldsymbol{x}\in\text{int}(D)$ 处的雅可比矩阵存在且连续,则 F 在 $\boldsymbol{x}$ 处可微,并称 F 在 $\boldsymbol{x}$ 处连续可微,且 $F'(\boldsymbol{x}) = \left(\frac{\partial f_i(\boldsymbol{x})}{\partial x_j}\right)_{n\times n}$.

(2)若 F 在 $\boldsymbol{x}\in\text{int}(D)$ 处可微,则 F 在 $\boldsymbol{x}$ 处连续.

(3)若 F 在开区域 D 内可微,$D_0\subset D$ 为开凸区域,则对任意的 $\boldsymbol{x}\in D_0$ 和 $\boldsymbol{x}+\boldsymbol{h}\in D_0$,等式

$$F(\boldsymbol{x}+\boldsymbol{h}) - F(\boldsymbol{x}) = \begin{pmatrix} f_1'(\boldsymbol{x}+\theta_1\boldsymbol{h})^{\mathrm{T}} \\ f_2'(\boldsymbol{x}+\theta_2\boldsymbol{h})^{\mathrm{T}} \\ \vdots \\ f_n'(\boldsymbol{x}+\theta_n\boldsymbol{h})^{\mathrm{T}} \end{pmatrix}\boldsymbol{h} \tag{3.56}$$

成立,其中 $0<\theta_i<1, i=1,2,\cdots,n$.

证明略.

定义 3.11 若 $F:D\subset\mathbf{R}^n\to\mathbf{R}^n$ 的各个分量 $f_i(\boldsymbol{x})(i=1,2,\cdots,n)$ 的二阶偏导数在 $\boldsymbol{x}\in\text{int}(D)$ 处连续,则称 $F(\boldsymbol{x})$ 在 $\boldsymbol{x}$ 处二次连续可微.

定义 3.12 设向量序列 $\{\boldsymbol{x}^{(k)}\}$ 收敛于 $\boldsymbol{x}^*$,$\mathbf{e}_k=\boldsymbol{x}^{(k)}-\boldsymbol{x}^*\neq\mathbf{0}(k=0,1,2,\cdots)$,若存在常数 $p\geqslant1$ 和常数 $c>0$,使得极限

$$\lim_{k\to\infty}\frac{\|\mathbf{e}_{k+1}\|}{\|\mathbf{e}_k\|^p} = c$$

成立,或者使当 $k\geqslant K$(某个正整数)时

$$\|\mathbf{e}_{k+1}\| \leqslant c\|\mathbf{e}_k\|^p$$

成立,则称序列 $\{\boldsymbol{x}^{(k)}\}$ 是 p 阶收敛的,c 称为收敛因子.

当 $p=1$ 时,称序列 $\{\boldsymbol{x}^{(k)}\}$ 线性收敛,$p>1$ 称为超线性收敛,$p=2$ 时称为平方(或二次)收敛.

3.7.2 不动点迭代法

把方程组(3.50)改写成与之等价的形式

$$\boldsymbol{x} = G(\boldsymbol{x}), \tag{3.57}$$

其中 $G:D\subset\mathbf{R}^n\to\mathbf{R}^n$. 若 $\boldsymbol{x}^*\in D$ 满足 $\boldsymbol{x}^*=G(\boldsymbol{x}^*)$,则称 $\boldsymbol{x}^*$ 为函数 $G(\boldsymbol{x})$ 的不动点. 因此

$G(\boldsymbol{x})$的不动点$\boldsymbol{x}^*$就是方程组(3.53)的解,求方程组(3.53)的解就转化为求函数$G(\boldsymbol{x})$的不动点.

适当选取初始向量$\boldsymbol{x}^{(0)}\in D$,利用方程组(3.57)的形式,构造迭代公式

$$\boldsymbol{x}^{(k+1)}=G(\boldsymbol{x}^{(k)}),k=0,1,2,\cdots, \tag{3.58}$$

称式(3.58)为求解方程组(3.57)的不动点迭代法或简单迭代法,$G(\boldsymbol{x})$称为迭代函数.

定义3.13 假设$G:D\subset\mathbf{R}^n\to\mathbf{R}^n$若存在常数$L\in(0,1)$,使对任意$\boldsymbol{x},\boldsymbol{y}\in D_0\subset D$,

$$\|G(\boldsymbol{x})-G(\boldsymbol{y})\|\leqslant L\|\boldsymbol{x}-\boldsymbol{y}\|$$

成立,则称$G(\boldsymbol{x})$在D_0上为压缩映射,L为压缩系数.

从定义可以看出,若$G(\boldsymbol{x})$在D_0上为压缩映射,则$G(\boldsymbol{x})$在D_0上必连续,这里的压缩性与所取范数有关,即$G(\boldsymbol{x})$对一种范数是压缩的,而对另一种范数可能不是压缩的.

定理3.9(压缩映射原理) 设$G:D\subset\mathbf{R}^n\to\mathbf{R}^n$在闭区域$D_0\subset D$上满足:

(1)映内性,即$G(D_0)\subset D_0$;

(2)压缩性,压缩因子为L;

则下列结论成立:

(1)$G(\boldsymbol{x})$在D_0上存在唯一的不动点$\boldsymbol{x}^*$;

(2)对任意的$\boldsymbol{x}^{(0)}\in D_0$,不动点迭代法(3.58)产生的序列$\{\boldsymbol{x}^{(k)}\}\subset D_0$且收敛于$\boldsymbol{x}^*$;

(3)误差估计式

$$\|\boldsymbol{x}^{(k)}-\boldsymbol{x}^*\|\leqslant\frac{L}{1-L}\|\boldsymbol{x}^{(k)}-\boldsymbol{x}^{(k-1)}\|,$$

成立.

$$\|\boldsymbol{x}^{(k)}-\boldsymbol{x}^*\|\leqslant\frac{L^k}{1-L}\|\boldsymbol{x}^{(1)}-\boldsymbol{x}^{(0)}\|.$$

证明略.

实际在应用不动点迭代法(3.58)时,若初值$\boldsymbol{x}^{(0)}$在不动点$\boldsymbol{x}^*$邻近,则有如下局部收敛定理.

定理3.10(局部收敛定理) 若映射$G(\boldsymbol{x})$在不动点$\boldsymbol{x}^*$的δ邻域

$$D_\delta=\{\boldsymbol{x}:\|\boldsymbol{x}-\boldsymbol{x}^*\|\leqslant\delta\}\subset D_0$$

上满足条件

$$\|G(\boldsymbol{x})-\boldsymbol{x}^*\|\leqslant L\|\boldsymbol{x}-\boldsymbol{x}^*\|,0<L<1,\forall x\in D_\delta,$$

则对任意的$\boldsymbol{x}^{(0)}\in D_\delta$,由式(3.58)产生的迭代序列$\{\boldsymbol{x}^{(k)}\}$收敛到$\boldsymbol{x}^*$,且有估计式

$$\|\boldsymbol{x}^{(k)}-\boldsymbol{x}^*\|\leqslant L^k\|\boldsymbol{x}^{(0)}-\boldsymbol{x}^*\|,k=0,1,2,\cdots.$$

证明略.

定理3.11(局部收敛定理) 设映射$G(\boldsymbol{x})$在不动点$\boldsymbol{x}^*$处可微,且$G'(\boldsymbol{x}^*)$的谱半径$\rho(G'(\boldsymbol{x}^*))<1$,则存在开球$D_0=\{\boldsymbol{x}:\|\boldsymbol{x}-\boldsymbol{x}^*\|<\delta,\delta>0\}\subset D$,使对任意$\boldsymbol{x}^{(0)}\in D_0$,由迭代格式(3.58)产生的序列$\{\boldsymbol{x}^{(k)}\}\subset D_0$且收敛于$\boldsymbol{x}^*$.

证明略.

3.7.3 牛顿法

设方程组(3.53)存在解$\boldsymbol{x}^*\in\mathrm{int}(D)$,$F(\boldsymbol{x})$在$\boldsymbol{x}^*$的某个开邻域$D_0=$

$\{\boldsymbol{x}: \|\boldsymbol{x}-\boldsymbol{x}^*\| < \delta, \delta > 0\} \subset D$ 内可微. 又设$\boldsymbol{x}^{(k)} \in D_0$ 是方程组(3.53)的第 k 次近似解,由泰勒公式可得

$$f_i(\boldsymbol{x}) \approx f_i(\boldsymbol{x}^{(k)}) + \sum_{j=1}^{n} \frac{\partial f_i(\boldsymbol{x}^{(k)})}{\partial x_j}(x_j - x_j^{(k)}), \quad i = 1,2,\cdots,n,$$

用线性方程组

$$f_i(\boldsymbol{x}^{(k)}) + \sum_{j=1}^{n} \frac{\partial f_i(\boldsymbol{x}^{(k)})}{\partial x_j}(x_j - x_j^{(k)}) = 0, \quad i = 1,2,\cdots,n,$$

即

$$F'(\boldsymbol{x}^{(k)})(\boldsymbol{x} - \boldsymbol{x}^{(k)}) = -F(\boldsymbol{x}^{(k)}) \tag{3.59}$$

近似代替非线性方程组(3.53),用线性方程组(3.59)的解作为非线性方程组(3.53)的第 $k+1$ 次近似解,就得到求解非线性方程组(3.53)的牛顿法:

$$\boldsymbol{x}^{(k+1)} = \boldsymbol{x}^{(k)} - [F'(\boldsymbol{x}^{(k)})]^{-1}F(\boldsymbol{x}^{(k)}), \quad k = 0,1,2,\cdots. \tag{3.60}$$

定理 3.12 设$\boldsymbol{x}^* \in \mathrm{int}(D)$是方程组(3.53)的解,$F: D \subset \mathbf{R}^n \to \mathbf{R}^n$ 在包含$\boldsymbol{x}^*$的某个开区域 $S \subset D$ 内连续可微,且 $F'(\boldsymbol{x}^*)$非奇异,则存在闭球 $D_0 = \{\boldsymbol{x}: \|\boldsymbol{x}-\boldsymbol{x}^*\| \leqslant \delta, \delta > 0\} \subset S$,使对任意的$\boldsymbol{x}^{(0)} \in D_0$,由牛顿法(3.60)产生的序列$\{\boldsymbol{x}^{(k)}\} \subset D_0$ 超线性收敛于$\boldsymbol{x}^*$;若更有 $F(\boldsymbol{x})$在区域 S 内二次连续可微,则序列$\{\boldsymbol{x}^{(k)}\}$至少是平方收敛的.

证明略.

用牛顿法(3.60)求解非线性方程组时,采用的算法如下:

(1)在$\boldsymbol{x}^*$附近选取初值$\boldsymbol{x}^{(0)} \in D$,给定允许误差 $\varepsilon > 0$ 和最大迭代次数 $K_{\max}$;

(2)对于 $k=0,1,2,\cdots,K_{\max}$,执行:

①计算 $F(\boldsymbol{x}^{(k)})$和 $F'(\boldsymbol{x}^{(k)})$;

②求解关于 $\Delta \boldsymbol{x}^{(k)} = \boldsymbol{x}^{(k+1)} - \boldsymbol{x}^{(k)}$的线性方程组 $F'(\boldsymbol{x}^{(k)})\Delta \boldsymbol{x}^{(k)} = -F(\boldsymbol{x}^{(k)})$;

③计算$\boldsymbol{x}^{(k+1)} = \boldsymbol{x}^{(k)} + \Delta \boldsymbol{x}^{(k)}$;

④若 $\|\Delta \boldsymbol{x}^{(k)}\| / \|\boldsymbol{x}^{(k)}\| < \varepsilon$,则$\boldsymbol{x}^* \approx \boldsymbol{x}^{(k+1)}$,停止计算;否则,将$\boldsymbol{x}^{(k+1)}$作为新的$\boldsymbol{x}^{(k)}$,转⑤;

⑤若 $k < K_{\max}$,继续;否则,输出 $K_{\max}$次迭代不成功的信息,并停止计算.

牛顿法的优点是收敛速度快,一般能达到平方收敛.但该方法也有明显的不足.首先,牛顿法每步都需要计算 $F'(\boldsymbol{x}^{(k)})$,它是由 n^2 个偏导数构成的矩阵,即每步要求 n^2 个偏导数值.不仅如此,每步还需要解线性方程组 $F'(\boldsymbol{x}^{(k)})\Delta \boldsymbol{x}^{(k)} = -F(\boldsymbol{x}^{(k)})$,当 n 较大时,工作量也是巨大的.其次,在许多情况下,初值$\boldsymbol{x}^{(0)}$要有较严格的限制,在实际应用中给出确保收敛的初值是十分困难的,非线性问题通常又是多解的,给出收敛到所需解的初值就更加困难了.最后,迭代过程中如果某一步$\boldsymbol{x}^{(k)}$处 $F'(\boldsymbol{x}^{(k)})$奇异或几乎奇异,则牛顿法将无法进行下去.特别在方程组 $F(\boldsymbol{x}) = \boldsymbol{0}$ 的$\boldsymbol{x}^*$处有 $F'(\boldsymbol{x}^*)$奇异,不仅计算困难,而且问题本身也变得十分复杂.如一元函数方程,如果在根处导数为零,方程就会产生重根,使求解及处理变得较为复杂.

为了克服这些缺点,出现了许多变形的牛顿法,如牛顿下山法、阻尼牛顿法、循环牛顿法、弦割法及各种拟牛顿法.有兴趣的读者可参考有关文献,在此不一一介绍.

习题三

3.1　用高斯消去法解方程组

$$\begin{cases} x_1+2x_2+x_3=0, \\ 2x_1+2x_2+3x_3=3, \\ -x_1-3x_2=2. \end{cases}$$

3.2　用列主元消去法解方程组

$$\begin{pmatrix} -3 & 2 & 6 \\ 10 & -7 & 0 \\ 5 & -1 & 5 \end{pmatrix}\begin{pmatrix} x_1 \\ x_2 \\ x_3 \end{pmatrix}=\begin{pmatrix} 4 \\ 7 \\ 6 \end{pmatrix}.$$

3.3　用高斯—约当消去法解方程组 $\boldsymbol{Ax}=\boldsymbol{b}$，其中

$$\boldsymbol{A}=\begin{pmatrix} 1 & 1 & -1 \\ 1 & 2 & -2 \\ -2 & 1 & 1 \end{pmatrix},\boldsymbol{b}=\begin{pmatrix} 1 \\ 0 \\ 1 \end{pmatrix}.$$

3.4　用矩阵的直接三角分解法解方程组

$$\begin{pmatrix} 1 & 0 & 2 & 0 \\ 0 & 1 & 0 & 1 \\ 1 & 2 & 4 & 3 \\ 0 & 1 & 0 & 3 \end{pmatrix}\begin{pmatrix} x_1 \\ x_2 \\ x_3 \\ x_4 \end{pmatrix}=\begin{pmatrix} 5 \\ 3 \\ 17 \\ 7 \end{pmatrix}.$$

3.5　用平方根法解下列方程组：

(1) $\begin{pmatrix} 4 & 6 & 8 \\ 6 & 10 & 14 \\ 8 & 14 & 36 \end{pmatrix}\begin{pmatrix} x_1 \\ x_2 \\ x_3 \end{pmatrix}=\begin{pmatrix} 8 \\ 20 \\ 40 \end{pmatrix}$；(2) $\begin{pmatrix} 5 & -4 & 1 \\ -4 & 6 & -4 \\ 1 & -4 & 6 \end{pmatrix}\begin{pmatrix} x_1 \\ x_2 \\ x_3 \end{pmatrix}=\begin{pmatrix} 2 \\ -1 \\ -1 \end{pmatrix}$.

3.6　用追赶法解下列方程组：

(1) $\begin{pmatrix} 3 & 1 & 0 \\ 1 & 3 & 1 \\ 0 & 1 & 3 \end{pmatrix}\begin{pmatrix} x_1 \\ x_2 \\ x_3 \end{pmatrix}=\begin{pmatrix} 4 \\ 5 \\ 4 \end{pmatrix}$；(2) $\begin{pmatrix} 2 & 1 & 0 & 0 \\ 1 & 3 & 1 & 0 \\ 0 & 1 & 1 & 1 \\ 0 & 0 & 2 & 1 \end{pmatrix}\begin{pmatrix} x_1 \\ x_2 \\ x_3 \\ x_4 \end{pmatrix}=\begin{pmatrix} 1 \\ 2 \\ -2 \\ 0 \end{pmatrix}$.

3.7　设 $\boldsymbol{A}=\begin{pmatrix} 1 & 3 \\ -2 & 4 \end{pmatrix},\boldsymbol{x}=\begin{pmatrix} 1 \\ -1 \end{pmatrix}$，求 $\|\boldsymbol{x}\|_1$，$\|\boldsymbol{x}\|_\infty$，$\|\boldsymbol{x}\|_2$，$\|\boldsymbol{A}\|_\infty$，$\|\boldsymbol{A}\|_1$，$\|\boldsymbol{A}\|_F$，$\|\boldsymbol{Ax}\|_2$.

3.8　设 $\boldsymbol{x}$ 为 n 维向量，证明下列向量范数的等价性质：

(1) $\|\boldsymbol{x}\|_2 \leqslant \|\boldsymbol{x}\|_1 \leqslant \sqrt{n}\,\|\boldsymbol{x}\|_2$；(2) $\|\boldsymbol{x}\|_\infty \leqslant \|\boldsymbol{x}\|_1 \leqslant n\,\|\boldsymbol{x}\|_\infty$；(3) $\|\boldsymbol{x}\|_\infty \leqslant \|\boldsymbol{x}\|_2 \leqslant \sqrt{n}\,\|\boldsymbol{x}\|_\infty$.

3.9　设线性方程组为

$$\begin{cases}7x_1+10x_2=1,\\5x_1+7x_2=0.7,\end{cases}$$

(1)试求系数矩阵 $\boldsymbol{A}$ 的条件数 $\mathrm{Cond}_\infty(\boldsymbol{A})$;

(2)若右端向量有扰动 $\delta\boldsymbol{b}=(0.01,-0.01)^{\mathrm{T}}$,试估计解的相对误差.

3.10　用雅可比方法和高斯—赛德尔方法解方程组

$$\begin{cases}8x_1-3x_2+2x_3=20,\\4x_1+11x_2-x_3=33,\\6x_1+3x_2+12x_3=36,\end{cases}$$

要求取 $\boldsymbol{x}^{(0)}=(0,0,0)^{\mathrm{T}}$,计算 $\boldsymbol{x}^{(5)}$,并分别与精确分解 $\boldsymbol{x}=(3,2,1)^{\mathrm{T}}$ 比较.

3.11　用高斯—赛德尔方法解方程组

$$\begin{cases}9x_1-2x_2+x_3=6,\\x_1-8x_2+x_3=-8,\\2x_1-x_2-8x_3=9,\end{cases}$$

要求 $\|\boldsymbol{x}^{(k)}-\boldsymbol{x}^{(k-1)}\|_\infty\leqslant 10^{-4}$.

3.12　分别取松弛因子 $\omega=1.03,1,1.1$,用 SOR 法解方程组

$$\begin{pmatrix}4&-1&0\\-1&4&-1\\0&-1&4\end{pmatrix}\begin{pmatrix}x_1\\x_2\\x_3\end{pmatrix}=\begin{pmatrix}1\\4\\-3\end{pmatrix},$$

要求 $\|\boldsymbol{x}^{(k)}-\boldsymbol{x}^{(k-1)}\|_\infty\leqslant 10^{-5}$时迭代终止.

复习题三

3.1　用高斯消去法解方程组

$$\begin{pmatrix}6&2&1&-1\\2&4&1&0\\1&1&4&-1\\-1&0&-1&3\end{pmatrix}\begin{pmatrix}x_1\\x_2\\x_3\\x_4\end{pmatrix}=\begin{pmatrix}6\\1\\5\\-5\end{pmatrix}.$$

3.2　用高斯列主元消去法解方程组

$$\begin{cases}12x_1-3x_2+3x_3=15,\\-18x_1+3x_2-x_3=-15,\\x_1+x_2+x_3=6.\end{cases}$$

3.3　用高斯—约当消去法求矩阵 $\boldsymbol{A}$ 的逆,其中

$$\boldsymbol{A}=\begin{pmatrix}1&1&-1\\1&2&-2\\-2&1&1\end{pmatrix}.$$

3.4　求矩阵 $\boldsymbol{Q}$ 的 $\|\boldsymbol{Q}\|_1$, $\|\boldsymbol{Q}\|_2$, $\|\boldsymbol{Q}\|_\infty$ 与 $\mathrm{Cond}_2(\boldsymbol{Q})$,其中

$$\boldsymbol{Q}=\begin{pmatrix}1&1&1&1\\-1&1&-1&1\\-1&-1&1&1\\1&-1&-1&1\end{pmatrix}.$$

3.5　设有方程组 $\boldsymbol{Ax}=\boldsymbol{b}$,其中

$$\boldsymbol{A}=\begin{pmatrix}1&0&-1\\2&2&1\\0&2&2\end{pmatrix},\boldsymbol{b}=\begin{pmatrix}\frac{1}{2}&\frac{1}{3}&-\frac{2}{3}\end{pmatrix}^{\mathrm{T}},$$

已知它有解 $\boldsymbol{x}=\begin{pmatrix}\frac{1}{2}&-\frac{1}{3}&0\end{pmatrix}^{\mathrm{T}}$. 如果常数项有小扰动 $\|\delta\boldsymbol{b}\|_\infty=\frac{1}{2}\times10^{-6}$,试估计由此引起解的相对误差.

3.6　已知方程组 $\boldsymbol{Ax}=\boldsymbol{b}$,即 $\begin{pmatrix}1&1.0001\\1&1\end{pmatrix}\begin{pmatrix}x_1\\x_2\end{pmatrix}=\begin{pmatrix}2\\2\end{pmatrix}$有解 $\boldsymbol{x}=\begin{pmatrix}2\\0\end{pmatrix}$.

(1)求 $\mathrm{Cond}_\infty(\boldsymbol{A})$;

(2)求右端有小扰动的方程组 $\begin{pmatrix}1&1.0001\\1&1\end{pmatrix}\begin{pmatrix}x_1\\x_2\end{pmatrix}=\begin{pmatrix}2.0001\\2\end{pmatrix}$ 的解 $\boldsymbol{x}+\Delta\boldsymbol{x}$;

(3)计算 $\dfrac{\|\Delta\boldsymbol{b}\|_\infty}{\|\boldsymbol{b}\|_\infty}$ 和 $\dfrac{\|\Delta\boldsymbol{x}\|_\infty}{\|\boldsymbol{x}\|_\infty}$,结果说明了什么问题?

3.7　对方程组 $\begin{cases}-x_1+8x_2=7,\\-x_1+9x_3=8,\\9x_1-x_2-x_3=7\end{cases}$ 进行调整,使得对应的高斯—赛德尔方法求解时收敛. 并取初始向量 $\boldsymbol{x}^{(0)}=(0,0,0)^{\mathrm{T}}$,用该方法求近似解 $\boldsymbol{x}^{(k+1)}$,使 $\|\boldsymbol{x}^{(k+1)}-\boldsymbol{x}^{(k)}\|_\infty\leqslant10^{-3}$.

3.8　讨论松弛因子 $\omega=1.25$ 时,用 SOR 方法求解方程组

$$\begin{cases}4x_1+3x_2=16,\\3x_1+4x_2-x_3=20,\\-x_2+4x_3=-12\end{cases}$$

的收敛性,若收敛,则取 $\boldsymbol{x}^{(0)}=(0,0,0)^{\mathrm{T}}$ 迭代求解,使 $\|\boldsymbol{x}^{(k+1)}-\boldsymbol{x}^{(k)}\|_\infty\leqslant\frac{1}{2}\times10^{-4}$.

3.9　用矩阵三角分解法解方程组

$$\begin{pmatrix}1&1&2&3\\0&2&1&2\\1&-1&2&2\\2&2&5&9\end{pmatrix}\begin{pmatrix}x_1\\x_2\\x_3\\x_4\end{pmatrix}=\begin{pmatrix}3\\1\\3\\7\end{pmatrix}.$$

3.10 对于方程组

$$\begin{pmatrix} -1 & 4 & 2 \\ 2 & -3 & 10 \\ 5 & 2 & 1 \end{pmatrix}\begin{pmatrix} x_1 \\ x_2 \\ x_3 \end{pmatrix} = \begin{pmatrix} 5 \\ 9 \\ 8 \end{pmatrix},$$

(1)将方程组做适当变形,建立对应的雅可比、高斯—赛德尔迭代格式,说明收敛理由;

(2)取初值 $\boldsymbol{x}^{(0)} = (0,0,0)^{\mathrm{T}}$,用(1)中两种格式迭代求解上述方程组,要求 $\|\boldsymbol{x}^{(k+1)} - \boldsymbol{x}^{(k)}\|_\infty \leqslant 10^{-5}$.

3.11 设求解方程组 $\boldsymbol{Ax} = \boldsymbol{b}$ 的雅可比方法的迭代矩阵为 $\boldsymbol{B} = \boldsymbol{L} + \boldsymbol{U}$($\boldsymbol{L}$、$\boldsymbol{U}$ 分别为严格下、上三角阵).求证:当 $\|\boldsymbol{L}\| + \|\boldsymbol{U}\| < 1$ 时相应的高斯—赛德尔方法收敛.

3.12 设 $\boldsymbol{A}$ 为 n 阶对称正定矩阵,求证当参数 α 满足 $0 < \alpha < \dfrac{2}{\|\boldsymbol{A}\|}$ 时,如下迭代格式

$$\boldsymbol{x}^{(k+1)} = (\boldsymbol{I} - \alpha\boldsymbol{A})\boldsymbol{x}^{(k)} + \alpha\boldsymbol{b} \quad (k = 0,1,2,\cdots)$$

收敛.

上机实践题三

3.1 高斯消去法的数值稳定性实验.

实验目的:

观察和理解高斯消元过程中出现小主元(即 $|a_{kk}^{(k)}|$ 很小)时,引起方程组解的数值不稳定性.设方程组 $\boldsymbol{Ax} = \boldsymbol{b}$,其中

$$(1)\boldsymbol{A}_1 = \begin{pmatrix} 0.3\times10^{15} & 59.14 & 3 & 1 \\ 5.291 & -6.130 & -1 & 2 \\ 11.2 & 9 & 5 & 2 \\ 1 & 2 & 1 & 1 \end{pmatrix}, \boldsymbol{b}_1 = \begin{pmatrix} 59.17 \\ 46.78 \\ 1 \\ 2 \end{pmatrix};$$

$$(2)\boldsymbol{A}_2 = \begin{pmatrix} 10 & -7 & 0 & 1 \\ -3 & 2.099999999999 & 6 & 2 \\ 5 & -1 & 5 & -1 \\ 0 & 1 & 0 & 2 \end{pmatrix}, \boldsymbol{b}_2 = \begin{pmatrix} 8 \\ 5.900000000001 \\ 5 \\ 1 \end{pmatrix}.$$

实验要求:

分别对以上两个方程组:

(1)计算矩阵的条件数,判断系数矩阵是良态的还是病态的;

(2)用高斯列主元消去法求得 $\boldsymbol{L}$ 和 $\boldsymbol{U}$ 及解向量 $\boldsymbol{x}_1, \boldsymbol{x}_2 \in \boldsymbol{R}^4$;

(3)用不选主元的高斯消去法求得 $\tilde{\boldsymbol{L}}, \tilde{\boldsymbol{U}}$ 及解向量 $\boldsymbol{x}_1, \boldsymbol{x}_2 \in \boldsymbol{R}^4$;

(4)观察小主元并分析对结果的影响.

3.2　矩阵 LU 分解及三对角方程组程序实现.

对于三对角方程组 $\boldsymbol{Ax}=\boldsymbol{d}$,其中

$$\boldsymbol{A}=\begin{pmatrix} b_1 & c_1 & & & & \\ a_2 & b_2 & c_2 & & & \\ & a_3 & b_3 & c_3 & & \\ & & \ddots & \ddots & \ddots & \\ & & & a_{n-1} & b_{n-1} & c_{n-1} \\ & & & & a_n & b_n \end{pmatrix},\boldsymbol{d}=\begin{pmatrix} d_1 \\ d_2 \\ \vdots \\ d_n \end{pmatrix},$$

(1)编写将矩阵 $\boldsymbol{A}$ 进行 LU 分解的公式;

(2)设方程组 $\begin{pmatrix} 2 & -1 & & \\ -1 & 3 & -2 & \\ & -2 & 4 & -3 \\ & & -3 & 5 \end{pmatrix}\begin{pmatrix} x_1 \\ x_2 \\ x_3 \\ x_4 \end{pmatrix}=\begin{pmatrix} 6 \\ 1 \\ -2 \\ 1 \end{pmatrix}$,用前面编写的程序求解;

(3)观察求解的时间及结果.

3.3　线性方程组迭代法收敛的实验.

实验目的:

认识迭代法收敛的含义及迭代初值和方程组系数矩阵性质对收敛速度的影响.

用迭代法求解方程组 $\boldsymbol{Ax}=\boldsymbol{b}$,其中 $\boldsymbol{A}\in\mathbf{R}^{20\times 20}$,它的每条对角线元素是常数.

$$\boldsymbol{A}=\begin{pmatrix} 3 & -\frac{1}{2} & -\frac{1}{4} & & & \\ -\frac{1}{2} & 3 & -\frac{1}{2} & -\frac{1}{4} & & \\ -\frac{1}{4} & -\frac{1}{2} & 3 & -\frac{1}{2} & \ddots & \\ & \ddots & \ddots & \ddots & \ddots & \\ & & -\frac{1}{4} & -\frac{1}{2} & 3 & -\frac{1}{2} \\ & & & -\frac{1}{4} & -\frac{1}{2} & 3 \end{pmatrix}.$$

实验要求:

(1)选取不同的初始向量$\boldsymbol{x}^{(0)}$和不同的方程组右端向量 $\boldsymbol{b}$,给定迭代误差要求,用雅可比迭代法和高斯—赛德尔迭代法计算,观察得到的迭代向量序列是否收敛,若收敛,记录迭代次数,分析计算结果并得出你的结论;

(2)取定右端向量 $\boldsymbol{b}$ 和初始向量$\boldsymbol{x}^{(0)}$,将 $\boldsymbol{A}$ 的主对角线元素成倍增长若干次,非主对角线元素不变,每次用雅可比迭代法计算,要求迭代误差满足 $\|\boldsymbol{x}^{(k+1)}-\boldsymbol{x}^{(k)}\|_\infty\leqslant 10^{-5}$,比较收敛速度,分析现象并得出结论.

3.4　松弛迭代法数值实验.

(1)简述松弛迭代法的基本思想及迭代格式;

(2)编写方程组的松弛迭代格式程序;

(3)对于方程组$\begin{pmatrix}4 & 3 & 0\\ 3 & 4 & -1\\ 0 & -1 & 4\end{pmatrix}\begin{pmatrix}x_1\\ x_2\\ x_3\end{pmatrix}=\begin{pmatrix}24\\ 30\\ -24\end{pmatrix}$,用前面编写的程序实现,分别取不同的松弛因子$\omega$(如取$\omega=0.8,1,1.25,1.5$等),观察迭代速度和迭代结果,并得出结论.

3.5　非线性方程组的迭代法,基本思想是线性化,不同的方法效果如何,要靠计算的实践来分析、比较.

实验内容:

考虑算法牛顿法、简化牛顿法、牛顿下山法,分别编写它们的 MATLAB 程序.

实验要求:

(1)用上述各种方法,分别计算下面的例子,在达到精度要求的前提下,比较其迭代次数、浮点运算次数和 CPU 时间等;

①$\begin{cases}12x_1-x_2^2-4x_3-7=0,\\ x_1^2+10x_2-x_3-11=0,\text{取}\boldsymbol{x}^{(0)}=(0,0,0)^{\mathrm{T}},\\ x_2^3+10x_3-8=0,\end{cases}$

②$\begin{cases}3x_1-\cos(x_2x_3)-\dfrac{1}{2}=0,\\ x_1^2-81(x_2+0.1)^2+\sin x_3+1.06=0,\text{取}\boldsymbol{x}^{(0)}=(0,0,0)^{\mathrm{T}},\\ \mathrm{e}^{-x_1x_2}+20x_3+\dfrac{1}{3}(10\pi-3)=0;\end{cases}$

(2)取其他的初值$\boldsymbol{x}^{(0)}$,结果如何?反复选取不同的初值,比较其结果;

(3)总结归纳实验结果,试说明各种方法的适用性.

第4章 插值与拟合

4.1 引言

插值法与数据拟合是函数逼近的两个重要方法，常用于求函数的近似表达式或推导经验公式，并且插值法在数值积分、求微分方程数值解等方面也有着广泛的应用.

下面提出三个有关函数表达式的问题来说明将在本章后面几节中论述的主题.

假定已有一个函数的数值表：

x	x_1	x_2	…	x_n
y	y_1	y_2	…	y_n

第一个问题：是否能找到一个简单而又便于计算的公式，利用它可以精确地重新算得这些给定的点？

第二个问题是类似的，但假定表中给出的数值带有误差. 比如当这些值来自物理实验时，就可能出现这种情况. 现在要寻找一个公式，使得它可以（近似地）表示这些数据，如果可能的话还应过滤掉误差.

第三个问题：设给定一个函数 $f(x)$，$f(x)$ 可能是以数表形式给出的离散点，而不知道解析表达式，$f(x)$ 还可能有解析表达式，但是形式复杂，不便于计算 $f(x)$ 的值. 在这种情况下，就要寻找另一个函数 $g(x)$，它既易于求值，而且又是对 $f(x)$ 的一个合理逼近.

在这三个问题中，都能得到一个简单的函数 $p(x)$ 来表示或逼近给定的数值表或函数 $f(x)$. 虽然也可能使用许多别的类型的简单函数，但函数 $p(x)$ 往往可以取成一个多项式，一旦得到一个简单的函数 $p(x)$，在许多情况中它就可以用来代替 $f(x)$. 例如，$f(x)$ 的积分可以用 $p(x)$ 的积分来估计，而后者一般是比较容易求值的.

在许多情况下，上面列出的那些问题的多项式的解从实用观点来看是不够令人满意的，因此需要考虑其他类型的函数，在 4.7 节中将讨论另一类常用的函数：样条函数.

观测数据(x_i,y_i)总有一定的误差,严格地要求$p(x)$通过它们,有时效果并不好,尤其当观测数据很多时,更是如此.逼近函数$f(x)$另一个常用的方法是让$p(x)$近似地通过这些点,使得$p(x)$能大体上反映$f(x)$的变化趋势.称这样的函数逼近问题为拟合问题.将在4.8节讨论.

4.2 代数插值

定义4.1 设函数$y=f(x)$在区间$[a,b]$上有定义,且已知它在点$a\leqslant x_0<x_1<\cdots<x_n\leqslant b$上的函数值$y_0,y_1,\cdots,y_n$,若存在一个次数不超过$n$次的多项式

$$p_n(x)=a_0+a_1x+a_2x^2+\cdots+a_nx^n \quad (\text{其中 } a_i \text{ 为实数})$$

满足条件

$$p_n(x_i)=f(x_i)=y_i \quad (i=0,1,2,\cdots,n), \tag{4.1}$$

则称$p_n(x)$为$f(x)$的n次代数插值多项式.

相应的插值问题称为代数插值问题,求插值多项式$p_n(x)$的方法叫插值法.点x_0,$x_1,\cdots,x_n$称为插值节点,函数$f(x)$叫被插值函数,式(4.1)叫插值条件,区间$[a,b]$叫插值区间.

代数插值的几何意义是通过给定的$n+1$个互异点$(x_i,y_i)(i=0,1,2,\cdots,n)$,作一条$n$次代数曲线$y=p_n(x)$近似地表示已知曲线$y=f(x)$,如图4.1所示.

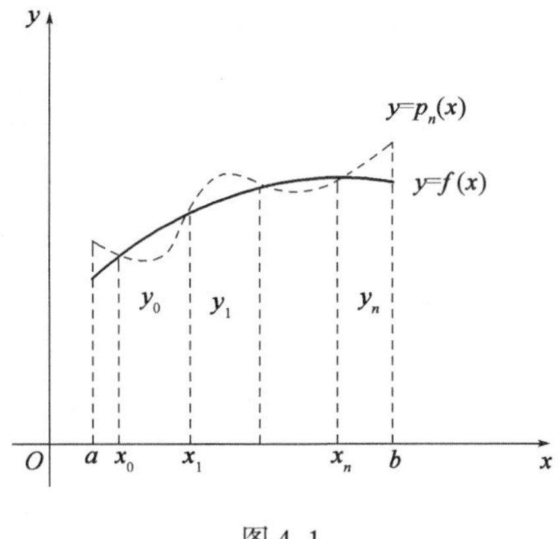

图4.1

由上面所讲的插值概念可知,当用代数多项式$p_n(x)$作为函数$y=f(x)$在$[a,b]$上的插值多项式时,在节点x_i处虽有$p_n(x_i)=f(x_i)$,但在$[a,b]$的其他点x上,它们之间是有误差的,记此误差为

$$R_n(x)=f(x)-p_n(x),$$

$R_n(x)$称为插值多项式$p_n(x)$的余项,也称在$[a,b]$上用$p_n(x)$近似$f(x)$时的截断误差,一般来说$|R_n(x)|$越小近似程度就越高.

现在要问:满足插值条件$p_n(x_i)=y_i(i=0,1,2,\cdots,n)$的多项式$p_n(x)$是否存在?如果存在,这样的多项式有多少个?下面的定理将回答这个问题.

定理 4.1 满足插值条件(4.1)的 n 次插值多项式 $p_n(x)$ 是存在且唯一的.

证明 设 n 次多项式

$$p_n(x) = a_0 + a_1 x + a_2 x^2 + \cdots + a_n x^n$$

是函数 $y=f(x)$ 在 $[a,b]$ 上的 $n+1$ 个互不相同的节点 $x_0, x_1, \cdots, x_n$ 上的插值多项式.

则求插值多项式 $p_n(x)$ 的问题可归结为求它的系数 $a_i(i=0,1,2,\cdots,n)$ 的问题. 由插值条件(4.1)可得关于系数 $a_0, a_1, \cdots, a_n$ 的 $n+1$ 阶线性代数方程组

$$\begin{cases} a_0 + a_1 x_0 + a_2 x_0^2 + \cdots + a_n x_0^n = y_0, \\ a_0 + a_1 x_1 + a_2 x_1^2 + \cdots + a_n x_1^n = y_1, \\ \cdots\cdots\cdots\cdots\cdots\cdots\cdots\cdots \\ a_0 + a_1 x_n + a_2 x_n^2 + \cdots + a_n x_n^n = y_n. \end{cases} \tag{4.2}$$

方程组(4.2)的系数行列式是 $n+1$ 阶范德蒙(Vandermode)行列式

$$\Delta = \begin{vmatrix} 1 & x_0 & x_0^2 & \cdots & x_0^n \\ 1 & x_1 & x_1^2 & \cdots & x_1^n \\ \vdots & \vdots & \vdots & & \vdots \\ 1 & x_n & x_n^2 & \cdots & x_n^n \end{vmatrix} = \prod_{0 \leqslant j < i \leqslant n} (x_i - x_j),$$

而 x_i 又是互不相同的,所以上式右端不为零,从而方程组(4.2)的系数行列式不为零,根据解线性代数方程组的克莱姆(Gramer)法则,方程组(4.2)的解 a_i 存在且唯一,所以 $p_n(x)$ 被唯一确定. 这就证明了 n 次代数插值问题的解是存在且唯一的.

上面定理的证明虽然提供了一种求插值多项式的方法,但当 n 较大时,不但计算工作量大,而且难以得到 $p_n(x)$ 的简单表达式. 既然已经证明 $p_n(x)$ 是唯一存在的,那么就可以用其他的构造性方法来构造便于使用的简单插值多项式 $p_n(x)$ 来近似 $f(x)$. 下面介绍几种构造插值多项式的方法.

4.3 拉格朗日插值

4.3.1 线性插值

先考虑最简单的插值问题:已知 $f(x), x \in [a,b]$ 在相异节点 $a \leqslant x_0 < x_1 \leqslant b$ 的函数值 $y_0 = f(x_0), y_1 = f(x_1)$. 如何构造一个插值函数 $p_1(x)$,使 $p_1(x)$ 满足要求呢? 最简单的就是过两点 $(x_0, y_0), (x_1, y_1)$ 作一条直线. 把直线方程表示为

$$p_1(x) = ax + b,$$

由两点式可得 $p_1(x)$ 的表达式为

$$p_1(x) = y_0 + \frac{y_1 - y_0}{x_1 - x_0}(x - x_0), \tag{4.3}$$

或

$$p_1(x) = \frac{x - x_1}{x_0 - x_1} y_0 + \frac{x - x_0}{x_1 - x_0} y_1. \tag{4.4}$$

式(4.4)是两个线性函数$\frac{x-x_1}{x_0-x_1}$和$\frac{x-x_0}{x_1-x_0}$的线性组合,把这两个函数分别记为

$$l_0(x)=\frac{x-x_1}{x_0-x_1},\quad l_1(x)=\frac{x-x_0}{x_1-x_0},$$

并把$l_0(x)$称为点x_0的一次插值基函数,把$l_1(x)$称为点x_1的一次插值基函数,这两个插值基函数有什么性质呢?

首先它们在对应的插值点上取值1,而在另外的插值点上取值0,即

$$l_0(x_k)=\begin{cases}1, & k=0,\\0, & k\neq 0,\end{cases}\quad l_1(x_k)=\begin{cases}1, & k=1,\\0, & k\neq 1.\end{cases}$$

统一写成

$$l_i(x_k)=\begin{cases}1, & k=i,\\0, & k\neq i\end{cases}\quad (i,k=0,1).$$

其次,它们的图形如图4.2所示.

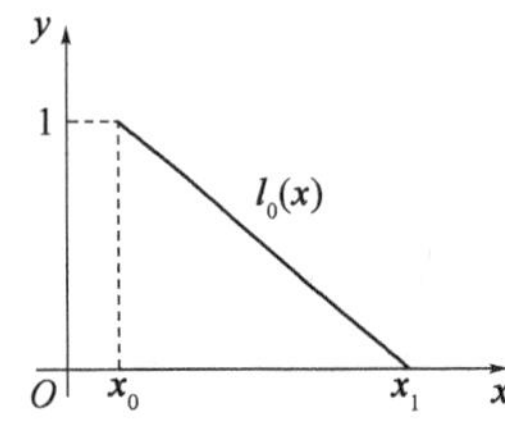

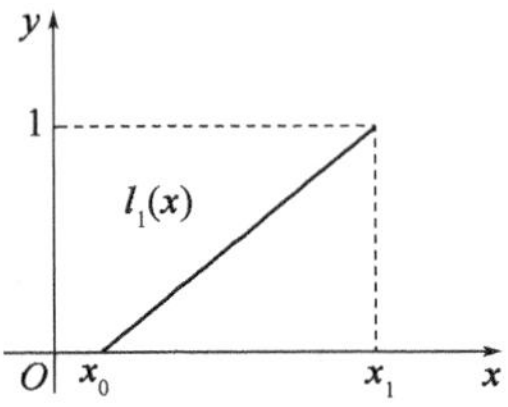

图4.2

4.3.2 抛物插值(二次插值)

线性插值是用两个点(x_0,y_0)和(x_1,y_1)来构造$y=f(x)$的插值函数.下面用三个互异点(x_0,y_0),(x_1,y_1),(x_2,y_2)来构造$y=f(x)$过三点的插值函数,过三点可以作一条抛物线,假设其方程为

$$p_2(x)=a_0+a_1x+a_2x^2,$$

由定理4.1知,这样的$p_2(x)$存在且唯一,但表现形式可以有多种,如一次插值可以写成点斜式和两点式,见式(4.3)、式(4.4).它们都可以推广到二次插值中.

方法1 设

$$p_2(x)=A(x-x_1)(x-x_2)+B(x-x_0)(x-x_2)+C(x-x_0)(x-x_1),\quad (4.5)$$

其中A,B,C为待定系数.利用插值条件$p_2(x_0)=y_0$,得到

$$y_0=p_2(x_0)=A(x_0-x_1)(x_0-x_2),$$

可求得

$$A=\frac{y_0}{(x_0-x_1)(x_0-x_2)}.$$

用同样的办法可根据$p_2(x_1)=y_1$,$p_2(x_2)=y_2$求得B,C分别为

$$B=\frac{y_1}{(x_1-x_0)(x_1-x_2)},C=\frac{y_2}{(x_2-x_0)(x_2-x_1)}.$$

这样就得到

$$p_2(x) = \frac{(x-x_1)(x-x_2)}{(x_0-x_1)(x_0-x_2)}y_0 + \frac{(x-x_0)(x-x_2)}{(x_1-x_0)(x_1-x_2)}y_1 + \frac{(x-x_0)(x-x_1)}{(x_2-x_0)(x_2-x_1)}y_2, \tag{4.6}$$

这是抛物插值的拉格朗日形式.

若记

$$l_0(x) = \frac{(x-x_1)(x-x_2)}{(x_0-x_1)(x_0-x_2)},\ l_1(x) = \frac{(x-x_0)(x-x_2)}{(x_1-x_0)(x_1-x_2)},\ l_2(x) = \frac{(x-x_0)(x-x_1)}{(x_2-x_0)(x_2-x_1)},$$

则 $l_i(x)$ 都是二次多项式,且具有性质

$$l_i(x_j) = \begin{cases}1, & i=j,\\ 0, & i\neq j\end{cases}\quad (i,j=0,1,2).$$

称 $l_i(x)\,(i=0,1,2)$ 为二次插值基函数,其图形如图 4.3 所示.

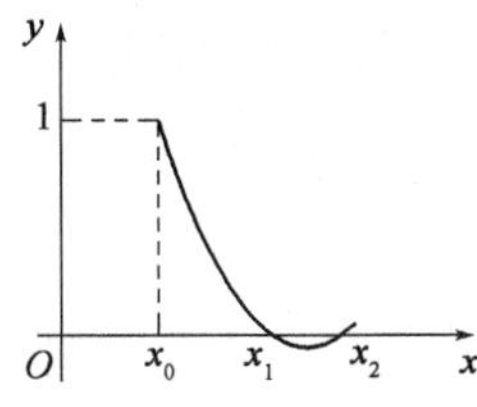

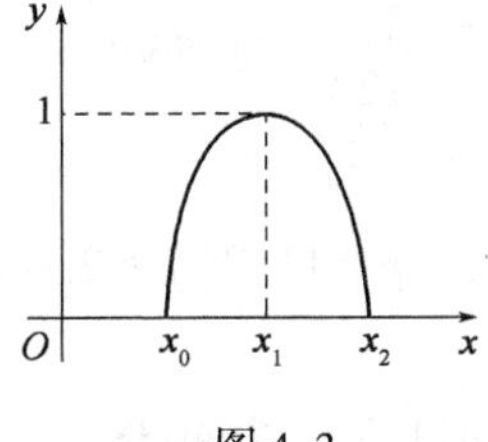

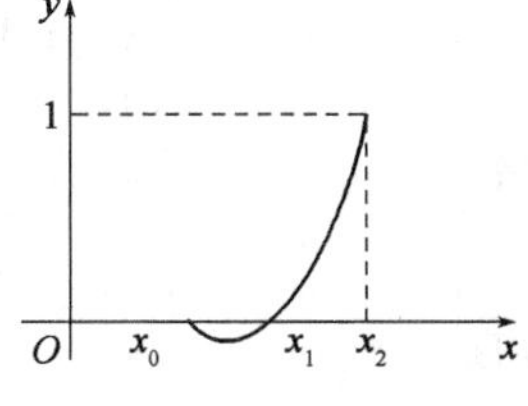

图 4.3

应用这三个基函数,式(4.6)又可以写成

$$p_2(x) = l_0(x)y_0 + l_1(x)y_1 + l_2(x)y_2,$$

余项为

$$R_2(x) = f(x) - p_2(x).$$

方法 2 设 $p_2(x) = a_0 + a_1(x-x_0) + a_2(x-x_0)(x-x_1)$,如何确定系数 a_0, a_1, a_2 呢?利用条件 $p_2(x_0) = y_0$,有

$$a_0 = p_2(x_0) = y_0 = f(x_0),$$

再利用条件 $p_2(x_1) = y_1$,得

$$a_1 = \frac{f(x_1) - f(x_0)}{x_1 - x_0} = \frac{y_1 - y_0}{x_1 - x_0},$$

最后用 $p_2(x_2) = y_2$ 确定 a_2,即

$$a_2 = \frac{\dfrac{y_2 - y_1}{x_2 - x_1} - \dfrac{y_1 - y_0}{x_1 - x_0}}{x_2 - x_0}.$$

于是得到二次插值的另一种表示形式

$$p_2(x) = y_0 + \frac{y_1 - y_0}{x_1 - x_0}(x - x_0) + \frac{\dfrac{y_2 - y_1}{x_2 - x_1} - \dfrac{y_1 - y_0}{x_1 - x_0}}{x_2 - x_0}(x - x_0)(x - x_1). \tag{4.7}$$

例 4.1 已知 ln11 = 2.3979, ln12 = 2.4849, ln13 = 2.5649, 试分别用线性插值和抛物插值求 ln11.75 的近似值.

解 取数据见下表:

x	11	12	13
$y=\ln x$	2.3979	2.4849	2.5649

用线性插值公式(4.4)有

$$p_1(x)=\frac{x-12}{11-12}\times 2.3979+\frac{x-11}{12-11}\times 2.4849=0.087x+1.4409,$$

于是,用线性插值法得

$$\ln 11.75\approx p_1(11.75)\approx 2.4632.$$

用抛物插值公式(4.6)有

$$p_2(x)=\frac{(x-12)(x-13)}{(11-12)(11-13)}\times 2.3979+\frac{(x-11)(x-13)}{(12-11)(12-13)}\times 2.4849$$
$$+\frac{(x-11)(x-12)}{(13-11)(13-12)}\times 2.5649,$$

于是,得

$$\ln 11.75\approx p_2(11.75)\approx 2.4638.$$

查表得真值

$$\ln 11.75\approx 2.46385.$$

由此可见,抛物插值的精度较好.

4.3.3 拉格朗日插值多项式

对于一般情形,给定函数表如下:

x	x_0	x_1	x_2	$\cdots$	x_n
y	y_0	y_1	y_2	$\cdots$	y_n

要构造一个次数不超过 n 的多项式 $p_n(x)$,使得它满足插值条件

$$p_n(x_i)=y_i\quad(i=0,1,2,\cdots,n).$$

采用插值基函数法,构造 n 次基本插值多项式 $l_i(x)$,使它在各节点 $x_j(j=0,1,2,\cdots,n)$ 上的值为

$$l_i(x_j)=\begin{cases}1, & i=j,\\ 0, & i\neq j\end{cases}\quad(i,j=0,1,2,\cdots,n).\tag{4.8}$$

则 $p_n(x)$ 可写成

$$p_n(x)=l_0(x)y_0+l_1(x)y_1+\cdots+l_n(x)y_n=\sum_{i=0}^{n}l_i(x)y_i.\tag{4.9}$$

因为 $l_i(x)(i=0,1,2,\cdots,n)$ 都是 n 次多项式,所以 $p_n(x)$ 是一个 n 次多项式. 由式(4.8)知

$$p_n(x_j) = \sum_{i=0}^{n} l_i(x_j) y_i = y_j \quad (j = 1,2,\cdots,n).$$

下面构造 $l_i(x)$，由式(4.8)知 $l_i(x)$ 有 n 个零点 $x_0, x_1, \cdots, x_{i-1}, x_{i+1}, \cdots, x_n$，故 $l_i(x)$ 可表示为

$$l_i(x) = A_i(x - x_0)(x - x_1)\cdots(x - x_{i-1})(x - x_{i+1})\cdots(x - x_n),$$

其中 A_i 为待定系数. 由条件 $l_i(x_i) = 1$，有

$$1 = A_i(x_i - x_0)(x_i - x_1)\cdots(x_i - x_{i-1})(x_i - x_{i+1})\cdots(x_i - x_n),$$

注意到 $x_0, x_1, \cdots, x_n$ 互异，可得 A_i，于是得

$$l_i(x) = \frac{(x - x_0)(x - x_1)\cdots(x - x_{i-1})(x - x_{i+1})\cdots(x - x_n)}{(x_i - x_0)(x_i - x_1)\cdots(x_i - x_{i-1})(x_i - x_{i+1})\cdots(x_i - x_n)} = \prod_{\substack{j=0\\ j\neq i}}^{n} \frac{x - x_j}{x_i - x_j}.$$

式(4.9)称为 $f(x)$ 的拉格朗日插值多项式，并记为 $L_n(x)$，即

$$L_n(x) = \sum_{i=0}^{n} l_i(x) y_i = \sum_{i=0}^{n} \left(\prod_{\substack{j=0\\ j\neq i}}^{n} \frac{x - x_j}{x_i - x_j} \right) y_i, \tag{4.10}$$

若令

$$\omega(x) = (x - x_0)(x - x_1)\cdots(x - x_n) = \prod_{j=0}^{n}(x - x_j) = (x - x_i)\prod_{\substack{j=0\\ j\neq i}}^{n}(x - x_j),$$

则

$$\omega'(x) = \prod_{\substack{j=0\\ j\neq i}}^{n}(x - x_j) + (x - x_i)\frac{\mathrm{d}}{\mathrm{d}x}\left(\prod_{\substack{j=0\\ j\neq i}}^{n}(x - x_j)\right),$$

故

$$\omega'(x_i) = \prod_{\substack{j=0\\ j\neq i}}^{n}(x_i - x_j), \tag{4.11}$$

就有

$$l_i(x) = \frac{\omega(x)}{(x - x_i)\omega'(x_i)},$$

从而有

$$L_n(x) = \sum_{i=0}^{n} \frac{\omega(x)}{(x - x_i)\omega'(x_i)} y_i.$$

把 $L_n(x)$ 写成上面这种形式，虽然对实际计算没有什么帮助，但在用于推导其他结果时，由于表达形式清晰简单，显得方便.

拉格朗日插值多项式(4.10)，形式对称，结构紧凑，便于进行理论分析和上机计算，其 N－S 图如图 4.4 所示.

4.3.4 插值余项

定理 4.2　设 $f(x)$ 在 $[a,b]$ 区间上有连续的 n 阶导数，$f^{(n+1)}(x)$ 在 (a,b) 内存在，$x_0, x_1, \cdots, x_n$ 是 $[a,b]$ 上互异的数，$p_n(x)$ 为 $f(x)$ 的以 $x_0, x_1, \cdots, x_n$ 为插值节点的 n 次插值多项式，则当 $x \in [a,b]$ 时，有

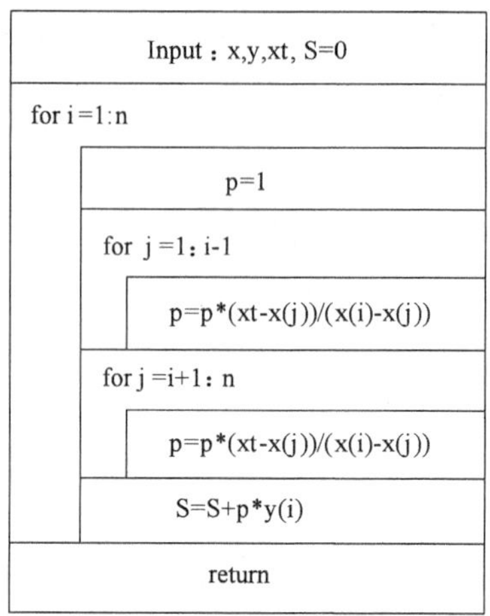

图 4.4

$$R_n(x) = f(x) - p_n(x) = \frac{f^{(n+1)}(\xi)}{(n+1)!}\prod_{j=0}^{n}(x - x_j), \tag{4.12}$$

其中 ξ 是 $[a,b]$ 内一点(一般地,依赖于 x).

证明 设 $x \in [a,b]$,若 x 等于某个插值节点 x_i,则式(4.12)两边均为 0,定理显然成立.下面考虑 x 不是插值节点的情形.记

$$\omega(x) = (x - x_0)(x - x_1)\cdots(x - x_n),$$

做辅助函数

$$\varphi(t) = f(t) - p_n(t) - \frac{\omega(t)}{\omega(x)}[f(x) - p_n(x)], \tag{4.13}$$

易知 $\varphi(x) = \varphi(x_0) = \varphi(x_1) = \cdots = \varphi(x_n) = 0$,即 $\varphi(t)$ 在 $[a,b]$ 区间上有 $n+2$ 个互异的零点.应用罗尔(Rolle)定理,$\varphi'(x)$ 在 $\varphi(x)$ 的每两个零点之间有一零点,即 $\varphi'(x)$ 在 (a,b) 上至少有 $n+1$ 个零点.反复应用罗尔定理重复上述讨论就可以推出 $\varphi^{(n+1)}(x)$ 在 (a,b) 内至少有一个零点,记为 ξ,即 $\varphi^{(n+1)}(\xi) = 0$,由于 $p_n(t)$ 为次数不超过 n 的多项式,所以 $p_n^{(n+1)}(x) = 0$,而 $\omega^{(n+1)}(x) = (n+1)!$.于是从式(4.13)有

$$0 = \varphi^{(n+1)}(\xi) = f^{(n+1)}(\xi) - \frac{(n+1)!}{\omega(x)}[f(x) - p_n(x)],$$

整理得

$$R_n(x) = f(x) - p_n(x) = \frac{f^{(n+1)}(\xi)}{(n+1)!}\omega(x),$$

证毕.

记 $M_{n+1} = \max\limits_{a \leqslant x \leqslant b}|f^{(n+1)}(x)|$,则由式(4.12)可得截断误差估计

$$|R_n(x)| = |f(x) - p_n(x)| \leqslant \frac{M_{n+1}}{(n+1)!}|\omega(x)|. \tag{4.14}$$

从式(4.14)知,为了使误差尽量小,在计算 $p_n(x)$ 时,应选择插值节点 $x_0, x_1, \cdots, x_n$ 尽量靠近 x.

例 4.2 估计例 4.1 中线性插值和抛物插值计算 ln11.75 时的误差.

解 设 $f(x)=\ln x$,则

$$f'(x)=\frac{1}{x},\ f''(x)=-\frac{1}{x^2},\ f'''(x)=\frac{2}{x^3},$$

在区间[11,12]上

$$|f'(x)|\leqslant\frac{1}{11^2},$$

故用线性插值计算 ln11.75 的误差为

$$|R_1(x)|\leqslant\frac{1}{2!11^2}|(11.75-11)(11.75-12)|<0.0008.$$

在区间[11,13]上

$$|f'''(x)|\leqslant\frac{2}{11^3},$$

故用抛物插值计算 ln11.75 的误差为

$$|R_2(x)|\leqslant\frac{2}{3!11^3}|(11.75-11)(11.75-12)(11.75-13)|<0.00006.$$

4.4 代数插值的牛顿形式

前面确定插值多项式的方法有一个主要缺点,就是当用已知的 $n+1$ 个数据点求出插值多项式后,又获得了新的数据点,要用它连同原有的 $n+1$ 个数据点一起求出插值多项式. 从原已计算出的 n 次插值多项式计算出新的 $n+1$ 次插值多项式是很困难的,必须全部重新计算. 为克服这一缺点,构造另一种形式的插值多项式.

4.4.1 牛顿(Newton)插值多项式

若以 $L_k(x)$ 记以 $\{(x_i,y_i)\}(i=0,1,2,\cdots,k)$ 为插值数据点的 k 次拉格朗日形式的插值多项式,则 n 次插值多项式可以表示成

$$L_n(x)=L_0(x)+[L_1(x)-L_0(x)]+[L_2(x)-L_1(x)]+\cdots+[L_n(x)-L_{n-1}(x)],\tag{4.15}$$

若记

$$Q_k(x)=L_k(x)-L_{k-1}(x),\tag{4.16}$$

则它是一个 k 次多项式,且

$$L_k(x)=L_{k-1}(x)+Q_k(x).\tag{4.17}$$

上式表明,若能计算出 k 次多项式 $Q_k(x)$,则可由低次插值多项式计算出增加一个数据点的插值多项式,由式(4.15)和式(4.17)立即可得

$$L_n(x)=L_0(x)+\sum_{k=1}^{n}Q_k(x),\tag{4.18}$$

且显然 $L_0(x)=y_0$.

为计算 $Q_k(x)$,注意到它是满足

$$Q_k(x_i) = L_k(x_i) - L_{k-1}(x_i) = y_i - y_i = 0 \quad (i = 0,1,2,\cdots,k-1)$$

的 k 次多项式,故它有形式

$$Q_k(x) = a_k(x-x_0)(x-x_1)\cdots(x-x_{k-1}),$$

将其代入式(4.18)得

$$L_n(x) = a_0 + a_1(x-x_0) + a_2(x-x_0)(x-x_1) + \cdots + a_n(x-x_0)(x-x_1)\cdots(x-x_{n-1}), \tag{4.19}$$

由插值条件(4.1)得

$$\begin{cases} a_0 = y_0 = f(x_0), \\ a_0 + a_1(x_1-x_0) = y_1 = f(x_1), \\ a_0 + a_1(x_2-x_0) + a_2(x_2-x_0)(x_2-x_1) = y_2 = f(x_2), \\ \cdots\cdots\cdots\cdots\cdots\cdots\cdots\cdots\cdots\cdots \\ a_0 + a_1(x_n-x_0) + a_2(x_n-x_0)(x_n-x_1) \\ + \cdots + a_n(x_n-x_0)\cdots(x_n-x_{n-1}) = y_n = f(x_n). \end{cases}$$

当 $x_i \neq x_j (i \neq j)$ 时,可逐个解出 $a_0, a_1, \cdots, a_n$

$$\begin{cases} a_0 = f(x_0), \\ a_1 = (f(x_1) - f(x_0))/(x_1 - x_0), \\ a_2 = [(f(x_2) - f(x_0))/(x_2 - x_0) - (f(x_1) - f(x_0))/(x_1 - x_0)]/(x_2 - x_1). \\ \cdots\cdots\cdots\cdots\cdots\cdots\cdots\cdots \end{cases}$$

若采用记号

$$\begin{cases} f[x_i, x_j] = \dfrac{f(x_j) - f(x_i)}{x_j - x_i}, \\ f[x_i, x_j, x_k] = \dfrac{f[x_j, x_k] - f[x_i, x_j]}{x_k - x_i}, \\ \cdots\cdots\cdots\cdots\cdots\cdots\cdots\cdots \\ f[x_0, x_1, \cdots, x_n] = (f[x_1, x_2, \cdots, x_n] - f[x_0, x_1, \cdots, x_{n-1}])/(x_n - x_0), \end{cases} \tag{4.20}$$

则

$$\begin{cases} a_0 = f(x_0), \\ a_1 = f[x_0, x_1], \\ a_2 = f[x_0, x_1, x_2], \\ \cdots\cdots\cdots\cdots\cdots\cdots \\ a_n = f[x_0, x_1, x_2, \cdots, x_n]. \end{cases} \tag{4.21}$$

按上式定义的 $f[x_i, x_j]$ 称为 $f(x)$ 关于点 x_i, x_j 上的一阶差商,$f[x_i, x_j, x_k]$ 称为 $f(x)$ 关于点 x_i, x_j, x_k 的二阶差商,一般地 $f[x_0, x_1, x_2, \cdots, x_n]$ 称为 $f(x)$ 关于点 $x_0, x_1, x_2, \cdots, x_n$ 上的 n 阶差商,将式(4.21)代入式(4.19)就得到另一种形式的插值多项式——牛顿插值多项式,记为 $N_n(x)$,即

$$N_n(x)=f(x_0)+f[x_0,x_1](x-x_0)+f[x_0,x_1,x_2](x-x_0)(x-x_1)+\cdots+f[x_0,x_1,\cdots,x_n](x-x_0)(x-x_1)\cdots(x-x_{n-1}). \tag{4.22}$$

利用牛顿插值多项式时，必须先计算出各阶差商，这可通过逐步计算差商表(表4.1)来完成，差商表中，前两列是数据点给出的值，从第三列起依次是各阶差商，计算可以从左至右逐列进行，很有规律，按箭头所示.

表4.1

x_k	$f(x_k)$	一阶差商	二阶差商	三阶差商	…
x_0	$f(x_0)$				
x_1	$f(x_1)$	$f[x_0,x_1]$			
x_2	$f(x_2)$	$f[x_1,x_2]$	$f[x_0,x_1,x_2]$		
x_3	$f(x_3)$	$f[x_2,x_3]$	$f[x_1,x_2,x_3]$	$f[x_0,x_1,x_2,x_3]$	
x_4	$f(x_4)$	$f[x_3,x_4]$	$f[x_2,x_3,x_4]$	$f[x_1,x_2,x_3,x_4]$	
⋮	⋮	⋮	⋮	⋮	

例4.3 已知 $x=1,2,3,4,5$ 对应的函数值为 $f(x)=1,4,7,8,6$，作四次牛顿插值多项式.

解 由给定的数据先作差商表如下：

x_k	$f(x_k)$	一阶差商	二阶差商	三阶差商	四阶差商
1	1				
2	4	3			
3	7	3	0		
4	8	1	−1	−1/3	
5	9	−2	−3/2	−1/6	1/24

表格中斜线上对应的数字为系数，按照式(4.22)写出所求的牛顿插值多项式为

$$N_4(x)=1+(x-1)\times 3+(x-1)(x-2)\times 0+(x-1)(x-2)(x-3)\times\left(-\frac{1}{3}\right)+(x-1)(x-2)(x-3)(x-4)\times\frac{1}{24}$$

$$=\frac{1}{24}x^4-\frac{9}{12}x^3+\frac{83}{24}x^2-\frac{33}{12}x+1.$$

采用循环方式计算各阶差商，其计算步骤如下：

(1)初始化，读入 $x_i,y_i,i=0,1,\cdots,n$，及 $x,s=y_0,p=1$；

(2)对 $i=1,2,\cdots,n$，计算：

①$y_j=\dfrac{y_j-y_{j-1}}{x_j-x_{j-i}},j=n,n-1,\cdots,i$；

②$p=p\times(x-x_{i-1}),s=s+y_i\times p$.

则 s 即为 $N_4(x)$. 其N－S图如图4.5所示.

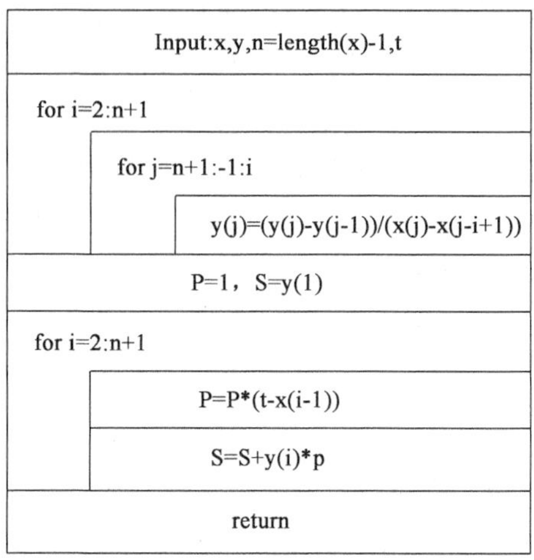

图 4.5

4.4.2 差商的重要性质

差商在牛顿插值公式中起着重要作用,现在来讨论它的重要性质.

(1)n 阶差商$f[x_0,x_1,\cdots,x_n]$可表示为函数值$f(x_0),f(x_1),\cdots,f(x_n)$的线性组合,即

$$f[x_0,x_1,\cdots,x_n]=\sum_{i=0}^{n}\frac{f(x_i)}{(x_i-x_0)\cdots(x_i-x_{i-1})(x_i-x_{i+1})\cdots(x_i-x_n)}. \tag{4.23}$$

这个性质可由数学归纳法证明. 例如对 $n=1,2$ 时的情形有

$$f[x_0,x_1]=\frac{f(x_1)-f(x_0)}{x_1-x_0}=\frac{f(x_0)}{x_0-x_1}+\frac{f(x_1)}{x_1-x_0},$$

$$\begin{aligned}f[x_0,x_1,x_2]&=\frac{f[x_1,x_2]-f[x_0,x_1]}{x_2-x_0}\\&=\frac{1}{(x_2-x_0)}\left[\left(\frac{f(x_1)}{x_1-x_2}+\frac{f(x_2)}{x_2-x_1}\right)-\left(\frac{f(x_0)}{x_0-x_1}+\frac{f(x_1)}{x_1-x_0}\right)\right]\\&=\frac{f(x_0)}{(x_0-x_1)(x_0-x_2)}+\frac{f(x_1)}{(x_1-x_0)(x_1-x_2)}+\frac{f(x_2)}{(x_2-x_0)(x_2-x_1)}.\end{aligned}$$

利用 $\omega(x)=(x-x_0)(x-x_1)\cdots(x-x_n)$及式(4.11),$n$ 阶差商公式(4.23)又可写成

$$f[x_0,x_1,\cdots,x_n]=\sum_{i=0}^{n}\frac{f(x_i)}{\omega'(x_i)}. \tag{4.24}$$

(2)差商具有对称性,即在 n 阶差商 $f[x_0,x_1,\cdots,x_n]$中任意调换 x_i,x_j 的次序其值不变.

事实上调换 x_i,x_j 的次序,式(4.23)的右端只改变求和次序,故其值不变. 由这个性质知$f[x_0,x_1,x_2]=f[x_2,x_1,x_0]$等.

(3)如果$f(x)$的 k 阶差商$f[x,x_0,\cdots,x_{k-1}]$是 x 的 m 次多项式,则$f(x)$的 $k+1$ 阶差商$f[x,x_0,\cdots,x_k]$是 x 的 $m-1$ 次多项式.

事实上,由差商定义

$$f[x,x_0,\cdots,x_{k-1},x_k]=\frac{f[x,x_0,\cdots,x_{k-1}]-f[x_0,\cdots,x_{k-1},x_k]}{x-x_k},$$

上式右端的分子是 x 的 m 次多项式,在 $x=x_k$ 时

$$f[x,x_0,\cdots,x_{k-1}]-f[x_0,\cdots,x_{k-1},x_k]=f[x_k,x_0,\cdots,x_{k-1}]-f[x_0,\cdots,x_{k-1},x_k]=0,$$

故分子中必含有因子 $x-x_k$,所以分子分母可约去公因子 $x-x_k$,因而上式右端应是 $m-1$ 次多项式.

(4)设 $f(x)$ 在含有 $x_0,x_1,\cdots,x_n$ 的区间 $[a,b]$ 上具有 n 阶导数,则在这一区间内至少有一点 ξ 使

$$f[x_0,x_1,\cdots,x_n]=\frac{f^{(n)}(\xi)}{n!},\quad \xi\in(a,b). \tag{4.25}$$

证明 设 t 是 $[a,b]$ 上异于 $x_0,x_1,\cdots,x_{n-1}$ 的任一点,以 $x_0,x_1,\cdots,x_{n-1},t$ 为节点的 n 次牛顿插值多项式为

$$N_n(x)=N_{n-1}(x)+f[x_0,x_1,\cdots,x_{n-1},t](x-x_0)\cdots(x-x_{n-1}),$$

由于

$$N_n(t)=f(t),$$

所以有

$$f(t)=N_{n-1}(t)+f[x_0,x_1,\cdots,x_{n-1},t](t-x_0)\cdots(t-x_{n-1}), \tag{4.26}$$

其中 $N_{n-1}(t)$ 是满足插值条件

$$N_{n-1}(x_i)=f(x_i)\quad (i=0,1,\cdots,n-1)$$

的关于 t 的 $n-1$ 次插值多项式. 根据定理4.2,有

$$f(t)-N_{n-1}(t)=\frac{f^{(n)}(\xi)}{n!}(t-x_0)\cdots(t-x_{n-1}),\quad \xi\in(a,b). \tag{4.27}$$

比较式(4.26)和式(4.27)可得

$$f[x_0,x_1,\cdots,x_{n-1},t]=\frac{f^{(n)}(\xi)}{n!},\quad \xi\in(a,b),$$

令 $t=x_n$,即得

$$f[x_0,x_1,\cdots,x_{n-1},x_n]=\frac{f^{(n)}(\xi)}{n!},\quad \xi\in(a,b).$$

4.5 Hermite 插值

有些问题不但要求插值多项式与被插值函数 $f(x)$ 在节点 x_k 上的函数值相等,而且还要求直到 m_k 阶的导数值也相等,即要求 $p(x)$ 满足

$$p(x_k)=f(x_k),p'(x_k)=f'(x_k),\cdots,p^{(m_k)}(x_k)=f^{(m_k)}(x_k),\quad k=0,1,2,\cdots,n,$$

其中 $m_0,m_1,\cdots,m_n$ 是非负整数,这种插值问题称为 Hermite(埃尔米特)插值问题. 满足这种要求的插值多项式称为 Hermite 插值多项式.

已知函数 $f(x)$ 在互异节点 $\{x_i\}_{i=0}^n$ 处的函数值 $\{f(x_i)\}_{i=0}^n$ 及导数值 $\{f'(x_i)\}_{i=0}^n$,构造不超过 $2n+1$ 次的多项式 $H_{2n+1}(x)$ 满足如下的 $2n+1$ 个条件

$$\begin{cases} H_{2n+1}(x_i) = f(x_i), \\ H'_{2n+1}(x_i) = f'(x_i) \end{cases} \quad (i = 0,1,2,\cdots,n). \tag{4.28}$$

4.5.1 Hermite 插值多项式的构造

下面采用类似构造拉格朗日插值多项式的方法,即通过一组插值基函数来构 Hermite 插值多项式.

设 α_i 及 $\beta_i(i=0,1,2,\cdots,n)$分别是满足如下插值条件的 $2n+1$ 次多项式

$$\begin{cases} \alpha_i(x_j) = \delta_{ij}, \\ \alpha_i'(x_j) = 0 \end{cases} \quad (j = 0,1,2,\cdots,n), \tag{4.29}$$

$$\begin{cases} \beta_i(x_j) = 0, \\ \beta_i'(x_j) = \delta_{ij} \end{cases} \quad (j = 0,1,2,\cdots,n), \tag{4.30}$$

于是不超过 $2n+1$ 次的多项式

$$H_{2n+1}(x) = \sum_{i=0}^{n} f(x_i)\alpha_i(x) + \sum_{i=0}^{n} f'(x_i)\beta_i(x) \tag{4.31}$$

满足插值条件(4.28),因而是所需建立的 Hermite 插值多项式.

下面解决插值基函数的问题.

鉴于关于节点$(x_i)_{i=0}^{n}$的拉格朗日插值基函数 $l_i(x)$满足

$$\begin{cases} l_i^2(x_j) = 0, \\ [l_i^2(x)]'_{x=x_j} = 2l_i(x_j)l'_i(x_j) = 0 \end{cases} \quad (j = 0,1,\cdots,i-1,i+1,\cdots,n), \tag{4.32}$$

且是 $2n$ 次多项式,依插值条件(4.29),设

$$\alpha_i(x) = (A_ix + B_i)l_i^2(x), \tag{4.33}$$

进而有

$$\alpha'_i(x) = A_il_i^2(x) + (A_ix + B_i)[l_i^2(x)]'. \tag{4.34}$$

综合式(4.32)至式(4.34)可知,对任意参数 A_i 和 B_i,形如式(4.33)的多项式已经满足了插值条件(4.29)中 $j\neq i$ 的 $2n$ 个插值条件,故只需约束 A_i 和 B_i 满足其他两个插值条件,即

$$\begin{cases} \alpha_i(x_i) = A_ix_i + B_i = 1, \\ \alpha'_i(x_i) = A_i + 2(A_ix_i + B_i)l'_i(x_i) = 0, \end{cases}$$

解之得到

$$\begin{cases} A_i = -2\sum_{\substack{k=0 \\ k\neq i}}^{n} \dfrac{1}{x_i - x_k}, \\ B_i = 1 - A_ix_i = 1 + 2x_i\sum_{\substack{k=0 \\ k\neq i}}^{n} \dfrac{1}{x_i - x_k}, \end{cases}$$

将 A_i 和 B_i 代入式(4.33)中即得到基函数 $\alpha_i(x)$

$$\alpha_i(x) = \left[1 + 2(x_i - x)\sum_{\substack{k=0 \\ k\neq i}}^{n} \frac{1}{x_i - x_k}\right]l_i^2(x).$$

对于如下定义的$\beta_i(x)$

$$\beta_i(x) = C_i(x - x_i)l_i^2(x),$$

有

$$\beta'_i(x_i) = C_i l_i^2(x_i) + C_i(x_i - x_i)[l_i^2(x_i)]'|_{x=x_i} = 1.$$

解上式得 $C_i = 1$,这样得到满足插值条件(4.30)的插值基函数

$$\beta_i(x) = (x - x_i)l_i^2(x).$$

当 $n = 1$ 时,有如下的三次 Hermite 插值多项式

$$H_3(x) = f(x_0)\left(1 + 2\frac{x_0 - x}{x_0 - x_1}\right)\left(\frac{x - x_1}{x_0 - x_1}\right)^2 + f(x_1)\left(1 + 2\frac{x_1 - x}{x_1 - x_0}\right)\left(\frac{x - x_0}{x_1 - x_0}\right)^2$$
$$+ f'(x_0)(x - x_0)\left(\frac{x - x_1}{x_0 - x_1}\right)^2 + f'(x_1)(x - x_1)\left(\frac{x - x_0}{x_1 - x_0}\right)^2.$$

Hermite 插值的几何意义在于曲线 $y = H_{2n+1}(x)$ 不仅通过平面上的$\{(x_i,f(x_i))\}_{i=0}^n$,而且在这些点处与曲线 $y = f(x)$ 有相同的切线.

4.5.2 Hermite 插值多项式的存在唯一性及误差估计

定理 4.3 满足插值条件(4.28)的次数不超过 $2n+1$ 次的插值多项式 $H_{2n+1}(x)$ 是存在且唯一的.

证明 上面构造的 $H_{2n+1}(x)$ 的过程已经证明了插值多项式的存在性. 下面证明唯一性.

设 $\tilde{H}_{2n+1}(x)$ 也是满足插值条件(4.28)的次数不超过 $2n+1$ 次插值多项式,这样不超过 $2n+1$ 次的多项式 $\psi(x) = H_{2n+1}(x) - \tilde{H}_{2n+1}(x)$ 满足

$$\begin{cases}\psi(x_i) = 0, \\ \psi'(x_i) = 0\end{cases} \quad (i = 0,1,2,\cdots,n).$$

于是 $\psi(x)$ 有 $n+1$ 个二重零点$(x_i)_{i=0}^n$,而 $\psi(x)$ 又是不超过 $2n+1$ 次的插值多项式,故 $\psi(x) = 0$,即有 $H_{2n+1}(x) \equiv \tilde{H}_{2n+1}(x)$. 唯一性得证.

类似于对定理 4.2 的论证过程,有如下的 Hermite 插值多项式的误差估计定理.

定理 4.4 设被插值函数在 $f(x)$ 区间$[a,b]$上有 $2n+1$ 阶连续导函数,$f^{2n+2}(x)$在(a,b)内存在. $H_{2n+1}(x)$ 是函数 $f(x)$ 关于互异节点$\{x_i\}_{i=0}^n \subset [a,b]$的满足插值条件(4.26)的次数不超过 $2n+1$ 次的插值多项式,则对任意的 $x \in [a,b]$ 存在 $\xi = \xi(x) \in (a,b)$ 使得如下插值误差估计式成立

$$R_{2n+1}(x) = f(x) - H_{2n+1}(x) = \frac{f^{(2n+2)}(\xi)}{(2n+2)!}\omega_{n+1}^2(x). \tag{4.35}$$

4.5.3 重节点差商与带不完全导数的 Hermite 插值多项式举例

容易证明:若 $f(x) \in C^n[a,b]$,$x_i \in (a,b)$,$i = 0,1,\cdots,n$,则

$$\lim_{\substack{x_i \to x_0 \\ i=0,1,\cdots,n}} f[x_0,x_1,\cdots,x_n] = \frac{f^{(n)}(x_0)}{n!}. \tag{4.36}$$

为此,可以定义重节点差商为:$f[\underbrace{x_0,x_0,\cdots x_0}_{n+1}] = \dfrac{f^{(n)}(x_0)}{n!}$.

下面给出利用重节点方法计算带不完全导数的 Hermit 特插值多项式的例子.

例 4.4 建立 Hermite 插值多项式 $H_4(x)$,使其满足如下插值条件

x_i	0	1	2
$y_i=f(x_i)$	0	1	1
$y_i'=f'(x_i)$	0	1	

解 构造差商表(表 4.2)如下:

表 4.2

x_k	$f(x_k)$	一阶差商	二阶差商	三阶差商	四阶差商
0	0				
		0			
0	1		1		
		1		−1	
1	1		0		1/4
		1		−1/2	
1	1		−1		
		0			
2	1				

故所求插值多项式为

$$\begin{aligned} H_4(x) &= 0+0(x-0)+(x-0)(x-0)-(x-0)(x-0)(x-1) \\ &\quad + \frac{1}{4}(x-0)(x-0)(x-1)(x-1) \\ &= \frac{1}{4}x^4 - \frac{3}{2}x^3 + \frac{9}{4}x^2. \end{aligned}$$

有时候,也可以利用待定系数法求出带不完全导数的 Hermite 插值多项式.

例 4.5 建立 Hermite 插值多项式 $H_3(x)$,使之满足如下插值条件:

$$\begin{cases} H_3(x_i) = f(x_i), \\ H_3'(x_0) = f'(x_0) \end{cases} \quad (i=0,1,2).$$

解 满足插值条件 $H_3(x_i)=f(x_i), i=0,1,2$ 的二次插值多项式为

$$N_2(x) = f(x_0) + f[x_0,x_1](x-x_0) + f[x_0,x_1,x_2](x-x_0)(x-x_1).$$

设满足题设插值条件的插值多项式是

$$H_3(x) = N_2(x) + k(x-x_0)(x-x_1)(x-x_2),$$

显然有

$$H_3(x_i) = f(x_i), i=0,1,2.$$

现在确定参数 k 使之满足插值条件 $H_3'(x_0)=f'(x_0)$,即

$$N_2'(x_0) + k(x_0-x_1)(x_0-x_2) = f'(x_0),$$

解之得到

$$k = \frac{f'(x_0) - N_2'(x_0)}{(x_0 - x_1)(x_0 - x_2)} = \frac{f'(x_0) - f[x_0,x_1] - f[x_0,x_1,x_2](x_0 - x_1)}{(x_0 - x_1)(x_0 - x_2)},$$

将 k 代入 $H_3(x)$ 即得所求插值多项式.

本例题用待定参数法确定了带导数的插值多项式,也可以按照上面的方法,通过构造插值基函数来构造插值多项式. 当被插值函数 $f(x)$ 四阶连续可导时,利用罗尔定理可以证明例 4.4 类的插值多项式的插值余项为

$$R_3(x) = f(x) - H_3(x) = \frac{f^{(4)}(\xi)}{4!}(x - x_0)^2(x - x_1)(x - x_2).$$

4.6 分段线性插值

为使插值更准确,自然希望增加数据点. 误差 $|R_n(x)|$ 是否随数据点增多,即随 n 的增大而减小? 这是人们关心的一个问题,考察余项公式(4.13)看出,$R_n(x)$ 的大小与插值基点的个数 $n+1$ 有关,但是不能简单地认为在一确定的区间里基点越多(即 n 越大),误差就越小. 这个理由在于应用公式(4.13)是有前提条件的,而这些函数的光滑性随着 n 增大而变得更加苛刻,一般被插值函数不一定满足这些条件,甚至人们原本不知道有关函数的导数性质(如函数由表列值形式给出,其具体物理背景不明,等等,都属于这种情形). 另外,即使函数具有很好的光滑性条件,但其余项公式中的导数项 $f^{(n+1)}(\xi)$ 有时会随着 n 增大而变得很大,如 $f(x) = 10^x$,有 $f^{(n+1)}(x) = 10^x(\ln 10)^{n+1} \approx 10^x(2.3)^{n+1}$. 对固定的 x,当 n 增大时 $f^{(n+1)}(x)$ 呈指数增长. 这样,虽然在插值点及其邻近点处,函数 $f(x)$ 与插值多项式 $p(x)$ 的数值比较接近,但在其他的非插值点处,当 n 很大时,这两个值往往并不接近,甚至有相当大的差距. 实际上,常常发生的情况是当 n 增大到某一值后,插值的精确度反而下降.

例 4.6 给定函数

$$f(x) = \frac{1}{1 + 25x^2}, \quad -1 \leqslant x \leqslant 1,$$

取等距插值节点 $x_i = -1 + \frac{2}{10}i\ (i = 0,1,\cdots,10)$,试建立插值多项式 $\varphi_{10}(x)$,并研究它与 $f(x)$ 的误差.

解 插值多项式的次数为 10,用拉格朗日插值公式有

$$\varphi_{10}(x) = \sum_{i=0}^{10} f(x_i) l_i(x),$$

其中

$$f(x_i) = \frac{1}{1 + 25x_i^2}, x_i = -1 + \frac{2}{10}i, \quad i = 0,1,\cdots,10,$$

$$l_i(x) = \frac{(x - x_0)\cdots(x - x_{i-1})(x - x_{i+1})\cdots(x - x_{10})}{(x_i - x_0)\cdots(x_i - x_{i-1})(x_i - x_{i+1})\cdots(x_i - x_{10})}.$$

计算结果见表 4.3.

表 4.3

x_i	$f(x_i)=\frac{1}{1+25x_i^2}$	$\varphi_{10}(x_i)$	x_i	$f(x_i)=\frac{1}{1+25x_i^2}$	$\varphi_{10}(x_i)$
-1.00	0.03846	0.03846	-0.40	0.20000	0.19999
-0.90	0.04706	1.57872	-0.30	0.30769	0.23535
-0.80	0.05882	0.05882	-0.20	0.50000	0.50000
-0.70	0.07547	-0.22620	-0.10	0.80000	0.84340
-0.60	0.10000	0.10000	0.00	1.00000	1.00000
-0.50	0.13793	0.25376			

区间[0,1]上的值由对称性即可得到. 从表 4.3 可以看出,区间[-0.20,0]内$\varphi_{10}(x)$能较好地逼近$f(x)$,但在其他部位$\varphi_{10}(x)$与$f(x)$的差异较大,越靠近端点,逼近的效果就越差,画出它的图形(图 4.6). 事实上可以证明,对$\frac{1}{1+25x^2}$这个函数在[-1,1]区间内用$n+1$个等距节点作插值多项式$\varphi_n(x)$,当$n\to\infty$时$\varphi_n(x)$只能在$|x|<0.36\cdots$内收敛,而在这个区间之外是发散的,这一现象称为 Runge 现象.

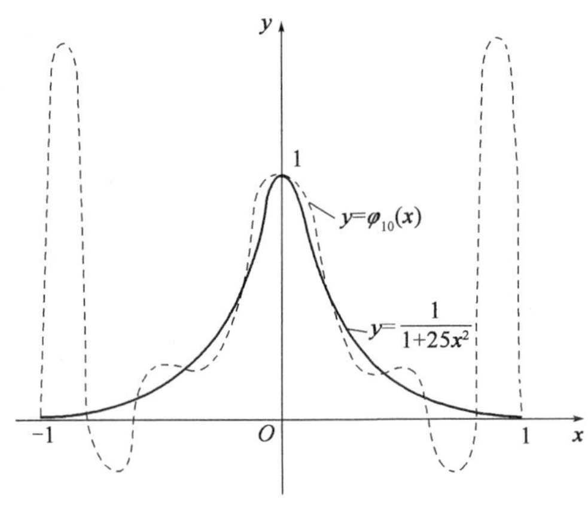

图 4.6

从上面例子看到,在区间上给定等距插值节点,过这些插值节点作拉格朗日插值多项式,节点不断加密时,构造的插值多项式的次数也不断增高,但是,尽管被插函数是连续的,高次插值多项式也不一定都收敛到相应的被插函数. Faber 证明过以下定理:

定理 4.5(Faber 定理) 对$[a,b]$上任意给定的三角阵

$$
\begin{array}{l}
x_0^{(0)} \\
x_0^{(1)},x_1^{(1)} \\
x_0^{(2)},x_1^{(2)},x_2^{(2)} \\
\cdots\cdots\cdots\cdots\cdots\cdots \\
x_0^{(n)},x_1^{(n)},x_2^{(n)},\cdots,x_n^{(n)}
\end{array}
$$

总存在$f(x)\in C_{[a,b]}$,使得由三角阵中的任一行元素为插值节点所生成的n阶拉格朗日插值多项式$\varphi_n(x)$,当$n\to\infty$时不能一致收敛到$f(x)$.

因为加密插值节点不一定能保证插值函数 $\varphi_n(x)$ 很好地逼近被插函数 $f(x)$，为此引进分段插值的概念.

设在区间 $[a,b]$ 上，给定 $n+1$ 个插值节点

$$a = x_0 < x_1 < x_2 < \cdots < x_n = b$$

和相应的函数值 $y_0,y_1,\cdots,y_n$，作一个插值函数 $\varphi(x)$，使其具有下面的性质：

(1) $\varphi(x_j) = y_j \quad (j=0,1,2,\cdots,n)$；

(2) $\varphi(x)$ 在每个小区间 $[x_j,x_{j+1}]$ 上是线性函数.

插值函数 $\varphi(x)$ 叫作区间 $[a,b]$ 上对数据 (x_i,y_i) $(i=0,1,\cdots,n)$ 的分段线性插值函数.

如何构造具有这种性质的插值函数？把前面构造拉格朗日插值函数的办法加以推广，先在每个插值节点上构造分段线性插值基函数，然后，再作它们的线性组合.

分段线性插值基函数的特点是在对应的插值节点上函数值取 1，在其他的插值节点上取零，而且在每个小区间上是线性函数，它们在插值节点上的函数值见表 4.4.

表 4.4

函数 \ 函数值 \ 节点	x_0	x_1	x_2	$\cdots$	x_n
$l_0(x)$	1	0	0	$\cdots$	0
$l_1(x)$	0	1	0	$\cdots$	0
$\vdots$	$\vdots$	$\vdots$	$\vdots$		$\vdots$
$l_n(x)$	0	0	0	$\cdots$	1

显然，下面的函数是满足要求的：

$$l_0(x) = \begin{cases} \dfrac{x - x_1}{x_0 - x_1}, & x_0 \leqslant x \leqslant x_1, \\ 0, & x_1 \leqslant x \leqslant x_n, \end{cases}$$

$$l_j(x) = \begin{cases} \dfrac{x - x_{j-1}}{x_j - x_{j-1}}, & x_{j-1} \leqslant x \leqslant x_j, \\ \dfrac{x - x_{j+1}}{x_j - x_{j+1}}, & x_j < x \leqslant x_{j+1}, \\ 0, & [a,b] - [x_{j-1},x_{j+1}] \end{cases} \quad (j = 1,2,\cdots,n-1),$$

$$l_n(x) = \begin{cases} \dfrac{x - x_{n-1}}{x_n - x_{n-1}}, & x_{n-1} \leqslant x \leqslant x_n, \\ 0, & x_0 \leqslant x \leqslant x_{n-1}. \end{cases}$$

函数图形如图 4.7 所示.

有了这些分段线性插值基函数以后，就可以直接写出分段线性插值函数的表达式

$$\varphi(x) = \sum_{j=0}^{n} y_j l_j(x), \tag{4.37}$$

分段线性插值函数的光滑性虽然差一些，但从整体来看，它逼近 $f(x)$ 的效果是较好的.

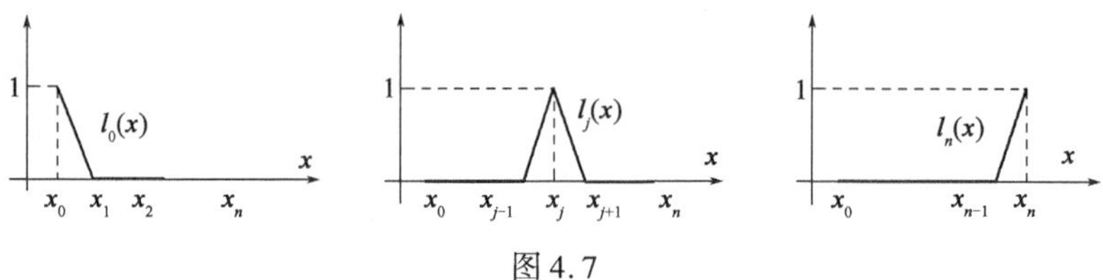

图4.7

例4.7 给定函数

$$y = \frac{1}{1+25x^2}, \quad -1 \leqslant x \leqslant 1,$$

取等距插值节点 $x_i = -1 + \frac{2}{10}i\,(i=0,1,\cdots,10)$,作分段线性插值函数 $\varphi(x)$,并计算 $\varphi(-0.9)$ 的值.

解 给出区间$[-1,0]$上的函数值表:

x	-1	-0.8	-0.6	-0.4	-0.2	0
y	0.03846	0.05882	0.10000	0.20000	0.50000	1.00000

在$[0,1]$区间上的函数值可利用对称性得到.

先构造各点的插值基函数:

$$l_0(x) = \begin{cases} -5(x+0.8), & -1 \leqslant x \leqslant -0.8, \\ 0, & -0.8 < x < 1, \end{cases}$$

$$l_j(x) = \begin{cases} 5\left[x+1-\frac{1}{5}(j-1)\right], & -1+\frac{1}{5}(j-1) \leqslant x \leqslant -1+\frac{1}{5}j, \\ -5\left[x+1-\frac{1}{5}(j+1)\right], & -1+\frac{1}{5}j \leqslant x \leqslant -1+\frac{1}{5}(j+1)\,(j=1,2,\cdots 9), \\ 0, [-1,1]-\left[-1+\frac{1}{5}(j-1),\ -1+\frac{1}{5}(j+1)\right] & \end{cases}$$

$$l_{10} = \begin{cases} 0, & -1 \leqslant x \leqslant 0.8, \\ 5(x-0.8), & 0.8 < x \leqslant 1. \end{cases}$$

分段线性插值函数 $\varphi(x)$ 是

$$\begin{aligned} \varphi(x) &= 0.03846[l_0(x)+l_{10}(x)] + 0.05882[l_1(x)+l_9(x)] \\ &\quad + 0.10000[l_2(x)+l_8(x)] + 0.20000[l_3(x)+l_7(x)] \\ &\quad + 0.50000[l_4(x)+l_6(x)] + l_5(x). \end{aligned}$$

用得到的分段线性插值函数计算在 -0.9 的值

$$\begin{aligned} \varphi(-0.9) &= 0.03846\times(-5)\times(-0.9+0.8) + 0.05882\times 5\times(-0.9+1) \\ &= 0.5\times 0.03846 + 0.5\times 0.05882 = 0.048640, \end{aligned}$$

和前面得到的 $\varphi_{10}(-0.9)$ 的函数值相比较,显然,分段线性插值函数计算的结果是比较令人满意的.

分段线性插值多项式的余项可以通过线性插值多项式的余项估计.

定理4.6 设给定节点

$$a = x_0 < x_1 < x_2 < \cdots < x_n = b$$

及相应的函数值 $y_0, y_1, \cdots, y_n$. $f(x) \in C^1_{[a,b]}$, $f''(x)$ 在 $[a,b]$ 上存在, $\varphi(x)$ 是在 $[a,b]$ 上由数据 (x_i, y_i) $(i=0,1,2\cdots n)$ 构成的分段线性插值函数,则

$$|R(x)| = |f(x) - \varphi(x)| \leqslant \frac{h^2}{8}M, \tag{4.38}$$

其中 $h = \max\limits_{0 \leqslant i \leqslant n-1} |x_{i+1} - x_i|$, $M = \max\limits_{a \leqslant x \leqslant b} |f''(x)|$.

证明 根据式(4.12)在每个小区间 $[x_i, x_{i+1}]$ $(i=0,1,\cdots,n-1)$ 上有 $R(x) = \frac{f''(\xi)}{2}(x-x_i)(x-x_{i+1})$,进一步可证明

$$|R(x)| \leqslant \frac{(x_{i+1}-x_i)^2}{8} \max_{x_i \leqslant x \leqslant x_{i+1}} |f''(x)| = R_i(x),$$

因此在整个区间 $[a,b]$ 上有

$$|R(x)| \leqslant \max_{0 \leqslant i \leqslant n-1} |R_i(x)| \leqslant \frac{h^2}{8}M,$$

定理得证.

4.7 三次样条函数插值

当选取的插值节点较多时,一般不用高次插值,而改用分段低次插值. 但是,分段低次插值只能保证插值曲线在连接点上的连续性,而不能保证整条曲线在连接点上的光滑性,即导数不一定连续. 这在实际应用时,往往不能满足某些工程技术的高精度要求. 例如在船体、飞机等外形曲线的设计中,不仅要求曲线连续,而且还要求曲线的曲率连续. 这就要求分段插值函数在整个区间上具有连续的二阶导数,因此有必要引进新的插值方法. 常用的是分段三次多项式逼近,这些多项式的曲线在节点处“光滑”地连接起来,这样的分段三次多项式称为三次样条函数.

4.7.1 样条插值函数的概念

三次样条函数的名称来自其物理意义。长久以来,绘图员用柔软的弹性木条或塑料条(称为样条)来画通过给定点(插值数据点)的光滑曲线,方法是将样条用压铁在插值数据点处固定住,使样条的势能最小,因而具有光滑性质. 由细梁变形理论可知,样条的势能与其曲率的平方对弧长的积分成正比. 若样条的形状用 $s(x)$ 表示,在其斜率较小的假定下,其曲率近似等于 $s''(x)$,而微分弧长近似等于 $\mathrm{d}x$,因此样条的势能近似等于

$$\int [s''(x)]^2 \mathrm{d}x,$$

于是,通过数据点 (x_i, y_i) $(i=0,1,\cdots,n)$ 的三次样条 $s(x)$ 是满足插值条件

$$s(x_i) = y_i \quad (i = 0,1,2,\cdots,n)$$

和使

$$\int_{x_0}^{x_n} [s''(x)]^2 \mathrm{d}x$$

达到最小的分段多项式. 由细梁变形理论,这样的样条是分段多项式,它在每个子区间

$[x_{j-1},x_j]$上是三次多项式,且在节点 x_j 处直到二阶导数均连续(可是三阶导数一般却不是连续的),所以样条曲线具有非常好的光滑性.从数学上加以概括就得到数学样条这一概念.

定义 4.2 对于给定的函数表

x	x_0	x_1	$\cdots$	x_n
y	y_0	y_1	$\cdots$	y_n

其中 $a=x_0<x_1<\cdots<x_n=b$.若函数 $s(x)$满足条件:

(1)$s(x)$在每个子区间$[x_{j-1},x_j]$$(j=1,2,\cdots,n)$上是一个三次多项式;

(2)$s(x)$在每一个内接点 $x_j(j=1,2,\cdots,n-1)$上具有直到二阶的连续导数,即

$$s(x)\in C^2_{[a,b]},$$

则称 $s(x)$为节点 $x_0,x_1,\cdots,x_n$ 上的三次样条函数.

(3)若 $s(x)$在所有节点上还满足插值条件

$$s(x_j)=y_j\quad(j=0,1,2,\cdots,n),$$

则称 $s(x)$为三次样条插值函数.

由此可见,三次样条插值函数就是全部通过节点的二阶连续可微的分段三次多项式函数.但要注意 $s(x)$在整个$[a,b]$上不是一个三次多项式函数.下面的问题是要解决满足上述定义的样条插值函数是否存在.

从样条函数的定义的条件(1)知,$s(x)$在每个小区间$[x_{j-1},x_j]$上是一个三次多项式,若记为 $s_j(x)$,则可设

$$s_j(x)=a_jx^3+b_jx^2+c_jx+d_j\quad(j=1,2,\cdots,n),$$

从而有

$$s(x)=\begin{cases}s_1(x),\\ s_2(x),\\ \vdots\\ s_n(x),\end{cases}$$

它是一个分段函数.

显然,$s_j(x)$由 a_j,b_j,c_j,d_j 四个系数唯一确定,因此要确定整个$[a,b]$上的三次样条插值函数 $s(x)$,必须确定 $4n$ 个未知系数$\{a_j,b_j,c_j,d_j\}$$(j=1,2,\cdots,n)$.现在来分析一下这 $4n$ 个未知系数是否能由已知条件来确定.

首先,定义 4.2 的条件(2)表明:$s(x)$,$s'(x)$,$s''(x)$在内节点 $x_1,x_2,\cdots,x_{n-1}$上是连续的,于是有

$$s(x_j-0)=s(x_j+0),s'(x_j-0)=s'(x_j+0),$$
$$s''(x_j-0)=s''(x_j+0)(j=1,2,\cdots n-1).$$

由于这样的等式共有 $3(n-1)$个,从而提供了包含未知系数 a_j,b_j,c_j,d_j 的 $3(n-1)$个方程;而定义 4.2 中的条件(3)——$s(x_j)=y_j(j=0,1,2,\cdots,n)$则提供了 $n+1$ 个方程,这样一共可以得到 $4n-2$ 个方程,与要确定的 $4n$ 个未知系数相比较,还差两个条件,所以

对于给定的插值函数表,按定义所得到的样条插值函数 $s(x)$ 中含有两个自由度.为了确定一个特定的样条插值函数,还需再增加两个条件,这两个条件通常是在区间 $[a,b]$ 的两端点处给出,把它称为边界(或端点)条件.从力学角度考虑,附加边界条件相当于在细梁的两端加上约束,是有意义的.

边界条件应根据实际问题的要求来确定,其类型很多,常见的边界条件类型有:

(1)第一种边界条件:给定端点处的一阶导数值,即

$$s'(x_0)=y'_0, s'(x_n)=y'_n. \tag{4.39}$$

(2)第二种边界条件:给定端点处的二阶导数值,即

$$s''(x_0)=y''(x_0), s''(x_n)=y''(x_n). \tag{4.40}$$

作为特例,$s''(x_0)=s''(x_n)=0$ 称为自然边界条件,满足自然边界条件的样条函数叫自然样条函数.

(3)第三种边界条件:当 $y=f(x)$ 是以 $b-a$ 为周期的周期函数时,则要求 $s(x)$ 也是周期函数,这时的边界条件可以写成

$$s(x_0+0)=s(x_n-0),$$

$$s'(x_0+0)=s'(x_n-0), \tag{4.41}$$

$$s''(x_0+0)=s''(x_n-0). \tag{4.42}$$

注意:由于 $y=f(x)$ 以 $b-a$ 为周期,故 $f(a)=f(b)$,即 $y_0=y_n$,从而必有

$$s(x_0+0)=s(x_n-0).$$

因此,在第三种边界条件中,真正起作用的是后面的两个等式.

补充了两个端点条件即增加了二个方程,也即得到了关于未知系数 $\{a_j,b_j,c_j,d_j\}$ 的 $4n$ 个线性代数方程,则由 $4n$ 个方程一般可定出 $4n$ 个未知数.可以证明,由以上推得的含有 $4n$ 个未知元 $\{a_j,b_j,c_j,d_j\}$ 的线性代数方程组存在唯一解,所以插值函数 $s(x)$ 是唯一确定的.理论上,只要求解 $4n$ 阶线性代数方程组,即可得到 $s(x)$ 个小区间上的表达式 $s_j(x)$ 的各项系数,从而得到 $s(x)$.但实际上,这种做法的工作量相当大,且上述方程组一般是病态的,所以上述这种将样条插值问题的求解归结为求解 $4n$ 个方程组成的线性代数方程组的方法在实际计算中很少应用.下面介绍一种计算工作量小得多的切实可行的构造 $s(x)$ 的有效方法.

为叙述方便,把求满足定义 4.2 中条件(3)和式(4.39)的三次样条函数 $s(x)$ 的问题称为第一类问题;把求满足定义 4.2 中条件(3)和式(4.40)的三次样条函数 $s(x)$ 的问题称为第二类问题;把求满足定义 4.2 中条件(3)和式(4.41)及式(4.42)的三次样条函数 $s(x)$ 的问题称为第三类问题.

4.7.2 三次样条插值函数的构造方法

1.系数用节点处的二阶导数表示的三次样条插值函数 $s(x)$

设在小区间 $[x_{i-1},x_i]$ 上 $s(x)=s_i(x)\ (i=1,2,\cdots,n)$,由于 $s(x)$ 是一个分段三次多项式且具有连续的二阶导数,故 $s''(x)$ 为 $[a,b]$ 上的分段线性函数,记

$$s''(x_i)=M_i \quad (i=0,1,2,\cdots,n),$$

由于 $s_i''(x)$ 在 $[x_{i-1},x_i]$ 上为线性函数,故可以写出它的表达式

$$s_i''(x) = \frac{x - x_i}{x_{i-1} - x_i}M_{i-1} + \frac{x - x_{i-1}}{x_i - x_{i-1}}M_i.$$

记 $h_i = x_i - x_{i-1}$,则上式可写为

$$s_i''(x) = \frac{x_i - x}{h_i}M_{i-1} + \frac{x - x_{i-1}}{h_i}M_i,$$

对上式积分得

$$s_i'(x) = -\frac{(x_i - x)^2}{2h_i}M_{i-1} + \frac{(x - x_{i-1})^2}{2h_i}M_i + C_1, \tag{4.43}$$

再积分得

$$s_i(x) = \frac{(x_i - x)^3}{6h_i}M_{i-1} + \frac{(x - x_{i-1})^3}{6h_i}M_i + C_1x + C_2, \tag{4.44}$$

由

$$s_i(x_{i-1}) = y_{i-1}, \quad s_i(x_i) = y_i,$$

故得到

$$\begin{cases} \dfrac{h_i^2}{6}M_{i-1} + C_1x_{i-1} + C_2 = y_{i-1}, \\ \dfrac{h_i^2}{6}M_i + C_1x_i + C_2 = y_i. \end{cases}$$

由此可以解出 C_1,C_2.

$$C_1 = \frac{y_i - y_{i-1}}{h_i} + \frac{h_i}{6}(M_{i-1} - M_i), C_2 = \frac{y_{i-1}x_i - y_ix_{i-1}}{h_i} + \frac{h_i}{6}(M_ix_{i-1} - M_{i-1}x_i),$$

代入式(4.43)、式(4.44)得到

$$s_i'(x) = -\frac{(x_i - x)^2}{2h_i}M_{i-1} + \frac{(x - x_{i-1})^2}{2h_i}M_i + \frac{y_i - y_{i-1}}{h_i} - \frac{h_i}{6}(M_i - M_{i-1}), \tag{4.45}$$

$$s_i(x) = \frac{(x_i - x)^3}{6h_i}M_{i-1} + \frac{(x - x_{i-1})^3}{6h_i}M_i + \left(y_{i-1} - \frac{M_{i-1}}{6}h_i^2\right)\frac{x_i - x}{h_i} + \left(y_i - \frac{M_i}{6}h_i^2\right)\frac{x - x_{i-1}}{h_i}. \tag{4.46}$$

于是,只需求出各个 M_i 便可得到 $s_i(x)$.

由一阶导数的连续性条件知

$$s_i'(x_i -) = s_{i+1}'(x_i +) \quad (i = 1,2,\cdots,n - 1),$$

由式(4.45)知,在 $[x_i,x_{i+1}]$ 上

$$s_{i+1}'(x) = -\frac{(x_{i+1} - x)^2}{2h_{i+1}}M_i + \frac{(x - x_i)^2}{2h_{i+1}}M_{i+1} + \frac{y_{i+1} - y_i}{h_{i+1}} - \frac{h_{i+1}}{6}(M_{i+1} - M_i),$$

故可得

$$\frac{h_i}{2}M_i + \frac{y_i - y_{i-1}}{h_i} - \frac{h_i}{6}(M_i - M_{i-1}) = -\frac{h_{i+1}}{2}M_i + \frac{y_{i+1} - y_i}{h_{i+1}} - \frac{h_{i+1}}{6}(M_{i+1} - M_i),$$

整理得

$$\mu_i M_{i-1} + 2M_i + \lambda_i M_{i+1} = d_i \quad (i = 1,2,\cdots,n-1), \tag{4.47}$$

其中

$$\lambda_i = \frac{h_{i+1}}{h_i + h_{i+1}},$$

$$\mu_i = 1 - \lambda_i = \frac{h_i}{h_i + h_{i+1}},$$

$$d_i = \frac{6}{h_i + h_{i+1}}\left(\frac{y_{i+1} - y_i}{h_{i+1}} - \frac{y_i - y_{i-1}}{h_i}\right) = 6f[x_{i-1}, x_i, x_{i+1}].$$

从式(4.46)知只要 M_i 求出,那么 $s_i(x)$ 也就可以求出.式(4.47)提供了关于 M_i 的 $n-1$ 个方程,但 $M_0, M_1, \cdots, M_n$ 有 $n+1$ 个未知数,要唯一地确定这些 M_i 必须利用边界条件(4.39)或式(4.40).

对第一类问题,由条件式(4.39),从式(4.45)得到

$$2M_0 + M_1 = d_0, \tag{4.48}$$

$$M_{n-1} + 2M_n = d_n, \tag{4.49}$$

其中

$$d_0 = \frac{6}{h_1}(f[x_0, x_1] - y'_0), d_n = \frac{6}{h_n}(y'_n - f[x_{n-1}, x_n]).$$

将式(4.47)至式(4.49)联立,得方程组

$$\begin{pmatrix} 2 & 1 & & & \\ \mu_1 & 2 & \lambda_1 & & \\ & \ddots & \ddots & \ddots & \\ & & \mu_{n-1} & 2 & \lambda_{n-1} \\ & & & 1 & 2 \end{pmatrix}\begin{pmatrix} M_0 \\ M_1 \\ \vdots \\ M_{n-1} \\ M_n \end{pmatrix} = \begin{pmatrix} d_0 \\ d_1 \\ \vdots \\ d_{n-1} \\ d_n \end{pmatrix}, \tag{4.50}$$

这是系数矩阵严格行对角占优的三对角方程组,存在唯一解,且可用追赶法求解.

对第二类问题,

$$s''(x_0) = M_0, s''(x_n) = M_n$$

是已知的.式(4.47)成为含有 $n-1$ 个未知量的方程组,其矩阵形式为

$$\begin{pmatrix} 2 & \lambda_1 & & & \\ \mu_2 & 2 & \lambda_2 & & \\ & \ddots & \ddots & \ddots & \\ & & \mu_{n-2} & 2 & \lambda_{n-2} \\ & & & \mu_{n-1} & 2 \end{pmatrix}\begin{pmatrix} M_1 \\ M_2 \\ \vdots \\ M_{n-2} \\ M_{n-1} \end{pmatrix} = \begin{pmatrix} d_1 - \mu_1 M_0 \\ d_2 \\ \vdots \\ d_{n-2} \\ d_{n-1} - \lambda_{n-1} M_n \end{pmatrix}, \tag{4.51}$$

这也是系数矩阵严格行对角占优的三对角方程组,存在唯一解,可用追赶法求解.

对第三类问题,

$$y_0 = y_n, M_0 = M_n,$$

且由 $s'(x_0+0) = s'(x_n-0)$ 推得

$$2M_0 + \lambda_0 M_1 + \mu_0 M_{n-1} = d_0, \tag{4.52}$$

其中

$$\lambda_0=\frac{h_1}{h_1+h_n},\mu_0=\frac{h_n}{h_1+h_n},d_0=\frac{6}{h_1+h_n}(f[x_0,x_1]-f[x_{n-1},x_n]).$$

将式(4.47)与式(4.52)联立得方程组

$$\begin{pmatrix} 2 & \lambda_0 & & & \mu_0 \\ \mu_1 & 2 & \lambda_1 & & \\ & \ddots & \ddots & \ddots & \\ & & \mu_{n-2} & 2 & \lambda_{n-2} \\ \lambda_{n-1} & & & \mu_{n-1} & 2 \end{pmatrix}\begin{pmatrix} M_0 \\ M_1 \\ \vdots \\ M_{n-2} \\ M_{n-1} \end{pmatrix}=\begin{pmatrix} d_0 \\ d_1 \\ \vdots \\ d_{n-2} \\ d_{n-1} \end{pmatrix}, \tag{4.53}$$

其系数矩阵严格行对角占优,方程组存在唯一解.

2. 系数用节点处的一阶导数表示的三次样条插值函数 $s(x)$

由 $s(x)$ 在 $[x_{i-1},x_i]$ 上是一个三次多项式 $s_i(x)$,且要满足定义 4.2 中插值条件(3),故可设

$$s_i(x)=\frac{x_i-x}{x_i-x_{i-1}}y_{i-1}+\frac{x-x_{i-1}}{x_i-x_{i-1}}y_i+(ax+b)(x-x_{i-1})(x-x_i), \tag{4.54}$$

显然 $s_i(x)$ 满足插值条件

$$s_i(x_{i-1})=y_{i-1},s_i(x_i)=y_i,$$

将它对 x 求导得

$$s_i'(x)=\frac{y_i-y_{i-1}}{h_i}+a(x-x_{i-1})(x-x_i)+(ax+b)(x-x_i)+(ax+b)(x-x_{i-1}), \tag{4.55}$$

用记号 m_i 表示 $s(x)$ 在 x_i 处的一阶导数,即

$$s_i'(x_{i-1})=m_{i-1},s_i'(x_i)=m_i,$$

由式(4.55)得

$$\begin{cases} m_{i-1}=\dfrac{y_i-y_{i-1}}{h_i}-(ax_{i-1}+b)h_i, \\ m_i=\dfrac{y_i-y_{i-1}}{h_i}+(ax_i+b)h_i. \end{cases}$$

解此方程组得

$$a=\frac{m_i+m_{i-1}}{h_i^2}+\frac{2(y_{i-1}-y_i)}{h_i^3},$$

$$b=\frac{(x_i+x_{i-1})(y_i-y_{i-1})}{h_i^3}-\frac{m_ix_{i-1}+m_{i-1}x_i}{h_i^2}.$$

将 a,b 代入式(4.54),整理得

$$\begin{aligned} s_i(x)=&[3h_i-2(x_i-x)]\frac{(x_i-x)^2}{h_i^3}y_{i-1}+[3h_i-2(x-x_{i-1})]\frac{(x-x_{i-1})^2}{h_i^3}y_i \\ &+[h_i-(x_i-x)]\frac{(x_i-x)^2}{h_i}m_{i-1}-[h_i-(x-x_{i-1})]\frac{(x-x_{i-1})^2}{h_i^2}m_i, \end{aligned} \tag{4.56}$$

只要求出 m_i,式(4.56)就是三次样条函数 $s(x)$ 在小区间 $[x_{i-1},x_i]$ 上的表达式.

为了求 m_i 利用 $s(x)$ 二阶导数在节点的连续性,即

$$s''_i(x_i-)=s''_{i+1}(x_i+)\quad(i=1,2,\cdots,n-1),$$

不难推出 m_i 必须满足下列方程

$$\frac{h_{i+1}}{h_i+h_{i+1}}m_{i-1}+2m_i+\frac{h_i}{h_i+h_{i+1}}m_{i+1}=3\left[\frac{h_i(y_{i+1}-y_i)}{(h_i+h_{i+1})h_{i+1}}+\frac{h_{i+1}(y_i-y_{i-1})}{(h_i+h_{i+1})h_i}\right].$$

$$(i=1,2,\cdots,n-1)$$

令

$$\mu_i=\frac{h_i}{h_i+h_{i+1}},$$

$$\lambda_i=1-\mu_i=\frac{h_{i+1}}{h_{i+1}+h_i},$$

$$g_i=3\left[\mu_i\frac{y_{i+1}-y_i}{h_{i+1}}+\lambda_i\frac{y_i-y_{i-1}}{h_i}\right],$$

则

$$\lambda_i m_{i-1}+2m_i+\mu_i m_{i+1}=g_i\quad(i=1,2,\cdots,n-1).\tag{4.57}$$

上式称为三次样条的 m 关系式,它是关于 $n+1$ 个未知数 $m_0,m_1,\cdots,m_n$ 的 $n-1$ 个方程的方程组.为了唯一确定这 $n+1$ 个未知数,还需要两个边界条件.

对第一类问题,由条件(4.39)得

$$m_0=y'_0,m_n=y'_n,$$

这时,方程组(4.57)中实际上只包含 $n-1$ 个未知量 $m_1,m_2,\cdots,m_{n-1}$,它可写成矩阵形式

$$\begin{pmatrix}2&\mu_1&&&\\\lambda_2&2&\mu_2&&\\&\ddots&\ddots&\ddots&\\&&\lambda_{n-2}&2&\mu_{n-2}\\&&&\lambda_{n-1}&2\end{pmatrix}\begin{pmatrix}m_1\\m_2\\\vdots\\m_{n-2}\\m_{n-1}\end{pmatrix}=\begin{pmatrix}g_1-\lambda_1 m_0\\g_2\\\vdots\\g_{n-2}\\g_{n-1}-\mu_{n-1}m_n\end{pmatrix},\tag{4.58}$$

这是一个三对角方程组,其系数矩阵是严格行对角占优的,因此存在唯一的解,并可用追赶法求解.

对第二类问题,

$$M_0=y''(x_0),M_n=y''(x_n)$$

是已知的,可得

$$2m_0+m_1=3f[x_0,x_1]-\frac{h_1}{2}M_0,\tag{4.59}$$

$$m_{n-1}+2m_n=3f[x_{n-1},x_n]+\frac{h_n}{2}M_n,\tag{4.60}$$

与式(4.57)联立,得到关于 $m_0,m_1,\cdots,m_n$ 的线性方程组

$$\begin{pmatrix} 2 & 1 & & & \\ \lambda_1 & 2 & \mu_1 & & \\ & \ddots & \ddots & \ddots & \\ & & \lambda_{n-1} & 2 & \mu_{n-1} \\ & & & 1 & 2 \end{pmatrix}\begin{pmatrix} m_0 \\ m_1 \\ \vdots \\ m_{n-1} \\ m_n \end{pmatrix}=\begin{pmatrix} g_0 \\ g_1 \\ \vdots \\ g_{n-1} \\ g_n \end{pmatrix}, \tag{4.61}$$

其中

$$g_0=3f[x_0,x_1]-\frac{h_1}{2}M_0, g_n=3f[x_{n-1},x_n]+\frac{h_n}{2}M_n.$$

方程组(4.61)也是系数矩阵严格行对角占优的三对角方程组,存在唯一解,并可用追赶法求解.

将式(4.58)与式(4.61)合在一起得统一方程组

$$\begin{pmatrix} 2 & \mu_0 & & & & \\ \lambda_1 & 2 & \mu_1 & & & \\ & \lambda_2 & 2 & \mu_2 & & \\ & & \ddots & \ddots & \ddots & \\ & & & \lambda_{n-1} & 2 & \mu_{n-1} \\ & & & & \lambda_n & 2 \end{pmatrix}\begin{pmatrix} m_0 \\ m_1 \\ m_2 \\ \vdots \\ m_{n-1} \\ m_n \end{pmatrix}=\begin{pmatrix} g_0 \\ g_1 \\ g_2 \\ \vdots \\ g_{n-1} \\ g_n \end{pmatrix}. \tag{4.62}$$

当 $\mu_0=\lambda_n=1$ 时为式(4.61);当 $\mu_0=\lambda_n=0$ 时为式(4.58),其中

$$g_0=(4-\mu_0)\mu_0\left(\frac{y_1-y_0}{h_1}-\frac{h_1}{6}y''_0\right)+2(1-\mu_0)y'_0,$$

$$g_n=(4-\lambda_n)\lambda_n\left(\frac{y_n-y_{n-1}}{h_n}+\frac{h_n}{6}y''_n\right)+2(1-\lambda_n)y'_n.$$

对第三类问题,有

$$y_0=y_n, m_0=m_n,$$

又由 $s''(x_0+0)=s''(x_0-0)$ 可推得

$$2m_0+\mu_0 m_1+\lambda_1 m_{n-1}=g_0, \tag{4.63}$$

其中

$$\mu_0=\frac{h_n}{h_n+h_1}, \lambda_0=\frac{h_1}{h_n+h_1}, g_0=3(\lambda_0 f[x_{n-1},x_n]+\mu_0 f[x_0,x_1]).$$

将式(4.57)与式(4.63)联立,并把 m_n 换成 m_0,得线性方程组

$$\begin{pmatrix} 2 & \mu_0 & & & \lambda_0 \\ \lambda_1 & 2 & \mu_1 & & \\ & \ddots & \ddots & \ddots & \\ & & \lambda_{n-2} & 2 & \mu_{n-2} \\ \mu_{n-1} & & & \lambda_{n-1} & 2 \end{pmatrix}\begin{pmatrix} m_0 \\ m_1 \\ \vdots \\ m_{n-2} \\ m_{n-1} \end{pmatrix}=\begin{pmatrix} g_0 \\ g_1 \\ \vdots \\ g_{n-2} \\ g_{n-1} \end{pmatrix},$$

系数矩阵严格行对角占优,方程组存在唯一解.

用三次样条函数 $s(x)$ 逼近 $f(x)$ 是收敛的,并且也是数值稳定的,但其误差估计与收

敛定理的证明都比较复杂,下面只给出结论.

定理 4.7 设$f(x)$是$[a,b]$上二次连续可微函数,在$[a,b]$上以$a=x_0<x_1<\cdots<x_n=b$为节点的三次样条插值函数$s(x)$满足

$$|f(x)-s(x)|\leqslant\frac{M_2}{2}\max_k|x_k-x_{k-1}|,$$

其中,$M_2=\max\limits_{a\leqslant x\leqslant b}|f''(x)|$.

证明略.

应当指出,样条函数不一定必须是逐段三次多项式,也可以是逐段的简单函数,且连接点保持足够光滑,但因三次多项式计算简单,且能满足一般实际问题的要求,故三次样条函数用得最多.

例 4.8 设给定函数表如下:

x	1	2	4	5
$f(x)$	1	3	4	2

边界条件$s''(x_0)=s''(x_3)=0$,求三次样条插值函数,并求$f(x)$在$x=3,4.5$处的近似值.

解 根据边界条件,取节点处的二阶导数$M_0,M_1,\cdots,M_n$为未知参数,先计算参数λ_i,μ_i,d_i如下:

$$h_1=2-1=1,h_2=4-2=2,h_3=5-4=1,$$

$$\lambda_0=0,\lambda_1=\frac{h_2}{h_1+h_2}=\frac{2}{3},\lambda_1=\frac{h_3}{h_2+h_3}=\frac{1}{3},$$

$$\mu_1=1-\lambda_1=\frac{1}{3},\mu_2=1-\lambda_2=\frac{2}{3},\mu_3=0,$$

$$d_0=0,d_1=-3,d_2=-5,d_3=0,$$

代入式(4.51)得

$$\begin{pmatrix}2&0&&\\1/3&2&2/3&\\&2/3&2&1/3\\&&0&2\end{pmatrix}\begin{pmatrix}M_0\\M_1\\M_2\\M_3\end{pmatrix}=\begin{pmatrix}0\\-3\\-5\\0\end{pmatrix},$$

解得

$$M_0=0,M_1=-\frac{3}{4},M_2=-\frac{9}{4},M_3=0.$$

再代入式(4.46)解得

$$s_1(x)=-\frac{1}{8}x^3+\frac{3}{8}x^2+\frac{7}{4}x-1,x\in[1,2],$$

$$s_2(x)=-\frac{1}{8}x^3+\frac{3}{8}x^2+\frac{7}{4}x-1,x\in[2,4],$$

$$s_3(x)=\frac{3}{8}x^3-\frac{45}{8}x^2+\frac{103}{4}x-33,x\in[4,5],$$

故

$$s(x)=\begin{cases}-\dfrac{1}{8}x^3+\dfrac{3}{8}x^2+\dfrac{7}{4}x-1, & 1\leqslant x\leqslant 2,\\ -\dfrac{1}{8}x^3+\dfrac{3}{8}x^2+\dfrac{7}{4}x-1, & 2\leqslant x\leqslant 4,\\ \dfrac{3}{8}x^3-\dfrac{45}{8}x^2+\dfrac{103}{4}x-33, & 4\leqslant x\leqslant 5.\end{cases}$$

其图形如图 4.8 所示.

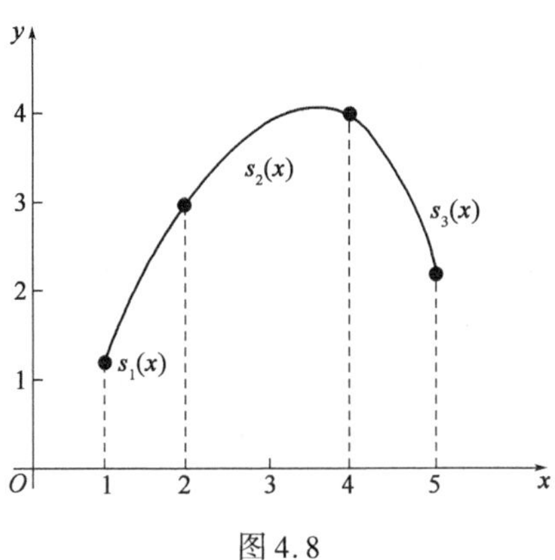

图 4.8

于是得

$$f(3)\approx s(3)=s_2(3)=\frac{17}{4}=4.25,$$

$$f(4.5)\approx s(4.5)=s_3(4.5)=3.1406.$$

用节点处的一阶导数表示系数的三次样条函数的公式(4.56)的计算步骤为:

(1)输入初值 $x_i,y_i(i=0,1,\cdots,n)$ 及端点条件 y_0'',y_n''或 y_0'.

(2)计算:

$$h_i=x_i-x_{i-1}\quad(i=1,2,\cdots,n),$$

$$\mu_0=\lambda_n=1\text{ 或 }\mu_0=\lambda_n=0,$$

$$\mu_i=\frac{h_i}{h_i+h_{i+1}},\lambda_i=1-\mu_i,$$

$$g_i=3\left[\mu_i\frac{y_{i+1}-y_i}{h_{i+1}}+\lambda_i\frac{y_i-y_{i-1}}{h_i}\right],\quad i=1,2,\cdots,n-1,$$

$$g_0=(4-\mu_0)\mu_0\left(\frac{y_1-y_0}{h_1}-\frac{h_1}{6}y_0''\right)+2(1-\mu_0)y_0',$$

$$g_n=(4-\lambda_n)\lambda_n\left(\frac{y_n-y_{n-1}}{h_n}+\frac{h_n}{6}y_n''\right)+2(1-\lambda_n)y_n'$$

(3)用追赶法解方程组(4.62)得 $m_0,m_1,\cdots,m_n$.

(4)由式(4.56)计算 $s_i(x)$.

其 N－S 图如图 4.9 所示.

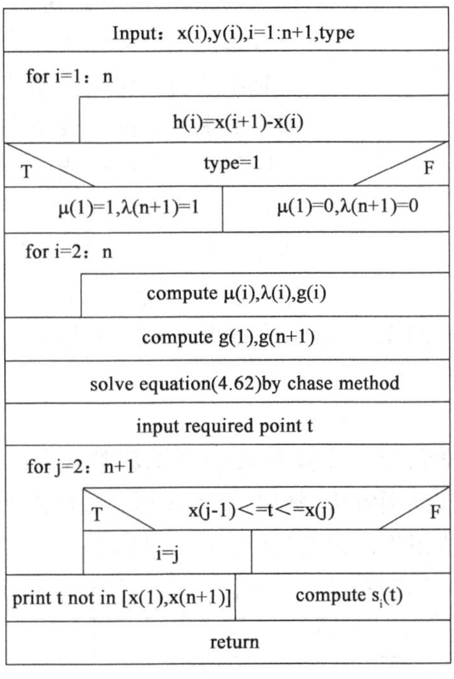

图 4.9

4.8 曲线拟合的最小二乘法

在科学实验和统计研究中，往往需要从一组测得的数据$(x_i,y_i)(i=1,2,\cdots,m)$中去求自变量$x$与因变量$y$之间的函数关系$y=f(x)$，当然，一般求得的只是$y=f(x)$的一个近似关系式.

在前几节中，解决了这样一个问题，即由给定的函数表：

x_i	x_1	x_2	x_3	$\cdots$	x_m
$y_i=f(x_i)$	y_1	y_2	y_3	$\cdots$	y_m

其中$x_i\in[a,b](i=1,2,\cdots,m)$，寻求满足条件$p(x_i)=y_i\quad(i=1,2,\cdots,m)$的$m-1$次插值多项式

$$p(x)=a_0+a_1x+\cdots+a_{m-1}x^{m-1},$$

并用$p(x)$来近似代替$f(x)$. 这种方法，虽然在一定程度上解决了由函数表求其近似表达式的问题，但是用来解决这里提出的一类问题，是有明显缺陷的.

首先，这类问题的数据(x_i,y_i)是由实验提供的，本身往往带有测试误差，如果要求所得的曲线精确无误地通过所有的点(x_i,y_i)，就会使曲线保留着一切测试误差，这是人们所不希望的.

其次，由实验提供的数据个数往往很多，如果采用多项式插值，必然得到次数较高的插值多项式. 这样不但计算麻烦，而且$p(x)$的收敛性、稳定性一般不好，逼近效果往往较差.

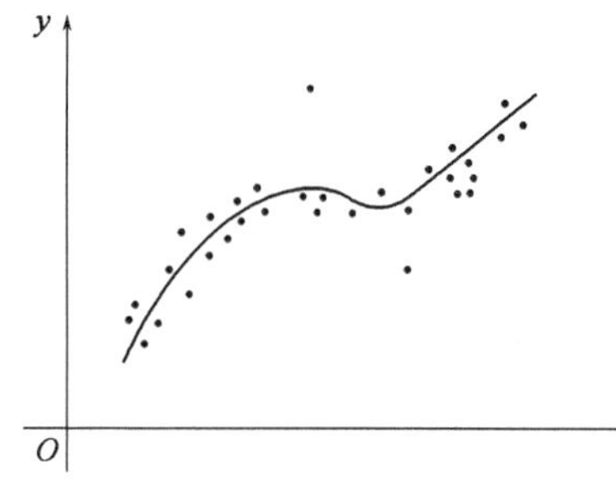

图 4.10

因此,怎样从给定的函数表出发,寻找一个简单合理的函数近似表达式来拟合给定的一组数据,正是本节要讨论的主要内容. 这里所说的"拟合",即不要求所作的曲线完全通过所有的数据点,只要求所得的近似曲线能反映数据的基本趋势. 数据拟合在实际中有广泛的应用. 它的实质是离散情况下的最小平方逼近,基本思想和处理方法也具有相似性. 其几何解释是:求一条曲线,使数据点均在离此曲线的上方或下方不远处,图 4.10 所画的曲线称为拟合曲线.

4.8.1 最小二乘原理

在实验科学、社会科学和行为科学中,实验或勘测常常会产生一大堆数据. 为了解释这些数据,研究人员可能借助图解法. 例如,一个物理实验可能产生以下数值表,据此可以作出图上的 n 个点. 假定所得出的图的样子如图 4.11 所示.

x	x_1	x_2	…	x_n
y	y_1	y_2	…	y_n

x	x_1	x_2	…	x_n
y	y_1	y_2	…	y_n

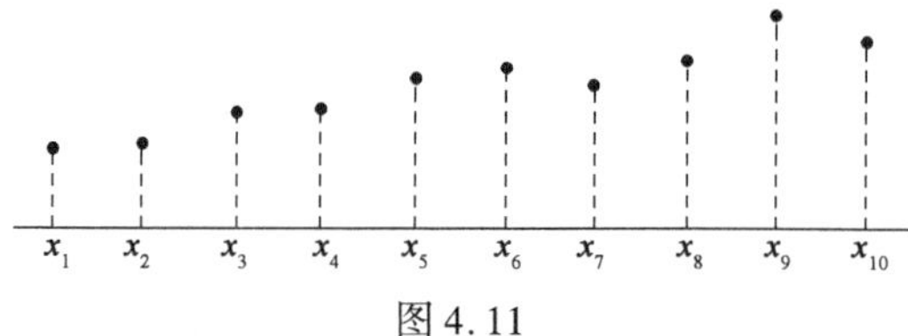

图 4.11

那么,可以提出一个合理的尝试性的结论:所形成的函数是线性的,而这些点未能精确地落在一条直线上的原因则是实验误差. 在这个假设下,或者如果在理论上有理由相信这个函数确实是线性的,继续做下去,下一步是要决定正确的函数. 假设

$$y = ax + b,$$

那么系数 a 和 b 等于什么? 如果从几何学的角度来考虑,要问:"什么直线最靠近地通过所画出的 10 个点?"

为了回答这个问题,假定对 a 和 b 的正确值已作了一个猜测. 这等价于确定一条表示这些数据的具体直线. 一般来讲,数据点将不会落在直线 $y = ax + b$ 上. 如果凑巧第 k 个数据点落在这条直线上,那么

$$a + bx_k - y_k = 0,$$

如果它不落在这条直线上,那就有一个绝对值为

$$| a + bx_k - y_k |$$

的差异或偏差. 于是全部 n 个点的总误差是

$$\sum_{k=1}^{n} | a + bx_k - y_k |,$$

这是 a 和 b 的函数. 合理的做法应是选取 a 和 b,使得这个函数取极小值. 但由于式中有绝对值记号,给进一步的分析讨论与计算都带来了不便. 然而,由于任何不等于零的实数的绝对值都是正数,因此在实际计算中,常常是使 a 和 b 的另一个函数

$$I(a,b) = \sum_{k=1}^{n} (a + bx_k - y_k)^2$$

达到极小值.

这种确定 a,b 使误差平方和达到最小的方法称为最小二乘法. 由高等数学的知识,应有

$$\frac{\partial I}{\partial a} = \frac{\partial I}{\partial b} = 0,$$

即

$$\begin{cases} -2\sum_{i=1}^{n}(y_i - a - bx_i) = 0, \\ -2\sum_{i=1}^{n}(y_i - a - bx_i)x_i = 0, \end{cases}$$

整理得

$$\begin{cases} na + b\sum_{i=1}^{n} x_i = \sum_{i=1}^{n} y_i, \\ a\sum_{i=1}^{n} x_i + b\sum_{i=1}^{n} x_i^2 = \sum_{i=1}^{n} x_i y_i. \end{cases}$$

解上述方程得

$$a = \frac{\sum_{i=1}^{n} x_i^2 \sum_{i=1}^{n} y_i - \sum_{i=1}^{n} x_i \sum_{i=1}^{n} x_i y_i}{n\sum_{i=1}^{n} x_i^2 - (\sum_{i=1}^{n} x_i)^2}, \tag{4.64}$$

$$b = \frac{n\sum_{i=1}^{n} x_i y_i - \sum_{i=1}^{n} x_i \sum_{i=1}^{n} y_i}{n\sum_{i=1}^{n} x_i^2 - (\sum_{i=1}^{n} x_i)^2}. \tag{4.65}$$

例 4.9 合成纤维抽丝工段,第一导丝盘的速度对丝的质量是很重要的参数,现发现它们与电流周波有重要关系,由生产记录得到数据见下表:

电流周波 x	49.2	50.0	49.3	49.0	49.0	49.5	49.8	49.9	50.2	50.2
第一导丝盘速度 y	16.7	17.0	16.8	16.6	16.7	16.8	16.9	17.0	17.0	17.1

试研究 y 与 x 的关系,也就是要找一个大体反映上述数据变化的近似函数 $\varphi(x)$.

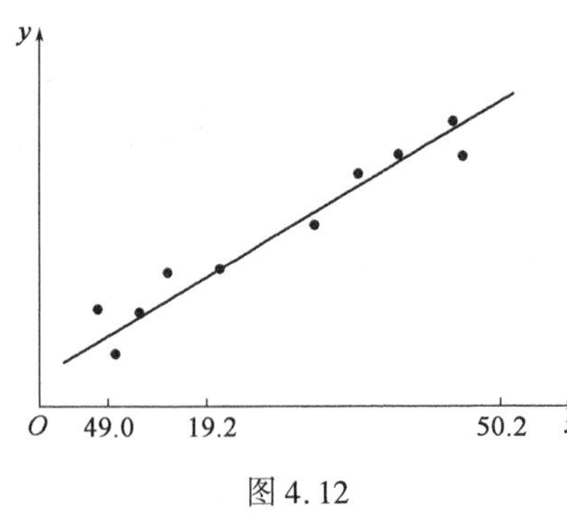

图 4.12

解 (1)首先需要确定 $\varphi(x)$ 的类型. 为此先用一坐标纸,将 x,y 的数据点 (x_i,y_i) 描于图上,如图 4.12 所示,这种图叫散点图. 从散点图上可以直观地看出两个变量之间的大致关系.

(2)从图上可以看出,数据 (x_i,y_i) 分布在一条直线的两侧附近,于是猜想 y 与 x 近似地成直线关系 $y\approx\hat{y}=a+bx=\varphi(x)$. 这一直线关系称为这一问题的数学模型.

(3)由式(4.64)和式(4.65)可求得

$$a=0.04,b=0.339.$$

(4)最后得近似关系

$$y\approx\varphi(x)=0.04+0.339x.$$

从上面的例子可以看出,对一组给定的数据用最小二乘法找出其合适的拟合曲线,可以按以下步骤进行:

(1)分析数据,将已知数据画在坐标纸上,得到一个散点图,从图上可以直观地看出数据的变化趋势.

(2)建立数学模型,根据上述分析,确定拟合函数 $\varphi(x)$ 的类型.

(3)应用最小二乘法,确定拟合函数中的未知参数.

若取 $\varphi(x)=a+bx$ 是一个线性函数,这样的拟合就称为线性拟合,从例 4.9 中可以归纳出已知 n 个数据点 $(x_i,y_i)(i=1,2,\cdots,n)$,求一个线性函数 $\varphi(x)=a+bx$ 来拟合这些数据的计算步骤为:

(1)计算下列和式:

$$\sum_{i=1}^{n}x_i,\ \sum_{i=1}^{n}x_i^2,\ \sum_{i=1}^{n}y_i,\ \sum_{i=1}^{n}x_iy_i.$$

(2)写出确定 a,b 的方程组

$$\begin{cases}na+b\sum_{i=1}^{n}x_i=\sum_{i=1}^{n}y_i,\\ a\sum_{i=1}^{n}x_i+b\sum_{i=1}^{n}x_i^2=\sum_{i=1}^{n}x_iy_i.\end{cases}$$

(3)求解方程组解出 a,b,从而得到拟合函数 $\varphi(x)$.

最小二乘法还可以用来求解矛盾方程组.

设有如下方程组

$$\sum_{j=1}^{n}a_{ij}x_j=b_i\quad(i=1,2,\cdots,n),$$

其中 $n>m$,即方程的个数大于未知数的个数. 一般情形下,上述方程组往往无解,这样的方程组就称为矛盾方程组. 现在来求 $x_1,x_2,\cdots,x_m$ 使方程组的两端近似相等. 令

$$Q(x_1,x_2,\cdots,x_m)=\sum_{i=1}^{n}\left[\left(\sum_{j=1}^{m}a_{ij}x_j\right)-b_i\right]^2,$$

选 $x_1, x_2, \cdots, x_m$，使 $Q(x_1, x_2, \cdots, x_m)$ 达极小. 令

$$\frac{\partial Q}{\partial x_k} = 2\sum_{i=1}^{n}\left[\left(\sum_{j=1}^{m} a_{ij}x_j\right) - b_i\right]a_{ik} = 0 \quad (k = 1,2,\cdots,m),$$

整理得

$$\sum_{j=1}^{m}\left(\sum_{i=1}^{n} a_{ij}a_{ik}\right)x_j = \sum_{i=1}^{n} a_{ik}b_i \quad (k = 1,2,\cdots,m),$$

若令

$$\boldsymbol{A} = \begin{pmatrix} a_{11} & a_{12} & \cdots & a_{1m} \\ a_{21} & a_{22} & \cdots & a_{2m} \\ \vdots & \vdots & & \vdots \\ a_{n1} & a_{n2} & \cdots & a_{nm} \end{pmatrix}, \boldsymbol{b} = \begin{pmatrix} b_1 \\ b_2 \\ \vdots \\ b_n \end{pmatrix}, \boldsymbol{x} = \begin{pmatrix} x_1 \\ x_2 \\ \vdots \\ x_m \end{pmatrix},$$

则上式可以写成矩阵形式为

$$\boldsymbol{A}^{\mathrm{T}}\boldsymbol{A}\boldsymbol{x} = \boldsymbol{A}^{\mathrm{T}}\boldsymbol{b}.$$

称上式为原矛盾方程组的正规方程组. 若 $\boldsymbol{A}^{\mathrm{T}}\boldsymbol{A}$ 可逆，则正规方程组有唯一解 $\boldsymbol{x}$，这个解 $\boldsymbol{x}$ 就称为矛盾方程组的最小二乘解.

例 4.10　求下列矛盾方程组的最小二乘解：

$$\begin{cases} 2x + 3y = 5, \\ x + y = 2, \\ 2x + y = 4. \end{cases}$$

解　令 $\boldsymbol{A} = \begin{pmatrix} 2 & 3 \\ 1 & 1 \\ 2 & 1 \end{pmatrix}, \boldsymbol{b} = \begin{pmatrix} 5 \\ 2 \\ 4 \end{pmatrix}, \boldsymbol{u} = \begin{pmatrix} x \\ y \end{pmatrix}$，上式方程组可写为

$$\boldsymbol{A}\boldsymbol{u} = \boldsymbol{b},$$

$$\boldsymbol{A}^{\mathrm{T}}\boldsymbol{A} = \begin{pmatrix} 2 & 1 & 2 \\ 3 & 1 & 1 \end{pmatrix}\begin{pmatrix} 2 & 3 \\ 1 & 1 \\ 2 & 1 \end{pmatrix} = \begin{pmatrix} 9 & 9 \\ 9 & 11 \end{pmatrix}, \boldsymbol{A}^{\mathrm{T}}\boldsymbol{b} = \begin{pmatrix} 2 & 1 & 2 \\ 3 & 1 & 1 \end{pmatrix}\begin{pmatrix} 5 \\ 2 \\ 4 \end{pmatrix} = \begin{pmatrix} 20 \\ 21 \end{pmatrix}.$$

故得到相应的正规方程组

$$\begin{pmatrix} 9 & 9 \\ 9 & 11 \end{pmatrix}\begin{pmatrix} x \\ y \end{pmatrix} = \begin{pmatrix} 20 \\ 21 \end{pmatrix},$$

解上面方程组，就得到最小二乘解

$$\boldsymbol{u} = \begin{pmatrix} x \\ y \end{pmatrix} = \begin{pmatrix} 31/18 \\ 1/2 \end{pmatrix}.$$

4.8.2　可化为线性拟合的情形

从上面可以看出，线性拟合非常简单，未知参数可以通过式(4.64)和式(4.65)计算出来. 但是在许多实际问题中，变量之间的内在关系并不像前面所说的那样简单，呈线性关系，而是呈较复杂的非线性关系，这时若直接用最小二乘法来确定未知参数将产生一个非线性方程组，不易求解. 对许多非线性关系的情形，往往可以通过变量替换，把非线性问题化为线性问题，这时就可以应用线性拟合的方法进行求解.

当然,要找到更符合实际情况的拟合函数类型,一方面要根据专业知识和经验来确定经验曲线的近似公式,另一方面要根据$(x_i,f(x_i))$画出的散点图分布形状及特点来选择适当的拟合曲线(函数)的类型.下面给出几种函数及相应的图形,这些函数均可通过变换化为线性函数.

1. 双曲线$\frac{1}{y}=a+\frac{b}{x}(a>0)$(图4.13)

曲线的渐近线为$x=-b/a,y=1/a$.若令$y'=1/y,x'=1/x$,则$y'=a+bx'$是一个线性函数.

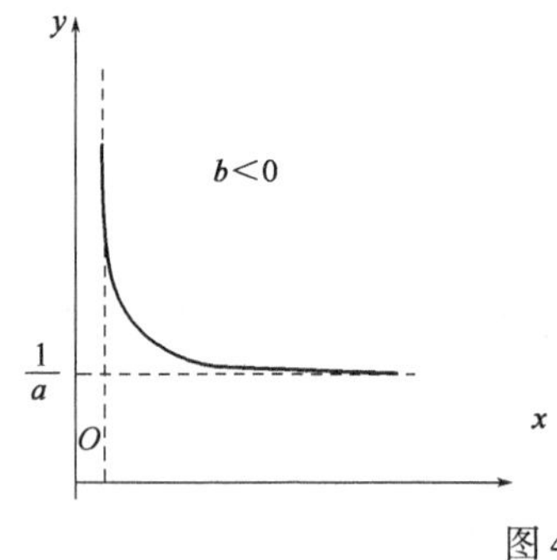

图4.13

2. 指数函数$y=ae^{bx}(a>0)$(图4.14)

曲线的渐近线为$y=0$.作变换$y'=\ln y,a'=\ln a,x'=x$,则有

$$y'=a'+bx'.$$

3. 指数函数$y=ae^{b/x}(x>0,a>0)$(图4.15)

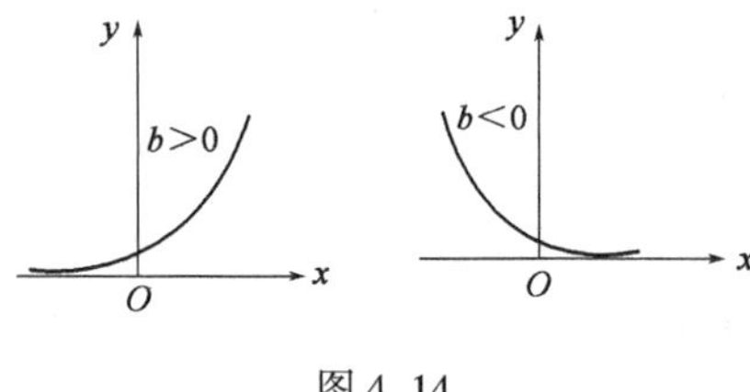

图4.14

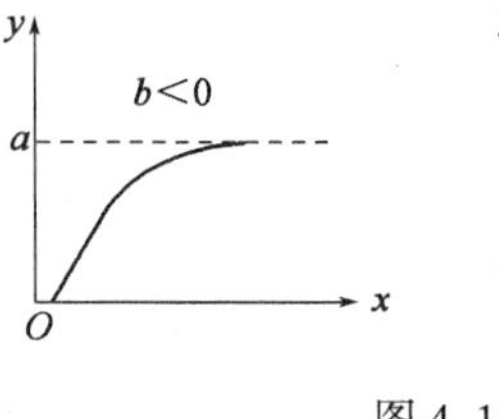

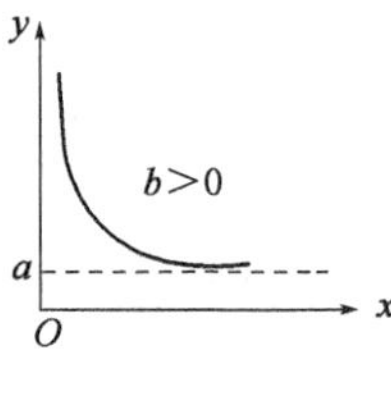

图4.15

当$b>0$时,曲线的渐近线为$x=0,y=a$;当$b<0$时曲线的渐近线为$y=a$.两边取对数得

$$\ln y=\ln a+b/x,$$

令$y'=\ln y,a'=\ln a,x'=1/x$,则有

$$y'=a'+bx'.$$

4. 对数函数$y=a+b\lg x$(图4.16)

曲线的渐近线为$x=0$.此时可以作变换$x'=\lg x,y'=y$,则

$$y'=a+bx'.$$

5. 幂函数 $y=ax^b(a>0)$(图 4.17)

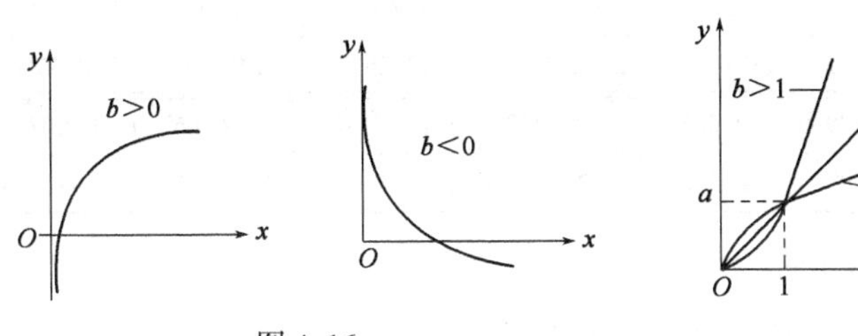

图 4.16

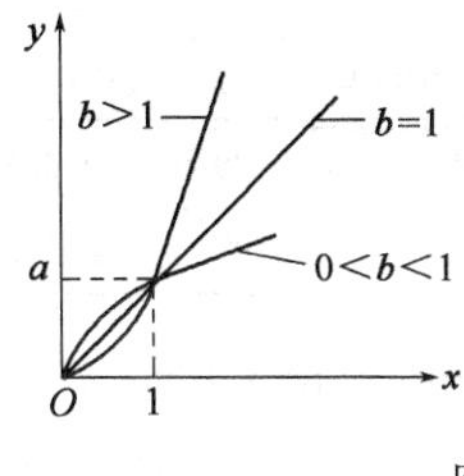

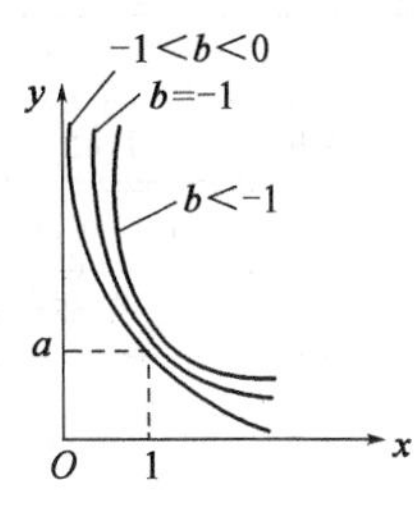

图 4.17

当 $b<0$ 时，曲线的渐近线为 $x=0, y=0$. 作变 $x'=\ln x, y'=\ln y, a'=\ln a$，则

$$y' = a' + bx'.$$

6. S 曲线 $y=\dfrac{1}{a+be^{-x}}(a>0)$(图 4.18)

曲线的渐近线为 $y=0, y=1/a$. 作变换 $x'=e^{-x}$，$y'=1/y$，则

$$y' = a + bx'.$$

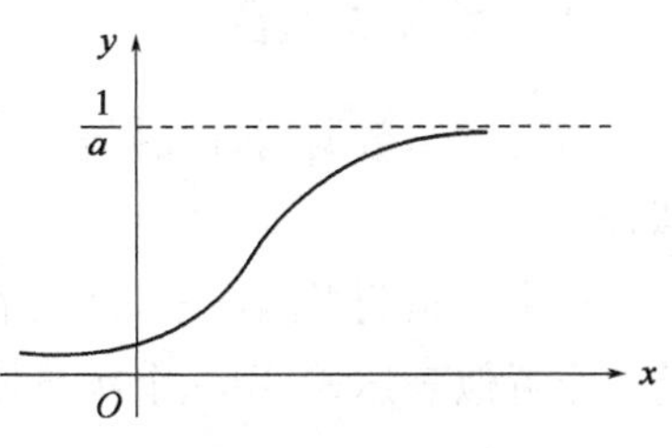

图 4.18

由上可见，若 x, y 之间的关系具有如下形式：

$$f(y) = a + bg(x),$$

其中 $f(x), g(x)$ 是一元函数，则令 $y'=f(y), x'=g(x)$，就可以把上述非线性关系转化为线性关系 $y'=a+bx'$，这样就把原来的非线性拟合问题转化为线性拟合问题：已知 $(x_i', y_i')=(g(x_i), f(y_i))(i=1,2,\cdots,n)$，求一线性函数 $y'=a+bx'$来拟合这些数据 $(x'_i, y'_i)(i=1,2,\cdots,n)$，利用式(4.64)和式(4.65)可以求出参数 a, b，从而得到所需的拟合函数 $f(y)=a+bg(x)$.

例 4.11 出钢时所用装钢水的钢包，由于钢水对耐火材料的侵蚀，容积不断增大，找出使用次数与增大的容积之间的关系，实验数据见下表：

使用次数 x_i	2	3	4	5	6	7	8	9	10	11	12	13	14	15	16
增大容积 y_i	6.42	8.20	9.58	9.50	9.70	10.0	9.93	9.99	10.49	10.59	10.60	10.80	10.60	10.90	10.76

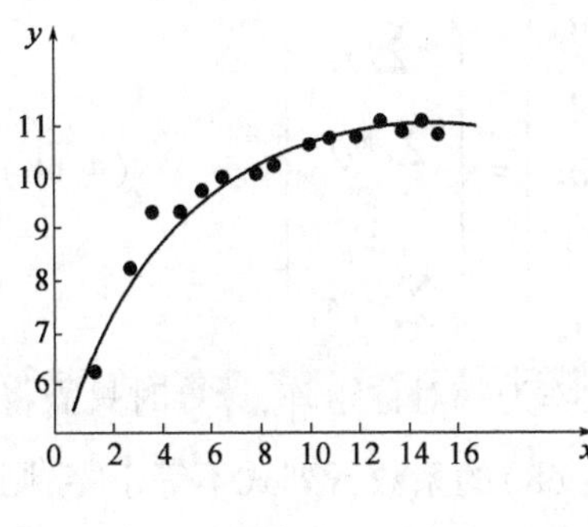

图 4.19

解 (1)将实验数据标在坐标纸上，如图 4.19 所示，可以看到，开始时侵蚀速度快，然后逐渐减弱. 显然钢包容积不会无穷增加，于是可以想象它有一条平行于 x 轴的渐近线，根据这些特点选取指数函数作为拟合曲线.

(2)设 $y=ae^{b/x}$，两边取对数得：$\ln y=\ln a+b/x$，令 $y'=\ln y, x'=1/x, a'=\ln a$，则

$$y' = a' + bx'.$$

根据 (x_i, y_i) 及变换公式，可以得到 (x_i', y_i') 的数据见

下表：

$x_i' = 1/x_i$	0.5	0.333333	0.250000	0.200000	0.16667	0.142857	0.125000
$y_i' = \ln y_i$	1.859418	2.104134	2.259678	2.251292	2.272126	2.302585	2.295560

x_i'	0.111111	0.100000	0.090909	0.083333	0.076923	0.071429	0.066667	0.0625
y_i'	2.301585	2.350422	2.359910	2.360854	2.379546	2.360854	2.388763	2.375836

(3)利用式(4.64)和式(4.65)可算出

$$a' = 2.4587, b = -1.1107,$$

从而得

$$a = e^{a'} = 11.6789.$$

(4)最后得到拟合曲线

$$y = 11.6789e^{-\frac{1.1107}{x}}.$$

4.8.3 多项式拟合

有时所给数据用直线拟合并不合适,也不能用上述方法进行拟合,可考虑用多项式拟合.

设由实验测得函数 $y=f(x)$ 在 n 个点 $x_1, x_2, \cdots, x_n$ 的值为 $y_1, y_2, \cdots, y_n$,要求这个函数的一个近似表达式.用一个次数低于 $n-1$ 的多项式 $\varphi_m(x)$ 来拟合它,设

$$\varphi_m(x) = a_0 + a_1 x + a_2 x^2 + \cdots + a_m x^m \quad (m < n-1), \tag{4.66}$$

用最小二乘法来确定系数 $a_0, a_1, \cdots, a_m$,令

$$Q(a_0, a_1, \ldots, a_m) = \sum_{i=1}^{n} [\varphi_m(x_i) - y_i]^2 = \sum_{i=1}^{n} (a_0 + a_1 x_i + a_2 x_i^2 + \cdots + a_m x_i^m - y_i)^2,$$

选 $a_0, a_1, \cdots, a_m$,使 $Q(a_0, a_1, \cdots, a_m)$ 达到极小,将 Q 对 a_k 求偏导数,并令其等于零,有

$$\frac{\partial Q}{\partial a_k} = 2\sum_{i=1}^{n}\left(\sum_{j=0}^{m} a_j x_i^j - y_i\right)x_i^k = 0 \quad (k = 0,1,\cdots,m),$$

$$\sum_{j=0}^{m} a_j \sum_{i=1}^{n} x_i^{j+k} = \sum_{i=1}^{n}(y_i x_i^k) \quad (k = 0,1,\cdots,m), \tag{4.67}$$

写成矩阵形式为

$$\begin{pmatrix} n & \sum x_i & \sum x_i^2 & \cdots & \sum x_i^m \\ \sum x_i & \sum x_i^2 & \sum x_i^3 & \cdots & \sum x_i^{m+1} \\ \vdots & \vdots & \vdots & & \vdots \\ \sum x_i^m & \sum x_i^{m+1} & \sum x_i^{m+2} & \cdots & \sum x_i^{2m} \end{pmatrix} \begin{pmatrix} a_0 \\ a_1 \\ a_2 \\ \vdots \\ a_m \end{pmatrix} = \begin{pmatrix} \sum y_i \\ \sum x_i y_i \\ \vdots \\ \sum x_i^m y_i \end{pmatrix}. \tag{4.68}$$

上述方程组就称为多项式拟合的正规方程组,其系数阵为一对称矩阵,计算时只需将下列一些和式求出即可：$\sum x_i, \sum x_i^2, \cdots, \sum x_i^{2m}$. 若式(4.68)的系数行列式不等于零,则由式(4.68)可以唯一地确定系数 $a_0, a_1, \cdots, a_m$. 现在来证明下面定理.

定理 4.8 线性代数方程组(4.68)的系数行列式不等于零.

证明 用反证法,设式(4.68)的系数行列式等于零,则对应于式(4.68)的齐次方程组

$$\sum_{j=0}^{m} a_j \sum_{i=1}^{n} x_i^{k+j} = 0 \quad (k = 0,1,\cdots,m) \tag{4.69}$$

就有非零解 $a_0, a_1, \cdots, a_m$. 将上述方程组中第 k 个方程乘以 a_k 然后对 k 求和,得到

$$\sum_{k=0}^{m} a_k \left(\sum_{j=0}^{m} a_j \sum_{i=1}^{n} x_i^{k+j} \right) = 0.$$

但是

$$\sum_{k=0}^{m} a_k \left(\sum_{j=0}^{m} a_j \sum_{i=1}^{n} x_i^{k+j} \right) = \sum_{i=1}^{n} \sum_{j=0}^{m} \sum_{k=0}^{m} a_k a_j x_i^{k+j} = \sum_{i=1}^{n} \left[\left(\sum_{j=0}^{m} a_j x_i^j \right) \left(\sum_{k=0}^{m} a_k x_i^k \right) \right] = \sum_{i=1}^{n} \left(\sum_{j=0}^{m} a_j x_i^j \right)^2,$$

从而

$$\sum_{i=1}^{n} \left(\sum_{j=0}^{m} a_j x_i^j \right)^2 = 0,$$

故

$$\sum_{j=0}^{m} a_j x_i^j = 0 \quad (i = 1,2,\cdots,n).$$

这说明拟合多项式 $\varphi_m(x) = \sum_{j=0}^{m} a_j x^j$ 有 n 个零点 $x_i (i=1,2,\cdots,n)$,由于 $n > m+1$,根据代数学基本定理,有 $a_j = 0 (j=0,1,\cdots,m)$,这与 $a_0, a_1, \cdots, a_m$ 是式(4.69)的非零解矛盾,因此定理得证.

例 4.12 已知函数表如下:

x_i	1	3	4	5	6	7	8	9	10
y_i	2	7	8	10	11	11	10	9	8

试用二次多项式曲线来拟合这组数据.

解 设二次多项式为 $\varphi(x) = a_0 + a_1 x + a_2 x^2$,为了得到正规方程组,必须先算出以下各和:

$$\sum x_i, \sum y_i, \sum x_i y_i, \sum x_i^2, \sum x_i^2 y_i, \sum x_i^3, \sum x_i^4.$$

列表计算如下:

i	x_i	y_i	$x_i y_i$	x_i^2	$x_i^2 y_i$	x_i^3	x_i^4
1	1	2	2	1	2	1	1
2	3	7	21	9	63	27	81
3	4	8	32	16	128	64	256
4	5	10	50	25	250	125	625
5	6	11	66	36	396	216	1296
6	7	11	77	49	539	343	2401

续表

i	x_i	y_i	x_iy_i	x_i^2	$x_i^2y_i$	x_i^3	x_i^4
7	8	10	80	64	640	512	4096
8	9	9	81	81	729	729	6561
9	10	8	80	100	800	1000	10000
$\sum_{i=1}^{9}$	53	76	489	381	3547	3017	25317

由上表得到正规方程组为

$$\begin{pmatrix} 9 & 53 & 381 \\ 53 & 381 & 3017 \\ 381 & 3017 & 25317 \end{pmatrix}\begin{pmatrix} a_0 \\ a_1 \\ a_2 \end{pmatrix} = \begin{pmatrix} 76 \\ 489 \\ 3547 \end{pmatrix},$$

求解得

$$a_0 = -1.4597, a_1 = 3.6053, a_2 = -0.2676,$$

故

$$\varphi(x) = -1.4597 + 3.6053x - 0.2676x^2.$$

图 4.20 绘出二次多项式曲线和给出的数据.

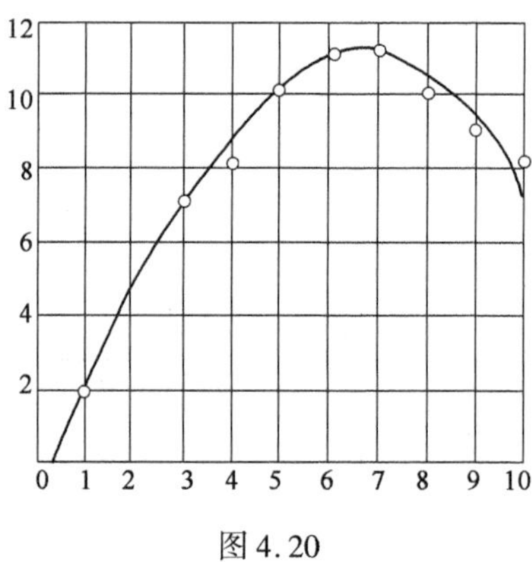

图 4.20

多项式拟合的计算步骤为:

(1)确定拟合多项式的次数 m.

(2)计算下列和式:

$$\sum_{i=1}^{n} x_i^k \quad (k = 0,1,\cdots,2m),$$

$$b_k = \sum_{i=1}^{n} x_i^k y_i \quad (k = 0,1,\cdots,m).$$

(3)用高斯消去法解正规方程组

$$\boldsymbol{Aa} = \boldsymbol{b},$$

其中

$$A = \left(\sum_{i=1}^{n} x_i^{k+j}\right)_{k,j=0}^{m}, \boldsymbol{b} = (b_0, b_1, \cdots, b_m)^{\mathrm{T}},$$

求得 $a_0, a_1, \cdots, a_m$.

(4)最后得到拟合多项式 $\varphi(x) = a_0 + a_1 x + a_2 x^2 + \cdots + a_m x^m$，其 N－S 图如图 4.21 所示.

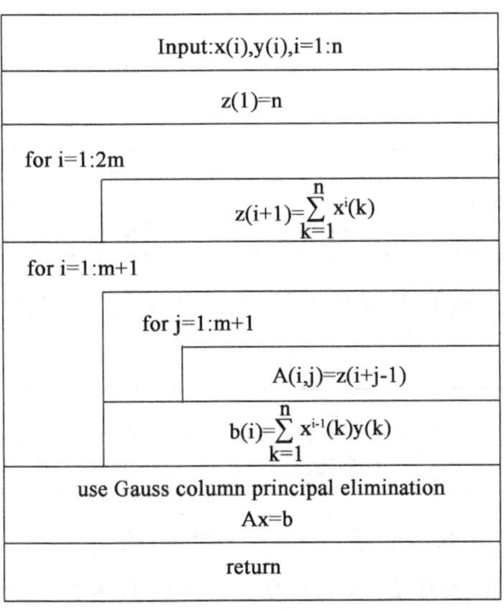

图 4.21

习题四

4.1 $y=\sqrt{x}$ 在 $x=100,121,144$ 三处的值是容易求得的，试以这三点建立 $y=\sqrt{x}$ 的拉格朗日插值公式和牛顿插值公式，并近似求 $\sqrt{115}$ 的值，且给出误差估计.

4.2 若 x_i 为互异节点 $(j=0,1,\cdots,n)$，

$$l_j(x) = \frac{(x-x_0)\cdots(x-x_{j-1})(x-x_{j+1})\cdots(x-x_n)}{(x_j-x_0)\cdots(x_j-x_{j-1})(x_j-x_{j+1})\cdots(x_j-x_n)},$$

证明：

$$\sum_{j=0}^{n} x_j^k l_j(x) = x^k \quad (k = 0,1,\cdots,n),$$

$$\sum_{j=0}^{n} (x_j - x)^k l_j(x) = 0 \quad (k = 1,2,\cdots,n).$$

4.3 已知函数表：

x	1.1275	1.1503	1.1735	1.1972
$y=f(x)$	0.1191	0.13954	0.15932	0.17903

应用拉格朗日插值多项式计算 $f(1.1300)$ 的近似值.

4.4　证明 n 次均差有下列性质:

(1)若 $F(x)=Cf(x)$,则 $f[x_0,x_1,\cdots,x_n]=Cf[x_0,x_1,\cdots,x_n]$;

(2)若 $F(x)=f(x)+g(x)$,则

$$F[x_0,x_1,\cdots,x_n]=f[x_0,x_1,\cdots,x_n]+g[x_0,x_1,\cdots,x_n].$$

4.5　证明 n 阶多项式的 n 阶差商为常数.

4.6　若 $f(x)=x^7+x^3+1$,求:$f[2^0,2^1,2^2,\cdots,2^7]$ 和 $f[2^0,2^1,2^2,\cdots,2^8]$.

4.7　若 $f(x)=(x-x_0)(x-x_1)\cdots(x-x_n)$,$x_i$ 互异,求 $f[x_0,x_1,\cdots,x_k](k\leqslant n)$.

4.8　已知函数表:

x	1.615	1.634	1.702	1.828	1.921
$y=f(x)$	2.41450	2.46459	2.65271	3.03035	3.34066

构造出差商表,并利用牛顿插值多项式计算 $f(x)$ 在 $x=1.682,1.813$ 处的值.

4.9　给定函数表:

x	1.00	1.05	1.10	1.15	1.20
$y=f(x)$	1.00	1.257625	1.531000	1.820875	2.12800

试利用牛顿向前插值公式计算 $f(x)$ 在 $x=1.03$ 处的值.

4.10　已知 $f(0.1)=2$,$f(0.2)=4$,$f(0.3)=6$,求函数 $f(x)$ 在所给节点上的三次样条插值函数 $f(x)$,使其满足边界条件:

(1)$s'(0.1)=1,s'(0.3)=-1$;

(2)$s''(0.1)=0,s''(0.3)=1$.

4.11　给定插值条件:

x	0	1	2	3
y	0	0	0	0

端点条件:(1)$m_0=1,m_3=0$;(2)$M_0=1,M_3=0$.

试分别求出满足上述条件的三次样条插值函数的表达式.

4.12　设有某实验数据如下:

x	1.36	1.49	1.73	1.81	1.95	2.16	2.28	2.48
y	14.094	15.069	16.844	17.378	18.435	19.949	20.963	22.495

试用最小二乘法分别求一次及二次多项式曲线拟合以上数据.

4.13　用最小二乘法求一个形如 $y=a+bx^2$ 的经验公式,使其与下列数据相拟合.

x	19	25	31	38	44
y	19.0	32.3	49.0	73.3	97.8

4.14　求一个形如 $y=ae^{bx}$(a,b 为常数)的经验公式,使它能与下表给出的数据相

拟合.

x	1	2	3	4	5	6	7	8
y	15.3	20.5	27.4	36.6	49.1	65.6	87.8	117.6

4.15 求下列矛盾方程组的最小二乘解：

$$\begin{cases}2x+4y=11,\\3x-5y=3,\\x+2y=6,\\4x+2y=14.\end{cases}$$

4.16 证明对任意实数 $\lambda\neq0$ 及任意正整数 r 和 s，多项式

$$q(x)=\lambda(x-x_0)^r(x-x_1)^s+\left(\frac{x-x_1}{x_0-x_1}\right)f(x_0)+\left(\frac{x-x_0}{x_1-x_0}\right)f(x_1)$$

的次数是 $r+s$ 次，且过点 $(x_0,f(x_0))$ 及 $(x_1,f(x_1))$.

4.17 给定数据表：

x	0.1	0.2	0.3	0.4	0.5
y	0.7001	0.4016	0.1081	-0.1744	-0.4375

试利用此数据表求出 $y(x)=0$ 在[0.3,0.4]中的根(以4位小数计算).

4.18 设对函数 $f(x)$ 在长为 h 的等距点上造表，且整个表中，$|f''(x)|\leq M$. 证明当在表中的任意两个相邻表列值间用线性插值时，误差的模不超过$\frac{1}{8}Mh^2$. 设 $f(x)=\sin x$，问 h 应取多大才能保证线性插值的误差不大于$\frac{1}{2}\times10^{-6}$？

4.19 已知下表与 x 的一个三次多项式的值相匹配，试用均差法构造此多项式.

x	-3	-1	0	2	3
y	-9	5	3	11	33

4.20 给定数据表：

x	-2	-1	0	1	2
y	-0.1	0.1	0.4	0.9	1.6

试分别用二次多项式和三次多项式以最小二乘法拟合这些数据，并比较优劣.

复习题四

4.1 插值与数据拟合的异同点？

4.2 已知 ln100，ln101，ln102 的值，试问用拉格朗日公式计算 ln100.5 时，有可能达到的精度是多少？

4.3 设 $f(x)=4x^4+4x^3-2x^2+3x+2$，取 $x_1=0,x_2=0.2,x_3=0.5,x_4=1,x_5=2,x_6=$

2.4,$x_7=4$. 在这些点上关于$f(x)$的插值多项式为$p(x)$,求$f(0.1)-p(0.1)$的值.

4.4 确定关于$n+1$个相异点$\{x_i\}$上的拉格朗日基本多项式$L_k(x)(k<n)$是一个几次多项式.

4.5 设$f(x)=(x-x_0)(x-x_1)\cdots(x-x_n)$,$x_i$互异,求差商$f[x,x_0,\cdots,x_p]$,$p\leqslant n$.

4.6 设$f(x)=4x^2+2x^4+3x^2+1$和节点$x_k=k/2(k=0,1,2,\cdots)$,求$f[x,x_0,\cdots,x_5]$.

4.7 $l_0(x),l_1(x),\cdots,l_n(x)$是以整数点$0,1,2,\cdots,n$为节点的拉格朗日插值基函数,求$\sum\limits_{k=0}^{n}kl_k(x)$及$\sum\limits_{k=0}^{n}kl_j(k)$;当$n\geqslant 2$时,$\sum\limits_{k=0}^{n}(k^2+k+3)l_k(x)$等于多少?

4.8 已知多项式$f(x)=x^4-x^3+x^2-x+1$通过下列点:

x	-2	-1	0	1	2	3
$f(x)$	31	5	1	1	11	61

试构造一多项式$g(x)$且通过下列各点:

x	-2	-1	0	1	2	3
$f(x)$	31	5	1	1	11	1

4.9 由下列数表:

x	0	0.5	1	1.5	2	2.5
$f(x)$	-2	-1.75	-1	0.25	2	4.25

所确定的插值多项式的次数是几次?

4.10 确定参数a,b,c,d,e,f,g和h,使得$s(x)$是自然三次样条函数,其中

$$s(x)=\begin{cases}ax^3+bx^2+cx+d, x\in[-1,0],\\ ex^3+fx^2+gx+h, x\in[0,1],\end{cases}$$

插值条件为$s(-1)=1$,$s(0)=2$,$s(1)=1$.

4.11 已知$x=0,1,2,3$对应的函数值为$f(x)=1,3,9,27$.

(1)写出拉格朗日插值公式;

(2)作均差表,写出三次牛顿插值公式.

4.12 下面三次多项式$p_3(x)$的表中,$p_3(x)$的一个值有误差,试将其找出并校正.

x	-3	-2	-1	0	1	2	3
$p_3(x)$	-28	-9	-2	-1	1	7	26

4.13 已知单调连续函数$y=f(x)$的数据如下:

x	-0.11	0.00	1.50	1.80
$f(x)$	-1.23	-0.10	1.17	1.58

求若用插值法计算,x约为多少时$f(x)=1$(小数点后保留五位)?

上机实践题四

4.1 给定 $\sin 11° = 0.190809$, $\sin 12° = 0.207912$, $\sin 13° = 0.224951$,构造牛顿插值函数计算 $\sin 11°30'$.

4.2 已知一组数据如下,求它的线性拟合曲线.

x_i	1	2	3	4	5
y_i	4	4.5	6	8	8.5

4.3 给定数据表如下:

x_i	0.25	0.30	0.39	0.45	0.53
x_i	0.5000	0.5477	0.6245	0.6708	0.7280

试求三次样条插值,并满足条件:

(1) $s'(0.25) = 1.000$, $s'(0.25) = 0.6868$;

(2) $s''(0.25) = s''(0.53) = 0$.

第5章 数值积分与微分

5.1 引言

5.1.1 数值积分的必要性

对于一个区间$[a,b]$上的连续函数$f(x)$,若能求出它的一个原函数$F(x)$ $[F'(x)=f(x)]$,则函数$f(x)$沿区间$[a,b]$上的定积分,就可直接利用积分学基本定理——牛顿—莱布尼兹公式

$$\int_a^b f(x)\,\mathrm{d}x = F(b) - F(a)$$

计算.但在处理实际问题中往往用处不大,一般说来,在应用中常会遇到下述三种情况:

(1)从定积分的存在定理看,任何一个可积函数都有原函数存在.有些被积函数尽管形式简单,但它的原函数的解析式不能通过初等函数的有限形式表示出,如$\int_0^1 \frac{\sin x}{x}\mathrm{d}x$,$\int_0^1 \mathrm{e}^{-x^2}\mathrm{d}x$等,也就无法用牛顿—莱布尼兹公式计算其积分.

(2)有些被积函数的原函数虽能通过初等函数的有限形式表示,但由于结构复杂,如$x^2\sqrt{(2x^2+3)^3}$的原函数为

$$\frac{x^3}{6}\sqrt{(2x^2+3)^3}+\frac{3x}{16}\sqrt{(2x^2+3x)^3}-\frac{9x}{32}\sqrt{2x^2+3}-\frac{27}{32\sqrt{2}}\ln(\sqrt{2x}+\sqrt{2x^2+3}),$$

与其用牛顿—莱布尼兹公式精确求值,还不如用近似的数值方法来求值更好一些.

(3)有时被积函数是由实验所得到的一个数据表或一条曲线,根本没有解析表达式,这就没有应用牛顿—莱布尼兹公式的可能.

对于上述情况,都要求建立定积分的近似计算方法,因此有必要研究定积分的数值计算问题.本章介绍的数值积分就是一种解决近似计算积分的办法.

5.1.2 数值求积公式的一般形式

函数$f(x)$在区间$[a,b]$上的定积分

$$I(f)=\int_a^b f(x)\,\mathrm{d}x$$

的几何意义为曲线$y=f(x)$与x轴之间以直线$x=a$和$x=b$为界的曲边梯形的代数面积.为了计算积分的近似值,用分点$a=x_0<x_1<\cdots<x_n=b$把区间$[a,b]$分为n份,相应地曲边梯形被分为n个小曲边梯形,如果在计算第k个小曲边梯形的面积时,用矩形面积$(x_{k+1}-x_k)f(x_k)$近似代替,则有

$$I(f)\approx\sum_{k=0}^{n-1}(x_{k+1}-x_k)f(x_k).$$

如果第k个小曲边梯形的面积用直边梯形面积$\frac{1}{2}(x_{k+1}-x_k)\cdot[f(x_k)+f(x_{k+1})]$近似代替,则有

$$\begin{aligned}I(f)&\approx\sum_{k=0}^{n-1}\frac{1}{2}(x_{k+1}-x_k)[f(x_k)+f(x_{k+1})]\\&=\frac{x_1-x_0}{2}f(x_0)+\sum_{k=1}^{n-1}\frac{x_{k+1}-x_{k-1}}{2}f(x_k)+\frac{x_n-x_{n-1}}{2}f(x_n).\end{aligned}$$

还可用其他方法得出$I(f)$的近似计算公式.这些计算定积分近似值的公式都有共同的形式,即都用$f(x_0),f(x_1),\cdots,f(x_n)$的某种线性组合作为$I(f)$的近似值.

数值求积公式的一般形式为

$$I(f)\approx\sum_{k=0}^{n}A_kf(x_k),\tag{5.1}$$

其中$x_k(k=0,1,\cdots,n)$满足

$$a\leqslant x_0<x_1<\cdots<x_n\leqslant b,$$

称为求积节点,$A_k(k=0,1,\cdots,n)$称为求积系数,它只与求积节点的选取有关,而与被积函数$f(x)$无关,称

$$R(f)=\int_a^b f(x)\,\mathrm{d}x-\sum_{k=0}^{n}A_kf(x_k)\tag{5.2}$$

为求积公式(5.1)的截断误差或余项.

5.1.3 求积公式的代数精度

求积公式(5.1)作为定积分$I(f)$的近似,其准确程度与$f(x)$有关,自然希望它对尽可能多的被积函数$f(x)$是精确的,为此引入代数精度的概念.

定义5.1 如果求积公式(5.1)对一切不高于m次的多项式都成为等式,而对于某个$m+1$次多项式不能精确成立,则称这个求积公式具有m次代数精度.

显然,求积公式的代数精度越高,它就越能使更多的被积函数$f(x)$相对应的余项$R[f]$"很小",从而具有更好的实际计算意义.

一般而言,按上述定义来直接判断求积公式的代数精度比较麻烦.而由多项式和定积

分的性质有以下结论.

定理 5.1 求积公式(5.1)具有 m 次代数精度的充要条件是当 $f(x)$ 为 $1,x,x^2,\cdots,x^m$ 时求积公式(5.1)成为等式,而当 $f(x)$ 为 x^{m+1} 时求积公式不能成为等式.

例 5.1 确定下列求积公式的待定系数,使其代数精度尽量高,并指明所构造出的求积公式具有的代数精度:

$$\int_{-2h}^{2h} f(x)\,\mathrm{d}x \approx A_{-1}f(-h) + A_0 f(0) + A_1 f(h).$$

解 对于这类问题,一般是先求出待定系数,然后再验证构造出的求积公式的代数精度. 所以,求解过程分为两步:第一步确定待定系数;第二步验证代数精度.

令 $f(x)=1,x,x^2$ 使求积公式两边准确成立,则有

$$\begin{cases}\displaystyle\int_{-2h}^{2h} 1\,\mathrm{d}x = A_{-1} + A_0 + A_1,\\ \displaystyle\int_{-2h}^{2h} x\,\mathrm{d}x = -hA_{-1} + hA_1,\\ \displaystyle\int_{-2h}^{2h} x^2\,\mathrm{d}x = h^2A_{-1} + h^2A_1,\end{cases}$$

即

$$\begin{cases}A_{-1} + A_0 + A_1 = 4h,\\ -hA_{-1} + hA_1 = 0,\\ h^2A_{-1} + h^2A_1 = \dfrac{16}{3}h^3,\end{cases}$$

方程组的解为 $A_{-1}=A_1=\dfrac{8}{3}h, A_0=-\dfrac{4}{3}h$. 则由该系数所确定的求积公式为

$$\int_{-2h}^{2h} f(x)\,\mathrm{d}x \approx \frac{8}{3}hf(-h) - \frac{4}{3}hf(0) + \frac{8}{3}hf(h). \tag{5.3}$$

下面来验证该公式的代数精度. 令 $f(x)=x^3$,则

$$\int_{-2h}^{2h} f(x)\,\mathrm{d}x = \int_{-2h}^{2h} x^3\,\mathrm{d}x = 0,$$

$$\frac{8}{3}hf(-h) - \frac{4}{3}hf(0) + \frac{8}{3}hf(h) = \frac{8}{3}h\,(-h)^3 + \frac{8}{3}h\,(h)^3 = 0,$$

即公式左右两边相等. 令 $f(x)=x^4$,则

$$\int_{-2h}^{2h} f(x)\,\mathrm{d}x = \int_{-2h}^{2h} x^4\,\mathrm{d}x = \frac{64}{5}h^5,$$

$$\frac{8}{3}hf(-h) - \frac{4}{3}hf(0) + \frac{8}{3}hf(h) = \frac{8}{3}h\,(-h)^4 + \frac{8}{3}h\,(h)^4 = \frac{16}{5}h^5,$$

也就是说,当 $f(x)=x^4$ 时,由 A_{-1},A_0 和 A_1 三个系数所确定的求积公式不能准确成立. 至此,可以知道,求积公式(5.3)具有三次代数精度.

5.1.4 插值型求积公式

由于 $f(x)$ 的形式一般比较复杂,可以应用插值多项式来代替 $f(x)$,并用插值多项式

的积分近似代替 $\int_a^b f(x)\,\mathrm{d}x$ 的积分值.

设 $f(x)$ 在一组节点 $a \leqslant x_0 < x_1 < \cdots < x_n \leqslant b$ 上的函数值 $f(x_k)(k=0,1,\cdots,n)$ 已知,作 n 次拉格朗日插值多项式

$$L_n(x) = \sum_{k=0}^{n} l_k(x) f(x_k),$$

其中 $l_k(x)(k=0,1,\cdots,n)$ 为 n 次插值基函数,用 $L_n(x)$ 近似代替 $f(x)$,则有

$$\int_a^b f(x)\,\mathrm{d}x \approx \int_a^b L_n(x)\,\mathrm{d}x = \int_a^b \sum_{k=0}^{n} l_k(x) f(x_k)\,\mathrm{d}x = \sum_{k=0}^{n} f(x_k) \int_a^b l_k(x)\,\mathrm{d}x,$$

这样就得到一个数值求积公式

$$\int_a^b f(x)\,\mathrm{d}x \approx \sum_{k=0}^{n} A_k f(x_k), \tag{5.4}$$

其中

$$\begin{aligned} A_k &= \int_a^b l_k(x)\,\mathrm{d}x = \int_a^b \frac{(x-x_0)\cdots(x-x_{k-1})(x-x_{k+1})\cdots(x-x_n)}{(x_k-x_0)\cdots(x_k-x_{k-1})(x_k-x_{k+1})\cdots(x_k-x_n)}\mathrm{d}x \\ &= \int_a^b \frac{\omega(x)}{(x-x_k)\omega'(x_k)}\mathrm{d}x \end{aligned}$$

称上式为插值型求积公式. 该公式的特点是直接利用某些点上的函数值计算积分值,将积分求值问题归结为函数值的计算问题,从而避开了牛顿—莱布尼兹公式需要寻找原函数的困难.

由插值余项定理可知,对于插值型求积公式(5.4),其余项

$$R[f] = \int_a^b f(x)\,\mathrm{d}x - \int_a^b L_n(x)\,\mathrm{d}x = \int_a^b [f(x) - L_n(x)]\,\mathrm{d}x = \int_a^b \frac{f^{n+1}(\xi)}{(n+1)!}\omega(x)\,\mathrm{d}x, \tag{5.5}$$

式中 ξ 是变量 x 的某个函数, $\omega(x) = (x-x_0)(x-x_1)\cdots(x-x_n)$. $R[f]$ 称为插值型求积公式的余项,也称为插值型求积公式的截断误差.

由于插值余项又可写成牛顿插值公式的余项

$$f(x) - L_n(x) = f[x_0,x_1,\cdots,x_n,x]\prod_{j=0}^{n}(x-x_j),$$

所以 $R[f]$ 也可表示为

$$R[f] = \int_a^b f[x_0,x_1,\cdots,x_n,x]\prod_{j=0}^{n}(x-x_j)\,\mathrm{d}x.$$

对于插值型求积公式 $I(f) \approx \sum_{k=0}^{n} A_k f(x_k)$,当被积函数 $f(x)$ 取次数不超过 n 次多项式时, $f^{n+1}(x)=0$,所以余项 $R[f]=0$,即求积公式对一切次数不超过 n 次的多项式精确成立,所以含有 $n+1$ 个节点 $x_k(k=0,1,\cdots,n)$ 的插值型求积公式至少具有 n 次代数精度.

特别地,当 $f(x) \equiv 1$(公式 $I[f] \approx \sum_{k=0}^{n} A_k f(x_k)$ 精确成立),有

$$\sum_{k=0}^{n} A_k = b - a,$$

即求积系数之和等于积分区间长度.

反之,也容易证明如果一个求积公式

$$\int_a^b f(x)\,\mathrm{d}x \approx \sum_{k=0}^{n} A_k f(x_k)$$

的代数精度至少是 n 次,那么它必然是利用插值多项式推导出来的. 这只要证明该求积公式的求积系数可表示为

$$A_k = \int_a^b l_k(x)\,\mathrm{d}x,$$

其中 $l_k(x)$ 是插值基函数.

事实上,按代数精度的定义,若求积公式

$$\int_a^b f(x)\,\mathrm{d}x \approx \sum_{k=0}^{n} A_k f(x_k)$$

具有 n 次代数精度,则当 $f(x)$ 取为特殊的 n 次多项式 $l_k(x)$ 时也精确成立,即有

$$\int_a^b l_k(x)\,\mathrm{d}x = \sum_{j=0}^{n} A_j l_k(x_j),$$

注意到

$$l_k(x_j) = \begin{cases} 1, & k = j, \\ 0, & k \neq j, \end{cases}$$

上式右端实际上是 A_k,因而有

$$A_k = \int_a^b l_k(x)\,\mathrm{d}x$$

成立. 综上所述,得到以下定理.

定理 5.2 形如

$$\int_a^b f(x)\,\mathrm{d}x \approx \sum_{k=0}^{n} A_k f(x_k)$$

的求积公式至少有 n 次代数精度的充要条件是它是插值型求积公式.

5.2 牛顿—柯特斯求积公式

为了使求积公式的形式简单,讨论等距节点下的插值型求积公式.

5.2.1 牛顿—柯特斯(Newton - Cotes)求积公式的导出

如果求积节点是等距节点,且 $x_0 = a, x_n = b$,即

$$x_k = a + kh \quad (k = 0,1,\cdots,n),$$

其中步长 $h = \dfrac{b-a}{n}$.

为便于计算,在等距节点下,将求积公式

$$\int_a^b f(x)\,\mathrm{d}x \approx \sum_{k=0}^{n} A_k f(x_k)$$

改写成

$$\int_a^b f(x)\mathrm{d}x \approx (b-a)\sum_{k=0}^{n} C_k^{(n)} f(x_k),$$

由于

$$A_k = \int_a^b l_k(x)\mathrm{d}x,$$

则

$$C_k^{(n)} = \frac{A_k}{b-a} = \frac{1}{b-a}\int_a^b l_k(x)\mathrm{d}x = \frac{1}{b-a}\int_a^b \prod_{\substack{j=0\\ j\neq k}}^{n} \frac{(x-x_j)}{(x_k-x_j)}\mathrm{d}x,$$

作变量代换 $x=a+th$,则

$$\mathrm{d}x = h\mathrm{d}t,$$

$$x - x_k = h(t-k) \quad (k=0,1,\cdots,n),$$

$$\omega(x) = (x-x_0)(x-x_1)\cdots(x-x_n) = h^{n+1}t(t-1)(t-2)\cdots(t-n) = h^{n+1}\prod_{j=0}^{n}(t-j),$$

$$\omega'(x_k) = (x_k-x_0)\cdots(x_k-x_{k-1})(x_k-x_{k+1})\cdots(x_k-x_n) = h^n(k!)(-1)^{n-k}(n-k)!,$$

则插值型求积公式(5.4)中

$$\begin{aligned} C_k^{(n)} &= \frac{1}{b-a}\int_a^b l_k(x)\mathrm{d}x \\ &= \frac{(-1)^{n-k}}{n\cdot(k)!(n-k)!}\int_0^n t(t-1)\cdots[t-(k-1)][t-(k+1)]\cdots(t-n)\mathrm{d}t \\ &= \frac{(-1)^{n-k}}{n\cdot(k)!(n-k)!}\int_0^n \prod_{\substack{j\neq k\\ j=0}}^{n}(t-j)\mathrm{d}t \\ &= \frac{(-1)^{n-k}}{n\cdot(k)!(n-k)!}\int_0^n \prod_{\substack{j=0\\ j\neq k}}^{n}(t-j)\mathrm{d}t \quad (k=1,2,\cdots,n). \end{aligned} \tag{5.6}$$

则有

$$A_k = (b-a)C_k^{(n)}.$$

于是插值型求积公式(5.4)可写为

$$\int_a^b f(x)\mathrm{d}x \approx (b-a)\sum_{k=0}^{n} C_k^{(n)} f(x_k). \tag{5.7}$$

这种等距节点下的插值型求积公式(5.7)称为牛顿—柯特斯(Newton - Contes)公式,其中 $C_k^{(n)}$ 称为柯特斯系数.从式(5.6)可以看出,$C_k^{(n)}$ 只依赖于 n,与积分区间及被积函数无关,因此,只要给出 n 的值,就能计算出柯特斯系数,并可写出相应的牛顿—柯特斯公式.

当 $n=1$ 时,有

$$C_0^{(1)} = -\int_0^1 (t-1)\mathrm{d}t = \frac{1}{2}, C_1^{(1)} = \int_0^1 t\mathrm{d}t = \frac{1}{2}.$$

于是相应的求积公式为

$$\int_a^b f(x)\mathrm{d}x \approx \frac{b-a}{2}[f(a)+f(b)], \tag{5.8}$$

其几何意义就是用梯形 $AabB$(图 5.1)的面积$\frac{b-a}{2}[f(a)+f(b)]$近似地代替曲边梯形的面积 $\int_a^b f(x)\,\mathrm{d}x$, 因此称求积公式(5.8)为梯形求积公式,并记为

$$T=\frac{b-a}{2}[f(a)+f(b)].$$

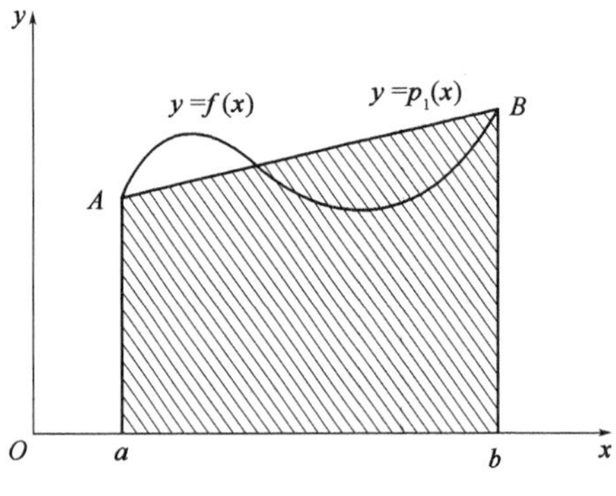

图 5.1

当 $n=2$ 时,有

$$C_0^{(2)}=\frac{1}{4}\int_0^2(t-1)(t-2)\,\mathrm{d}t=\frac{1}{6},C_1^{(2)}=-\frac{1}{2}\int_0^2 t(t-2)\,\mathrm{d}t=\frac{4}{6},$$

$$C_2^{(2)}=\frac{1}{4}\int_0^2 t(t-1)\,\mathrm{d}t=\frac{1}{6}.$$

于是相应的求积公式为

$$\int_a^b f(x)\,\mathrm{d}x\approx\frac{b-a}{6}\left[f(a)+4f\left(\frac{a+b}{2}\right)+f(b)\right],$$

即

$$S=\frac{b-a}{6}\left[f(a)+4f\left(\frac{a+b}{2}\right)+f(b)\right]. \tag{5.9}$$

该公式称为辛浦生(Simpson)公式,其几何意义如图 5.2 所示,即用抛物线 $y=L_2(x)$ 围成的曲边梯形面积近似代替 $y=f(x)$ 所围成的曲边梯形面积,因此求积公式(5.9)也称为抛物线求积公式.

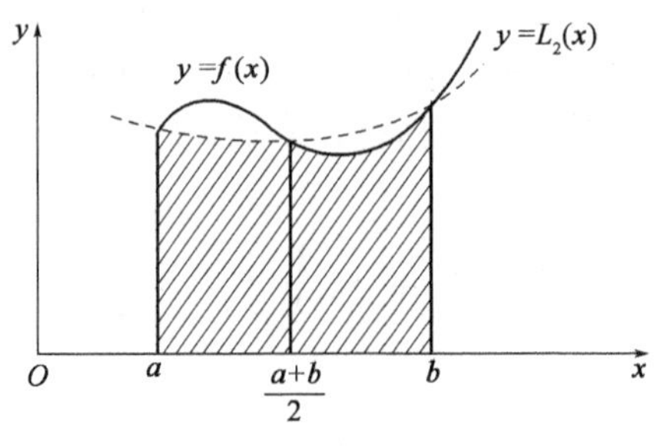

图 5.2

同理可得当 $n=3$ 时的求积公式

$$\int_a^b f(x)\,dx \approx \frac{b-a}{8}[f(x_0)+3f(x_1)+3f(x_2)+f(x_3)],$$

其中

$$x_k = a + k \times \frac{b-a}{3} \quad (k=0,1,2,3).$$

为了便于应用,把部分柯特斯系数列在表5.1中.

表5.1

n	$C_k^{(n)}$
1	$\frac{1}{2},\frac{1}{2}$
2	$\frac{1}{6},\frac{4}{6},\frac{1}{6}$
3	$\frac{1}{8},\frac{3}{8},\frac{3}{8},\frac{1}{8}$
4	$\frac{7}{90},\frac{16}{45},\frac{2}{15},\frac{16}{45},\frac{7}{90}$
5	$\frac{19}{288},\frac{25}{96},\frac{25}{144},\frac{25}{144},\frac{25}{96},\frac{19}{288}$
6	$\frac{41}{840},\frac{9}{35},\frac{9}{280},\frac{34}{105},\frac{9}{280},\frac{9}{35},\frac{41}{840}$
7	$\frac{751}{17280},\frac{3577}{17280},\frac{1323}{17280},\frac{2989}{17280},\frac{2989}{17280},\frac{1323}{17280},\frac{3577}{17280},\frac{751}{17280}$
8	$\frac{989}{28350},\frac{5888}{28350},-\frac{928}{28350},\frac{10496}{28350},-\frac{4540}{28350},\frac{10496}{28350},-\frac{928}{28350},\frac{5888}{28350},\frac{989}{28350}$

利用表5.1,可以很快地写出各种等距节点下的求积公式.例如,当 $n=4$ 时,有

$$\int_a^b f(x)\,dx \approx \frac{b-a}{90}[7f(x_0)+32f(x_1)+12f(x_2)+32f(x_3)+7f(x_4)], \tag{5.10}$$

其中

$$x_k = a + k \times \frac{b-a}{4} \quad (k=0,1,2,3,4),$$

即有

$$C = \frac{b-a}{90}[7f(x_0)+32f(x_1)+12f(x_2)+32f(x_3)+7f(x_4)],$$

上式称为柯特斯求积公式.

牛顿—柯特斯公式是求积节点为等距情形下的插值型求积公式,因此,至少具有 n 次代数精度.而且可证明当 n 为偶数时,牛顿—柯特斯公式至少具有 $n+1$ 次代数精度.

事实上,对于被积函数 $f(x)=x^{n+1}$(n 为偶数),有

$$f^{n+1}(x) = (n+1)!,$$

此时,求积公式的余项是

$$R[f] = \int_a^b \frac{f^{(n+1)}(\xi)}{(n+1)!}\prod_{k=0}^{n}(x-x_k)\,dx = \int_a^b \prod_{k=0}^{n}(x-x_k)\,dx.$$

作变换 $x=a+th$,则 $x_k=a+kh$,故有

$$R[f] = h^{n+2}\int_0^n \prod_{k=0}^{n}(t-k)\,\mathrm{d}t.$$

令 $t=u+\frac{n}{2}$,因 n 为偶数,故$\frac{n}{2}$是整数,于是有

$$R[f] = h^{n+2}\int_{-\frac{n}{2}}^{\frac{n}{2}}\left(u+\frac{n}{2}\right)\left(u+\frac{n}{2}-1\right)\cdots(u+1)u(u-1)\cdots\left(u-\frac{n}{2}+1\right)\left(u-\frac{n}{2}\right)\mathrm{d}u$$

$$= h^{n+2}\int_{-\frac{n}{2}}^{\frac{n}{2}}u(u^2-1)(u^2-4)\cdots\left(u^2-\frac{n^2}{4}\right)\mathrm{d}u = 0.$$

也就是当 n 为偶数时,牛顿—柯特斯公式对被积函数 $f(x)=x^{n+1}$ 的余项为零,即求积公式依然精确成立.所以有以下定理:

定理 5.3 对于牛顿—柯特斯公式

$$\int_a^b f(x)\,\mathrm{d}x \approx (b-a)\sum_{k=0}^{n}C_k^{(n)}f(x_k),$$

当 n 为奇数时,至少具有 n 次代数精度;当 n 为偶数时,至少具有 $n+1$ 次代数精度.

综上,梯形公式只有一次代数精度,而抛物线公式却具有三次代数精度,柯特斯公式具有五次代数精度.定理 5.3 表明,在使用牛顿—柯特斯公式时,为了既保证精度,又能节省时间,应尽量选用 n 是偶数的求积公式.

例 5.2 在区间(0,2)上关于函数 $f(x)$ 的梯形公式和辛浦生公式分别为

$$\int_0^2 f(x)\,\mathrm{d}x \approx f(0)+f(2),$$

$$\int_0^2 f(x)\,\mathrm{d}x \approx \frac{1}{3}[f(0)+4f(1)+f(2)],$$

只要给出 $f(x)$,利用这些公式就能算出积分的近似值,如取 $f(x)=1,x,x^2,x^3,x^4$ 和 e^x 并将计算结果列在表 5.2 中.

表 5.2

被积函数 $f(x)$	1	x	x^2	x^3	x^4	e^x
用梯形公式算的值	2	2	4	8	16	8.389
用辛浦生公式算的值	2	2	2.67	4	6.67	6.421
积分的值	2	2	2.67	4	6.40	6.389

5.2.2 牛顿—柯特斯公式的截断误差

已经知道,当函数 $f(x)$ 具有 $n+1$ 阶导数时,牛顿—柯特斯公式的截断误差可表示为

$$R[f] = \int_a^b \frac{f^{(n+1)}(\xi)}{(n+1)!}\prod_{k=0}^{n}(x-x_k)\,\mathrm{d}x,$$

其中 $\xi\in(a,b)$且依赖于 x.

下面讨论几个常用的低阶牛顿—柯特斯公式的截断误差公式.

1. 梯形公式的截断误差

由式(5.5)可知,梯形公式的截断误差($n=1$)为

$$R[f]=\int_a^b\frac{f''(\xi)}{2!}(x-a)(x-b)\mathrm{d}x,$$

由于被积函数中$(x-a)(x-b)$在区间$[a,b]$上的符号保持不变,故在$f''(x)$连续的条件下,由定积分第一中值定理可知,在$[a,b]$上至少存在一点η,使

$$R[f]=\int_a^b\frac{f''(\xi)}{2!}(x-a)(x-b)\mathrm{d}x=\frac{f''(\eta)}{2!}\int_a^b(x-a)(x-b)\mathrm{d}x=-\frac{(b-a)^3}{12}f''(\eta),$$

于是有下面的结论:

定理 5.4 若$f(x)$在$[a,b]$上二阶导数存在且连续,则梯形公式的截断误差为

$$R[f]=-\frac{(b-a)^3}{12}f''(\eta),\quad \eta\in(a,b). \tag{5.11}$$

根据定理5.4可以对梯形公式计算的近似值作出误差估计.

例如,在例5.2中,当$f(x)=1$或x时,因为$f''(x)=0$,故所得近似值的截断误差都是零.也就是说,用梯形公式对函数$f(x)=1,x$都能准确地计算出其积分值.又如,当$f(x)=\mathrm{e}^x$时,因为$f''(x)=\mathrm{e}^x$,从而在区间$[0,2]$上有

$$|f''(\eta)|=\mathrm{e}^\eta\leqslant\mathrm{e}^2,$$

所以

$$|R[f]|=\left|-\frac{(2-0)^3}{12}\mathrm{e}^\eta\right|\leqslant\frac{2}{3}\mathrm{e}^2=4.926.$$

2. 辛浦生公式的截断误差

定理 5.5 若$f(x)$在$[a,b]$上有四阶连续导数,辛浦生公式的截断误差为

$$R[f]=-\frac{(b-a)^5}{2880}f^{(4)}(\eta)\quad(a\leqslant\eta\leqslant b). \tag{5.12}$$

该定理的证明涉及 Hermite 插值的部分内容,有兴趣的读者可以参阅有关书籍.

3. 柯特斯公式的截断误差

定理 5.6 若$f(x)$在$[a,b]$上有连续的六阶导数,柯特斯公式的截断误差为

$$R[f]=-\frac{8}{945}\left(\frac{b-a}{4}\right)^7f^{(6)}(\eta)\quad(a\leqslant\eta\leqslant b). \tag{5.13}$$

5.2.3 牛顿—柯特斯公式的稳定性和收敛性

牛顿—柯特斯公式的代数精度越高,计算结果越准确,那么它的阶数越高,是不是计算结果越准确呢?

由式(5.4)知,不管n取何值,插值型求积公式至少具有零次代数精度,也就是说当$f(x)=1$时,式(5.4)必然准确成立,即

$$\sum_{k=0}^{n}C_k^{(n)}=1. \tag{5.14}$$

这个等式可以用来检验插值型求积公式的系数是否正确,并分析$f(x_k)$的舍入误差对计算结果的影响.

若数据$f(x_k)$的舍入误差不超过ε($|f(x_k)-y_k|\leqslant\varepsilon$),则式(5.4)的舍入误差就不会超过$(b-a)\varepsilon\sum\limits_{k=0}^{n}|C_k^{(n)}|$.

事实上

$$(b-a)\sum_{k=0}^{n}C_k^{(n)}f(x_k)-(b-a)\sum_{k=0}^{n}C_k^{(n)}y_k=(b-a)\sum_{k=0}^{n}C_k^{(n)}[f(x_k)-y_k],$$

于是

$$\begin{aligned}&\left|(b-a)\sum_{k=0}^{n}C_k^{(n)}f(x_k)-(b-a)\sum_{k=0}^{n}C_k^{(n)}y_k\right|\\&\leqslant(b-a)\sum_{k=0}^{n}|C_k^{(n)}||f(x_k)-y_k|\leqslant(b-a)\varepsilon\sum_{k=0}^{n}\left|C_k^{(n)}\right|.\end{aligned}$$

当$n<8$时,由柯特斯系数(表5.1)知$C_k^{(n)}$均为正,故

$$\left|(b-a)\sum_{k=0}^{n}C_k^{(n)}f(x_k)-(b-a)\sum_{k=0}^{n}C_k^{(n)}y_k\right|\leqslant(b-a)\varepsilon\sum_{k=0}^{n}C_k^{(n)}=(b-a)\varepsilon,$$

此时,只要ε足够小,它对结果的影响就非常小.

当$n\geqslant8$时,由柯特斯系数(表5.1)知$C_k^{(n)}$有正有负,故

$$(b-a)\sum_{k=0}^{n}|C_k^{(n)}|>(b-a)\sum_{k=0}^{n}C_k^{(n)}=(b-a),$$

此时,结果舍入误差可能很大.

另外,可以证明,并非对一切连续函数$f(x)$,当$n\to\infty$时,都有$R[f]\to0$,即牛顿—柯特斯公式的收敛性也没有保证.因此,在实际计算时,很少使用高阶的牛顿—柯特斯公式.

5.3 复化求积公式

在实际计算时,一般不用高阶的牛顿—柯特斯公式,这是因为,首先当n很大时,柯特斯系数$C_k^{(n)}$多且复杂,其次在n较大时,该数值积分公式的舍入误差可能有很大的增加,从而导致计算的$\sum\limits_{k=0}^{n}C_k^{(n)}f(x_k)$是数值不稳定的,但若在积分区间较大的情况下,单独用一个低阶的牛顿—柯特斯公式来计算积分的近似值,它的精度又不好,为了提高数值积分的精度,可利用积分对区间的可加性来实现,这就是通常采用的复化求积法.

所谓复化求积法,就是把整个积分区间分成若干个子区间(通常是等分),在每个子区间上采用低阶求积公式(如梯形公式或辛浦生公式),然后在整个区间上叠加,就可得到一些有实际意义的新的求积公式,即复化求积公式.

5.3.1 复化梯形公式

对给定的积分区间[a,b],将其 n 等分,设分点为 $x_k=a+kh\left(h=\dfrac{b-a}{n},k=0,1,\cdots,n\right)$,在每一小区间[$x_k,x_{k+1}$]上采用梯形公式有

$$\begin{aligned}I&=\int_a^b f(x)\,\mathrm{d}x=\sum_{k=0}^{n-1}\int_{x_k}^{x_{k+1}}f(x)\,\mathrm{d}x\approx\frac{h}{2}\sum_{k=0}^{n-1}[f(x_k)+f(x_{k+1})]\\&=\frac{h}{2}[f(a)+2\sum_{k=1}^{n-1}f(x_k)+f(b)]\xlongequal{(记)}T_n,\end{aligned}$$

即

$$I\approx T_n=\frac{h}{2}[f(a)+2\sum_{k=1}^{n-1}f(x_k)+f(b)],\tag{5.15}$$

其中 $x_k=a+kh,k=0,1,\cdots,n$,上式称为复化梯形公式. T_n 中的 n 表示对区间[a,b]的等分数.

5.3.2 复化辛浦生公式和复化柯特斯公式

类似于复化梯形公式的推导过程,有

$$\begin{aligned}I&=\sum_{k=0}^{n-1}\int_{x_k}^{x_{k+1}}f(x)\,\mathrm{d}x\approx\frac{h}{6}\sum_{k=0}^{n-1}[f(x_k)+4f(x_{k+\frac{1}{2}})+f(x_{k+1})]\\&=\frac{h}{6}[f(a)+4\sum_{k=0}^{n-1}f(x_{k+\frac{1}{2}})+2\sum_{k=1}^{n-1}f(x_k)+f(b)]\xlongequal{(记)}S_n,\end{aligned}$$

其中

$$x_{k+\frac{1}{2}}=x_k+\frac{1}{2}h,$$

即

$$I\approx S_n=\frac{h}{6}[f(a)+4\sum_{k=0}^{n-1}f(x_{k+\frac{1}{2}})+2\sum_{k=1}^{n-1}f(x_k)+f(b)].\tag{5.16}$$

上式称为复化辛浦生公式. 复化辛浦生方法是一种常用的数值求积方法,为了便于编写程序,将式(5.16)改写为

$$S_n=\frac{h}{6}\{f(a)-f(b)+\sum_{k=1}^{n}[4f(x_{k-\frac{1}{2}})+2f(x_k)]\}$$

据此可以画出复化辛浦生方法的 N－S 图,如图 5.3 所示.

同样可以建立复化柯特斯公式

$$\begin{aligned}I&=\int_a^b f(x)\,\mathrm{d}x=\sum_{k=0}^{n-1}\int_{x_k}^{x_{k+1}}f(x)\,\mathrm{d}x\\&\approx\frac{h}{90}[7f(a)+32\sum_{k=0}^{n-1}f(x_{k+\frac{1}{4}})+12\sum_{k=0}^{n-1}f(x_{k+\frac{1}{2}})\\&\quad+32\sum_{k=0}^{n-1}f(x_{k+\frac{3}{4}})+14\sum_{k=1}^{n-1}f(x_k)+7f(b)]\xlongequal{(记)}C_n,\end{aligned}$$

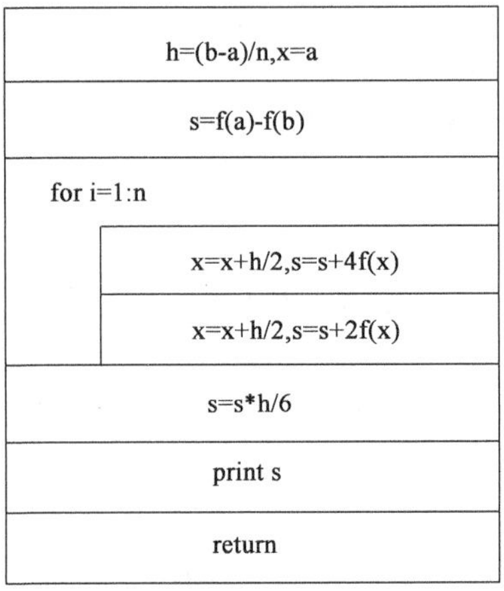

```
h=(b-a)/n,x=a
s=f(a)-f(b)
for i=1:n
    x=x+h/2,s=s+4f(x)
    x=x+h/2,s=s+2f(x)
s=s*h/6
print s
return
```

图 5.3

其中
$$h=\frac{b-a}{n},\quad x_{k+\frac{1}{4}}=x_k+\frac{1}{4}h,$$
$$x_{k+\frac{1}{2}}=x_k+\frac{1}{2}h,\quad x_{k+\frac{3}{4}}=x_k+\frac{3}{4}h,$$
即
$$\begin{aligned}I\approx C_n=&\frac{h}{90}\Big[7f(a)+32\sum_{k=0}^{n-1}f(x_{k+\frac{1}{4}})+12\sum_{k=0}^{n-1}f(x_{k+\frac{1}{2}})\\&+32\sum_{k=0}^{n-1}f(x_{k+\frac{3}{4}})+14\sum_{k=1}^{n-1}f(x_k)+7f(b)\Big].\end{aligned}\tag{5.17}$$
式(5.17)称为复化柯特斯公式.

5.3.3 复化求积公式的截断误差

对于复化梯形公式,若$f''(x)$在$[a,b]$上连续,则其截断误差为
$$\begin{aligned}R_n[f]&=\int_a^b f(x)\mathrm{d}x-T_n=\sum_{k=0}^{n-1}\int_{x_k}^{x_{k+1}}f(x)\mathrm{d}x-T_n\\&=\sum_{k=0}^{n-1}\Big[-\frac{h^3}{12}f''(\eta_k)\Big]=-\frac{h^3}{12}\sum_{k=0}^{n-1}f''(\eta_k),\end{aligned}$$
其中
$$h=\frac{b-a}{n},\eta_k\in[x_k,x_{k+1}]\quad(k=0,1,\cdots,n-1).$$
由介值定理知,在$[a,b]$上必存在一点η,使
$$f''(\eta)=\frac{1}{n}[f''(\eta_0)+f''(\eta_1)+\cdots+f''(\eta_{n-1})],$$
于是有

$$R_n[f] = -\frac{b-a}{12}h^2 f''(\eta). \tag{5.18}$$

式(5.18)称为复化梯形公式的截断误差.类似地可以推出复化辛浦生公式的截断误差为

$$R_n[f] = \int_a^b f(x)\,\mathrm{d}x - S_n = -\frac{b-a}{2880}h^4 f^{(4)}(\eta), \tag{5.19}$$

复化柯特斯公式的截断误差为

$$R_n[f] = \int_a^b f(x)\,\mathrm{d}x - C_n = -\frac{2(b-a)}{945}\left(\frac{h}{4}\right)^6 f^{(6)}(\eta). \tag{5.20}$$

从上述三个截断误差公式可以看出,只要所出现的各阶导数在$[a,b]$上连续,则当 n 趋于无穷大时,T_n,S_n 和 C_n 都收敛于 $\int_a^b f(x)\,\mathrm{d}x$,而且收敛速度一个比一个快.

例5.3 用复化梯形公式、复化辛浦生公式和复化柯特斯公式计算积分 $\int_0^1 \frac{\sin x}{x}\mathrm{d}x$ 的近似值,要求按复化辛浦生公式计算时其误差不超过$\frac{1}{2}\times 10^{-6}$.

解 由于$\lim\limits_{x\to 0}\frac{\sin x}{x}=1$,因此所给积分不是广义积分.如果定义函数$\frac{\sin x}{x}$在 $x=0$ 处的值为1,则它在积分区间$[0,1]$上连续.

首先根据精度要求,确定将区间$[0,1]$分成多少等份,即确定计算步长.

因为要求$|R_n[f]|\leqslant\frac{1}{2880}\left(\frac{1}{n}\right)^4 M_4\leqslant\frac{1}{2}\times 10^{-6}$,故只要 $n^4\geqslant\frac{2\times 10^6}{2880}M_4$ 即可.为此要估计$\max\limits_{0\leqslant x\leqslant 1}|f^{(4)}(x)|\leqslant M_4$ 的大小.

由$f(x)=\frac{\sin x}{x}=\int_0^1 \cos tx\,\mathrm{d}t$,从而

$$f'(x) = -\int_0^1 t\sin tx\,\mathrm{d}t,\ f''(x) = -\int_0^1 t^2\cos tx\,\mathrm{d}t,$$

一般有

$$f^{(k)}(x) = \int_0^1 t^k\cos\left(tx+\frac{k\pi}{2}\right)\mathrm{d}t,$$

于是有

$$|f^{(k)}(x)| \leqslant \int_0^1 t^k\left|\cos(tx+\frac{k\pi}{2})\right|\mathrm{d}t < \frac{1}{k+1},$$

取 $M_4=\frac{1}{5}$,故只要取

$$n^4 \geqslant \frac{2\times 10^6}{2880}\times\frac{1}{5} = \frac{10^6}{7200} \approx 138.9,$$

即取 $n=4$ 就可以了.

取 $n=4$,在每个小区间上用辛浦生公式,故在计算函数值时,应把区间$[0,1]$分为8

等份,算出函数值,见表 5.3.

表 5.3

x	$f(x)=\frac{\sin x}{x}$
0	1.0000000
$\frac{1}{8}$	0.9973978
$\frac{1}{4}$	0.9896158
$\frac{3}{8}$	0.9767267
$\frac{1}{2}$	0.9588510
$\frac{5}{8}$	0.9361556
$\frac{3}{4}$	0.9088516
$\frac{7}{8}$	0.8771925
1	0.8414709

分别用三种复化求积公式计算如下:

用复化梯形公式($n=8$),得

$$T_8=\frac{1}{16}\left\{f(0)+2\left[f\left(\frac{1}{8}\right)+f\left(\frac{1}{4}\right)+f\left(\frac{3}{8}\right)+f\left(\frac{1}{2}\right)+f\left(\frac{5}{8}\right)+f\left(\frac{3}{4}\right)+f\left(\frac{7}{8}\right)\right]+f(1)\right\}=0.9456908,$$

用复化辛浦生公式($n=4$),得

$$S_4=\frac{1}{4\times6}\left\{f(0)+4\left[f\left(\frac{1}{8}\right)+f\left(\frac{3}{8}\right)+f\left(\frac{5}{8}\right)+f\left(\frac{7}{8}\right)\right]+2\left[f\left(\frac{1}{4}\right)+f\left(\frac{1}{2}\right)+f\left(\frac{3}{4}\right)\right]+f(1)\right\}=0.9460832,$$

用复化柯特斯公式($n=2$),得

$$C_2=\frac{1}{2\times90}\left\{7f(0)+32\left[f\left(\frac{1}{8}\right)+f\left(\frac{3}{8}\right)+f\left(\frac{5}{8}\right)+f\left(\frac{7}{8}\right)\right]+12\left[f\left(\frac{1}{4}\right)+f\left(\frac{3}{4}\right)\right]+14f\left(\frac{1}{2}\right)+7f(1)\right\}=0.9460830.$$

三种复化求积方法的计算工作量基本上相同,但所得结果与积分准确值0.9460831…进行比较,显然后两个结果的准确度高,故在实际计算时,较多地应用复化辛浦生公式.

此外,根据定积分的存在定理可证明,当被积函数 $f(x)$ 在区间 $[a,b]$ 上连续,那么只要步长 $h\to0(n\to\infty)$ 时,复化求积值 T_n,S_n,C_n 都收敛于 $\int_a^b f(x)\mathrm{d}x$,而且收敛速度一个比一个快.

5.3.4 自动选取积分步长

在实际计算时,一般可事先根据截断误差满足精度的要求来确定步长 h,从而确定合适的 n. 但这里一方面要用到被积函数的高阶导数的估计,这往往是困难的;另一方面这种估计过于保守,得到的 n 往往偏大. 为了改变这一状况,而又能适当地确定节点数或等分数,在实际应用中,常采用“事实估计误差法”.

事实估计误差法的基本思想是,在求数值积分时,将区间逐次分半,利用前后两次的计算结果来判断误差的大小是否已满足精度的要求,这样来自动确定 n,并算出满足精度要求的近似值.

下面针对复化梯形公式来介绍这种步长逐次减半求积法.

把积分区间$[a,b]$分成 n 等份,步长 $h=\dfrac{b-a}{n}$,用复化梯形公式,$f(x)$在$[a,b]$上积分的近似值为

$$T_n=\frac{h}{2}\left[f(a)+2\sum_{k=1}^{n-1}f(x_k)+f(b)\right].$$

再把步长减半,即把区间$[a,b]$分成 $2n$ 等份,增加的新分点 $x_{k+\frac{1}{2}}=\dfrac{1}{2}(x_k+x_{k+1})$,用复化梯形公式得到积分的近似值为

$$T_{2n}=\frac{h}{4}\left[f(a)+2\sum_{k=1}^{n-1}f(x_k)+2\sum_{k=0}^{n-1}f(x_{k+\frac{1}{2}})+f(b)\right],$$

于是得到递推公式

$$T_{2n}=\frac{1}{2}T_n+\frac{b-a}{2n}\sum_{k=0}^{n-1}f(x_{k+\frac{1}{2}}). \tag{5.21}$$

由复化梯形公式的截断误差表达式得到

$$I-T_n=-\frac{b-a}{12}\left(\frac{b-a}{n}\right)^2f''(\xi_1),\quad \xi_1\in(a,b),$$

$$I-T_{2n}=-\frac{b-a}{12}\left(\frac{b-a}{2n}\right)^2f''(\xi_2),\quad \xi_2\in(a,b).$$

如果$f''(x)$在$[a,b]$上变化不大,则有$f''(\xi_1)\approx f''(\xi_2)$,此时,由以上两式得到

$$\frac{I-T_n}{I-T_{2n}}\approx 4,$$

于是有

$$I\approx T_{2n}+\frac{1}{3}(T_{2n}-T_n)=T_{2n}+\frac{1}{4-1}(T_{2n}-T_n). \tag{5.22}$$

这说明 T_{2n}作为积分的近似值,其截断误差为$\dfrac{1}{3}(T_{2n}-T_n)$,因此在逐次分半进行计算时,可以用 T_n 与 T_{2n}之差来估计误差,若$|T_{2n}-T_n|<\varepsilon'=3\varepsilon$($\varepsilon$ 为计算结果的允许误差),则停止进行计算,并取 T_{2n}作为积分的近似值;否则将区间再次分半后算出 T_{4n},并检验不等式$|T_{4n}-T_{2n}|<\varepsilon'$是否成立.

例 5.4 用复化梯形公式和步长逐次减半求积法计算

$$I = \int_0^1 \frac{\sin x}{x} dx,$$

要求误差不超过$\frac{1}{2} \times 10^{-6}$.

解 利用式(5.21)进行递推计算,所得结果列于表5.4.

表 5.4

$2n$	T_{2n}	$\|T_{2n}-T_n\|$	$2n$	T_{2n}	$\|T_{2n}-T_n\|$
2^0	0.9207355		2^5	0.9460586	0.0000736
2^1	0.9397933	0.0190578	2^6	0.9460769	0.0000183
2^2	0.9445135	0.0047202	2^7	0.9460815	0.0000046
2^3	0.9456909	0.0011774	2^8	0.9460827	0.0000012
2^4	0.9459850	0.0002941	2^9	0.9460830	0.0000003

有 $I \approx 0.9460830$.

进行类似的推导可知,对于复化辛浦生公式,如果$f^{(4)}(x)$在$[a,b]$上变化不大,则有

$$I \approx S_{2n} + \frac{1}{4^2-1}(S_{2n}-S_n), \tag{5.23}$$

对于复化柯特斯公式,如果$f^{(6)}(x)$在$[a,b]$上变化不大,则有

$$I \approx C_{2n} + \frac{1}{4^3-1}(C_{2n}-C_n). \tag{5.24}$$

5.4 龙贝格求积公式

5.4.1 龙贝格(Romberg)求积公式的构造

从式(5.22)可以看出,把积分区间$[a,b]$分成n等份时,由复化梯形公式计算的I的近似值T_{2n}的误差大致等于$\frac{1}{3}(T_{2n}-T_n)$,如果用这个误差作为T_{2n}的一种补偿,即用

$$T_{2n} + \frac{1}{3}(T_{2n}-T_n) = \frac{4T_{2n}-T_n}{3}$$

作为积分I的近似值,则可大大提高其精确程度,而由复化梯形公式(5.15)和式(5.21)可知

$$\begin{aligned}\frac{1}{3}(4T_{2n}-T_n) &= \frac{1}{3}T_n + \frac{2(b-a)}{3n}\sum_{k=0}^{n-1} f(x_{k+\frac{1}{2}}) \\ &= \frac{b-a}{6n}\Big[f(a) + 2\sum_{k=1}^{n-1} f(x_k) + f(b) + 4\sum_{k=0}^{n-1} f(x_{k+\frac{1}{2}})\Big],\end{aligned}$$

与式(5.16)比较得

$$S_n = \frac{4T_{2n}-T_n}{3}.$$

为了写出便于记忆的统一公式，把此式改写为

$$S_n = \frac{4}{4-1}T_{2n} - \frac{1}{4-1}T_n. \tag{5.25}$$

S_n 是把区间$[a,b]$分成 n 等份后，在每个小区间上应用抛物线求积公式的结果. 这就是说，用复化梯形公式二分前后的两个积分近似值 T_n 与 T_{2n} 按式(5.25)作这样简单的线性组合，就可得到精度较高的抛物线法的积分近似值 S_n，从而加速了逼近的效果. 式(5.25)称为梯形加速公式. 同样，由式(5.23)可知

$$S_{2n} + \frac{S_{2n} - S_n}{4^2 - 1} = \frac{4^2 S_{2n} - S_n}{4^2 - 1}$$

是比 S_{2n} 更精确的 I 的近似值，而利用式(5.16)和式(5.17)可推得这个值就是 C_n，即有

$$C_n = \frac{4^2 S_{2n} - S_n}{4^2 - 1}, \tag{5.26}$$

式(5.26)称为抛物线加速公式.

而由式(5.24)可知

$$C_{2n} + \frac{C_{2n} - C_n}{4^3 - 1} = \frac{4^3 C_{2n} - C_n}{4^3 - 1}$$

是比 C_n 具有更高精度的 I 的近似值，记为 R_n，而

$$R_n = \frac{4^3 C_{2n} - C_n}{4^3 - 1}. \tag{5.27}$$

值得指出的是，根据式(5.25)、式(5.26)和式(5.27)，由序列$\{T_{2^k}\}$就可直接逐次求得序列$\{S_{2^k}\}$，$\{C_{2^k}\}$和$\{R_{2^k}\}$.

按照上述规律，还可以构造出新的求积公式，其线性组合的两个系数分别为$\frac{4^m}{4^m - 1}$与$\frac{1}{4^m - 1}$.

但当 $m \geqslant 4$ 时，第一个系数接近于 1，第二个系数的绝对值很小. 因此，这样组合的新公式与前一个公式计算结果差别不大，反而增加了计算工作量，故计算时只用到式(5.27)为止. 通常称上述这种在变步长的求积过程中运用三个加速公式，即式(5.25)、式(5.26)和式(5.27)将变步长的梯形法则得到的粗糙的积分近似值迅速加工成精度较高的积分近似值的求积方法称为龙贝格求积算法，为方便起见，称式(5.27)为龙贝格求积公式.

例 5.5 用龙贝格求积公式计算 $I = \int_0^1 \frac{\sin x}{x}\mathrm{d}x$，要求误差不超过 0.5×10^{-6}.

解 计算结果列于表 5.5.

表 5.5

k	T_{2^k}	S_{2^k}	C_{2^k}	R_{2^k}
0	0.9207355	0.9461459	0.9460830	0.9460831
1	0.9397933	0.9460869	0.9460831	0.9460830

续表

k	T_{2k}	S_{2k}	C_{2k}	R_{2k}
2	0.9445135	0.9460834	0.9460830	
3	0.9456909	0.9460830		
4	0.9459850			

由于$|R_2-R_1|=0.1\times10^{-6}$,所以$I\approx R_2=0.9460830$.

与例5.4比较,这里只用了T_1,T_2,T_4,T_8和T_{16},经过加工得到的R_2便达到所需要求,计算工作量大为减少,所以效果非常显著.

5.4.2 龙贝格求积公式的计算步骤

应用龙贝格求积公式求积分,整个计算过程的特点是:将积分区间逐次分半,并将每一公式先后两次的计算结果,按一定的线性组合构成新的精度较高的近似值.所以常称这个方法为逐次分半加速法,或称为线性加速法.用这种算法求积分$\int_a^b f(x)\mathrm{d}x$的步骤如下:

第一步 准备初值:算出区间端点的函数值$f(a)$, $f(b)$,按梯形公式算出T_1.

第二步 将区间$[a,b]$对半分,算出中点函数值$f\left(\frac{a+b}{2}\right)$,由式(5.21)算出$T_2$,再用式(5.25)算出$S_1$.

第三步 再将区间对半分,算出函数值$f\left(a+\frac{b-a}{4}\right)$, $f\left(a+\frac{b-a}{4}\times3\right)$,进而算出$T_4$, S_2,按式(5.26)算出C_1.

第四步 将区间再对半分,算出T_8,S_4,C_2,再按式(5.27)算出R_1.

第五步 将区间再对半分,重复第四步的过程,算出T_{16},S_8,C_4,R_2.反复进行此过程,可依次算出$R_1,R_2,R_4,\cdots$.这是一个逐步精确化的过程,应计算到相邻两个R值之差不超过给定的精度要求为止.若相邻两个R值满足$|R_{2^{k+1}}-R_{2^k}|<10^{-m}$,则取$R_{2^{k+1}}$作为积分的近似值,精度达到$10^{-m}$.

逐次分半加速的过程见表5.6.

表5.6

分半次数 k	区间份数 $n=2^k$	梯形公式 T_{2k}	辛浦生公式 S_{2k-1}	柯特斯公式 C_{2k-2}	龙贝格公式 R_{2k-3}
0	$2^0=1$	T_1			
1	$2^1=2$	T_2	S_1		
2	$2^2=4$	T_4	S_2	C_1	
3	$2^3=8$	T_8	S_4	C_2	R_1
4	$2^4=16$	T_{16}	S_8	C_4	R_2
…	…	…	…	…	…

例5.6 用龙贝格算法计算积分 $I = \int_0^1 \frac{4}{1+x^2}dx$.

解 按上述步骤计算:

(1)这里 $f(x) = \frac{4}{1+x^2}$, $a=0$, $b=1$,算出 $f(0)=4$, $f(1)=2$,由此得

$$T_1 = \frac{1}{2}[f(0)+f(1)] = 3.$$

(2)计算 $f\left(\frac{1}{2}\right) = \frac{16}{5}$, $T_2 = \frac{1}{2}T_1 + \frac{1}{2}f\left(\frac{1}{2}\right) = 3.1$,由此可计算得

$$S_1 = \frac{4}{3}T_2 - \frac{1}{3}T_1 = 3.13333.$$

(3)算出 $f\left(\frac{1}{4}\right)$, $f\left(\frac{3}{4}\right)$, $T_4 = \frac{1}{2}T_2 + \frac{1}{4}\left[f\left(\frac{1}{4}\right)+f\left(\frac{3}{4}\right)\right] = 3.13118$, $S_2 = \frac{4}{3}T_4 - \frac{1}{3}T_2 = 3.14157$,从而得

$$C_1 = \frac{16}{15}S_2 - \frac{1}{15}S_1 = 3.14212.$$

(4)计算 $f\left(\frac{1}{8}\right)$, $f\left(\frac{3}{8}\right)$, $f\left(\frac{5}{8}\right)$, $f\left(\frac{7}{8}\right)$,从而得

$$T_8 = \frac{1}{2}T_4 + \frac{1}{8}\left[f\left(\frac{1}{8}\right)+f\left(\frac{3}{8}\right)+f\left(\frac{5}{8}\right)+f\left(\frac{7}{8}\right)\right] = 3.13899,$$

$$S_4 = \frac{4}{3}T_8 - \frac{1}{3}T_4 = 3.14159, C_2 = \frac{16}{15}S_4 - \frac{1}{15}S_2 = 3.14159.$$

$$R_1 = \frac{64}{63}C_2 - \frac{1}{63}C_1 = 3.14158.$$

(5)把区间再分半,重复第(4)步,得

$$T_{16} = 3.14094, S_8 = 3.14159, C_4 = 3.14159, R_2 = 3.14159.$$

检验:$|R_2 - R_1| \leqslant 0.00001$,这里计算只用五位小数,精确度要求到0.00001,因此可取.

$$\int_0^1 \frac{4}{1+x^2}dx \approx 3.14159$$

易知积分 I 的准确值为

$$I = \int_0^1 \frac{4}{1+x^2}dx = 4\arctan x\Big|_0^1 = \pi = 3.1415926\cdots$$

由此看出,T_{16} 只准确到小数点后第二位,而加速以后,S_n, C_n, R_n 各公式都准确到了小数点后第五位.

应用龙贝格算法计算,系数很有规律,不需存储求积系数,占用存储单元少,精确度高,这些优点很明显,因此很适合电子计算机上应用.

5.5 高斯求积公式

5.5.1 高斯(Gauss)积分问题的提出

在前面建立牛顿—柯特斯公式时,为了简化计算,对插值公式中的节点 x_k 限定为等

分节点,然后再求系数 A_k,这种方法虽然简便,但求积公式的精度受到限制.一般来说,按这些积分节点作出的数值积分公式也只能有 n 阶代数精度.但是,如果能自由地选取积分节点,那么代数精度完全可能提高.例如,n 为偶数,$[a,b]$ 上 $n+1$ 个等距节点的数值积分牛顿—柯特斯公式就有 $n+1$ 阶代数精度.现在需要解决两个问题:第一,当积分节点个数 $n+1$ 确定后,不管这 $n+1$ 个节点如何选取,数值积分公式的代数精度最高能达到多少阶;第二,代数精度达到最高阶的积分节点如何选取.

定理 5.7 形如

$$\int_a^b f(x)\,\mathrm{d}x \approx \sum_{k=0}^{n} A_k f(x_k),$$

的插值型求积公式的代数精度最高不超过 $2n+1$ 次.

证明 由代数精度定义,只要找到一个 $2n+2$ 次的多项式使插值型求积公式不能精确成立即可.

因为 $\omega(x)=\prod\limits_{k=0}^{n}(x-x_k)$ 是 $n+1$ 次多项式,则取 $f(x)=\omega^2(x)$ 时,$f(x)$ 为 $2n+2$ 次多项式,且只在 $x_k(k=0,1,2,\cdots,n)$ 处 $f(x)$ 为零,故 $\int_a^b f(x)\,\mathrm{d}x = \int_a^b \omega^2(x)\,\mathrm{d}x > 0$,而 $\sum\limits_{k=0}^{n} A_k f(x_k) = 0$,因此,当取 $f(x)=\omega^2(x)$ 时,插值型求积公式不能精确成立.

上述定理给出了插值型求积公式的最高代数精度的上界$(2n+1)$,那么最高代数精度为 $2n+1$ 的插值型求积公式存在吗? 回答是肯定的,只要适当选取求积节点,可使插值型求积公式的代数精度达到最高,这就是本节要介绍的高斯求积公式.

为使问题更具一般性,研究带权积分 $I=\int_a^b f(x)\rho(x)\,\mathrm{d}x$,这里 $\rho(x)\geqslant 0$ 为权函数,类似地,它的求积公式为

$$\int_a^b f(x)\rho(x)\,\mathrm{d}x \approx \sum_{k=0}^{n} A_k f(x_k), \tag{5.28}$$

其中 $x_k(k=0,1,2,\cdots,n)$ 为求积节点,$A_k(k=0,1,2,\cdots,n)$ 为不依赖于 $f(x)$ 的求积系数,可适当选取 x_k 及 $A_k(k=0,1,2,\cdots,n)$ 使式(5.28)具有 $2n+1$ 代数精度。

定义 5.2 若一组节点 $x_0,x_1,\cdots,x_n\in[a,b]$ 使插值型求积公式(5.28)具有 $2n+1$ 次代数精度,则称此组节点为高斯点,并称相应的求积公式为高斯求积公式.

构造高斯求积公式的关键是求高斯点,初看起来,似乎可以从代数精度的定义出发,通过解一个方程组来同时求取求积系数和节点.但是,在 n 较大的情况下,这种求法是很困难的,所以,一般不采用解方程组而是利用正交多项式的特性来构造高斯求积公式.

5.5.2 高斯求积公式的存在条件及其构造

1.高斯求积公式的存在条件

定理 5.8 对于插值型公式 $\int_a^b f(x)\rho(x)\,\mathrm{d}x \approx \sum\limits_{k=0}^{n} A_k f(x_k)$,其节点 $x_k(k=0,1,\cdots,n)$ 是高斯点的充要条件是

$$\omega(x) = \prod_{k=0}^{n}(x - x_k)$$

与任意次数不超过 n 的多项式 $p(x)$ 带权 $\rho(x)$ 正交,即

$$\int_a^b \omega(x)p(x)\rho(x)\mathrm{d}x = 0.$$

证明 先证必要性. 由于 $\omega(x)p(x)$ 为次数不超过 $2n+1$ 次的多项式,因此,若 $x_k(k=0,1,\cdots,n)$ 为高斯点,则式(5.28)对 $\omega(x)p(x)$ 能准确成立,即

$$\int_a^b \omega(x)p(x)\rho(x)\mathrm{d}x = \sum_{k=0}^{n}A_k\omega(x_k)p(x_k),$$

但因 $\omega(x_k)=0(k=0,1,\cdots,n)$,故得

$$\int_a^b \omega(x)p(x)\rho(x)\mathrm{d}x = 0.$$

再证充分性. 设 $f(x)$ 为任意一个次数不超过 $2n+1$ 次的多项式,用 $\omega(x)$ 除 $f(x)$,可表示为

$$f(x) = p(x)\omega(x) + q(x), \tag{5.29}$$

其中商 $p(x)$、余式 $q(x)$ 均为次数不超过 n 次的多项式,于是由正交性的条件,上式右端第一项积分为零,故

$$\int_a^b q(x)\rho(x)\mathrm{d}x = \int_a^b f(x)\rho(x)\mathrm{d}x.$$

注意到求积公式(5.28)是插值型的,它至少有 n 次代数精度,从而对 n 次多项式 $q(x)$ 准确成立,故

$$\int_a^b q(x)\rho(x)\mathrm{d}x = \sum_{k=0}^{n}A_kq(x_k).$$

从式(5.29)可以看出,$f(x_k)=q(x_k)$,因此得到

$$\int_a^b f(x)\rho(x)\mathrm{d}x = \int_a^b q(x)\rho(x)\mathrm{d}x = \sum_{k=0}^{n}A_kq(x_k) = \sum_{k=0}^{n}A_kf(x_k),$$

即

$$\int_a^b f(x)\rho(x)\mathrm{d}x = \sum_{k=0}^{n}A_kf(x_k).$$

此式表明,求积公式(5.29)对于一切次数不超过 $2n+1$ 次的多项式均准确成立,因此 x_k $(k=0,1,\cdots,n)$是高斯点.

从以上讨论可知,高斯求积公式具有以下特点:

(1)代数精度达到最高 $2n+1$;

(2)节点是$[a,b]$上带权 $\rho(x)$ 的 $n+1$ 次正交多项式的 $n+1$ 个零点.

2. 高斯求积公式的构造

高斯求积公式存在条件的讨论过程中其实已提供了构造高斯求积公式的方法,即只要去找$[a,b]$上带权 $\rho(x)$ 的 $n+1$ 次正交多项式的 $n+1$ 个零点,因为正交多项式具有以下性质:在$[a,b]$上带权 $\rho(x)$ 的 $n+1$ 次正交多项式一定有 $n+1$ 个零点,且全部位于$[a,b]$内. 由此将这 $n+1$ 个零点作为 $n+1$ 次插值多项式的节点,构造出的插值求积公式即为高斯求积公式,不失一般性,把积分区间取为$[-1,1]$,这是因为利用变换

$$x = \frac{a+b}{2} + \frac{b-a}{2}t$$

总可将区间$[a,b]$变为$[-1,1]$,而积分变为

$$\int_a^b f(x)\mathrm{d}x = \frac{b-a}{2}\int_{-1}^1 g(t)\mathrm{d}t,$$

其中$g(t)=f\left(\frac{a+b}{2}+\frac{b-a}{2}t\right)$,考虑求积公式

$$\int_{-1}^1 f(x)\mathrm{d}x \approx \sum_{k=0}^n A_k f(x_k), \tag{5.30}$$

$n+1$ 次勒让德多项式

$$P_{n+1}(x) = \frac{1}{2^{n+1}\cdot(n+1)!}\frac{\mathrm{d}^{n+1}}{\mathrm{d}x^{n+1}}[(x^2-1)^{n+1}]$$

是区间$[-1,1]$上带权$\rho(x)=1$的正交多项式,其首项系数为$\frac{(2n+2)!}{2^{n+1}\cdot(n+1)!^2}$,$n+1$个零点为在区间$[-1,1]$内互异的实零点. 今取$P_{n+1}(x)=0$的根$x_0,x_1,\cdots,x_n$为求积节点.

这种以勒让德多项式之零点为求积节点的形为式(5.30)的插值型求积公式称为高斯—勒让德求积公式. 求积系数A_k可根据公式对于$f(x)=1,x,\cdots,x^n$准确成立,确定出相应的$n+1$个方程,进而求解出来.

例 5.7 构造一点和两点高斯—勒让德求积公式.

解 一点高斯—勒让德求积公式($n=0$):

$$P_1(x) = \frac{1}{2}\frac{\mathrm{d}}{\mathrm{d}x}(x^2-1) = x,$$

故零点$x_0=0$,从而

$$\int_{-1}^1 f(x)\mathrm{d}x \approx A_0 f(0),$$

由于公式对$f(x)=1$应准确成立,从而可定出$A_0=2$,于是得

$$\int_{-1}^1 f(x)\mathrm{d}x \approx 2f(0).$$

两点高斯—勒让德求积公式($n=1$):

$$P_2(x) = \frac{1}{2^2\cdot 2!}\frac{\mathrm{d}^2}{\mathrm{d}x^2}(x^2-1)^2 = \frac{1}{2}(3x^2-1),$$

其零点为$x_1=-\frac{1}{\sqrt{3}}$,$x_2=\frac{1}{\sqrt{3}}$,从而

$$\int_{-1}^1 f(x)\mathrm{d}x \approx A_0 f\left(-\frac{1}{\sqrt{3}}\right)+A_1 f\left(\frac{1}{\sqrt{3}}\right),$$

由于公式对$f(x)=1,x$应准确成立,有

$$\begin{cases} A_0+A_1=2, \\ A_0\left(-\frac{1}{\sqrt{3}}\right)+A_1\left(\frac{1}{\sqrt{3}}\right)=0, \end{cases}$$

解之得$A_0=A_1=1$,从而得两点高斯—勒让德求积公式为

$$\int_{-1}^{1} f(x)\,\mathrm{d}x \approx f\left(-\frac{1}{\sqrt{3}}\right)+f\left(\frac{1}{\sqrt{3}}\right).$$

由于求积节点 x_k 和系数 A_k 与 $f(x)$ 无关，只与勒让德正交多项式有关，所以为了便于应用，对于不同的 n，将高斯—勒让德求积公式中的节点和系数制成表，使用时只要查表就可方便地写出相应的高斯—勒让德求积公式.

定理 5.9 勒让德多项式 $P_{n+1}(x)$ 的零点为 $x_0,x_1,x_2,\cdots,x_n$，则高斯—勒让德公式为

$$\int_{-1}^{1} f(x)\,\mathrm{d}x \approx \sum_{k=0}^{n} A_k f(x_k),$$

其中

$$A_k = \frac{2}{(1-x_k^{\ 2})\,[P'_{n+1}(x_k)]^2},$$

求积公式的截断误差为

$$R[f] = \frac{2^{2n+3}[(n+1)!]^4}{(2n+3)[(2n+2)!]^3} f^{(2n+2)}(\eta),\quad \eta\in(-1,1).$$

证明略.

表 5.7 给出了部分高斯—勒让德求积公式的节点和系数.

表 5.7

n	x_k	A_k	n	x_k	A_k
0	0	2	5	±0.9324695142 ±0.6612093865 ±0.2386191861	0.1713244924 0.3607615730 0.4679139346
1	±0.5773502692	1			
2	±0.7745966692 0	0.5555555556 0.8888888889	6	±0.9491079123 ±0.7415311856 ±0.4058451514 0	0.1294849662 0.2797053915 0.3818300505 0.4179591837
3	±0.8611363116 ±0.3399810436	0.3478548451 0.6521451549			
4	±0.9061798459 ±0.5384693101 0	0.2369268851 0.4786286705 0.568888889	7	±0.9602898566 ±0.7966664774 ±0.5255324099 ±0.1834346425	0.1012285363 0.2223810345 0.3137066459 0.3626837834

5.6 数值微分

在高等数学中，当函数可用初等函数有限次复合及四则运算来表示时，该函数可用导数定义或求导法则来求其对应的导函数. 然而当函数 $f(x)$ 用表格形式给出时，通常只能用近似方法求其节点上的导数值，这类方法就是所谓的数值微分方法.

5.6.1 利用插值多项式求数值导数

这个方法很简单，首先写出函数 $f(x)$ 在某些点 $x_0,x_1,\cdots,x_n$ 上的 n 次插值多项式 $p_n(x)$，然后用 $p_n(x)$ 近似代替 $f(x)$ 并对 $p_n(x)$ 求导，就可得到函数 $f(x)$ 导数的近似表

达式.

当给定了区间$[a,b]$上一串点$x_i(i=0,1,\cdots,n)$以后,用前面的办法构造满足条件$p_n(x_i)=y_i$的插值多项式$p_n(x)$. 由第4章可知

$$f(x)=p_n(x)+R_n(x)=p_n(x)+\frac{f^{(n+1)}(\xi)}{(n+1)!}\omega(x), \tag{5.31}$$

因此

$$f'(x)=p_n'(x)+R_n'(x),$$

其中

$$R_n'(x)=\frac{\mathrm{d}}{\mathrm{d}x}\left[\frac{f^{(n+1)}(\xi)}{(n+1)!}\omega(x)\right]=\frac{f^{(n+1)}(\xi)}{(n+1)!}\omega'(x)+\omega(x)\frac{\mathrm{d}}{\mathrm{d}x}\left[\frac{f^{(n+1)}(\xi)}{(n+1)!}\right],$$

取$f'(x)\approx p_n'(x)$,其截断误差为$R_n'(x)$. 利用拉格朗日插值公式或牛顿插值公式,就可得出各种数值导数公式. 例如,对拉格朗日插值公式

$$L_n(x)=\sum_{i=0}^{n}l_i(x)f(x_i)$$

求导,有$f'(x)\approx L_n'(x)=\sum\limits_{i=0}^{n}l_i'(x)f(x_i)$. 由于对任意的$x$,

$$R_n'(x)=\frac{f^{(n+1)}(\xi)}{(n+1)!}\omega'(x)+\omega(x)\frac{\mathrm{d}}{\mathrm{d}x}\left[\frac{f^{(n+1)}(\xi)}{(n+1)!}\right]$$

中ξ与x的具体关系无法知道,因此,上式第二项不能求出值来,这样就很难对截断误差$R_n'(x)$作出估计. 但是,如果限定求节点$x_i(i=0,1,\cdots,n)$上的导数值,则上式右端第二项的值为零,故

$$f'(x_i)=L_n'(x_i)+\frac{f^{(n+1)}(\xi)}{(n+1)!}\omega'(x_i). \tag{5.32}$$

据式(5.32)容易得出一系列计算节点x_i处的数值导数公式,特别在等距情形下,有下列常用的数值微分公式.

1. 两点公式

当$n=1$时,即用两个节点x_0,x_1作插值函数,且$h=x_1-x_0$,则

$$L_1(x)=\frac{x-x_0}{h}y_1-\frac{x-x_1}{h}y_0,$$

两边求导即得

$$L_1'(x)=\frac{y_1-y_0}{h},$$

这就是常见的两点公式,即

$$f'(x_0)=f'(x_1)\approx L_1'(x_0)=L_1'(x_1)=\frac{y_1-y_0}{h}, \tag{5.33}$$

其截断误差为

$$\begin{cases}R_1'(x_0)=f'(x_0)-L'(x_0)=-\dfrac{h}{2}f''(\xi),\\ R_1'(x_1)=f'(x_1)-L_1'(x_0)=\dfrac{h}{2}f''(\xi)\end{cases}\quad(x_0\leqslant\xi\leqslant x_1). \tag{5.34}$$

2. 三点公式

当 $n=2$ 时,即用三个点 x_0,x_1,x_2 作二次插值多项式,且 $x_2-x_1=x_1-x_0=h$,则

$$L_2(x)=\frac{(x-x_1)(x-x_2)}{2h^2}y_0-\frac{(x-x_0)(x-x_2)}{h^2}y_1+\frac{(x-x_0)(x-x_1)}{2h^2}y_2,$$

两边求导得

$$L_2'(x)=\frac{x-x_1+x-x_2}{2h^2}y_0-\frac{x-x_0+x-x_2}{h^2}y_1+\frac{x-x_0+x-x_1}{2h^2}y_2,$$

于是得到三点公式

$$\begin{cases}f'(x_0)\approx L_2'(x_0)=\dfrac{-3y_0+4y_1-y_2}{2h},\\ f'(x_1)\approx L_2'(x_1)=\dfrac{y_2-y_0}{2h},\\ f'(x_2)\approx L_2'(x_2)=\dfrac{y_0-4y_1+3y_2}{2h},\end{cases}\tag{5.35}$$

其截断误差为

$$\begin{cases}R_2'(x_0)=f'(x_0)-L_2'(x_0)=\dfrac{h^2}{3}f'''(\xi),\\ R_2'(x_1)=f'(x_1)-L_2'(x_1)=-\dfrac{h^2}{6}f'''(\xi),\quad (x_0\leqslant\xi\leqslant x_2).\\ R_2'(x_2)=f'(x_2)-L_2'(x_2)=\dfrac{h^2}{3}f'''(\xi)\end{cases}\tag{5.36}$$

对于经过三点的二次插值多项式,还可以求二阶导数,得到二阶的数值导数公式

$$f''(x_0)=f''(x_1)=f''(x_2)\approx L_2''(x_0)=L_2''(x_1)=L_2''(x_2)=\frac{y_0-2y_1+y_2}{h^2},\tag{5.37}$$

它们的截断误差为

$$\begin{cases}R_2''(x_0)=-hf'''(\xi_1)+\dfrac{h^2}{6}f^{(4)}(\xi_0),\\ R_2''(x_1)=-\dfrac{h^2}{12}f^{(4)}(\xi_1),\quad \xi_0,\xi_1,\xi_2\in[x_0,x_1].\\ R_2''(x_2)=hf'''(\xi_1)-\dfrac{h^2}{6}f^{(4)}(\xi_2)\end{cases}\tag{5.38}$$

从上面这些数值导数公式及其余项的分析来看,似乎 h 越小精度越高,但是在实际计算中并不这样简单,下面看一个例子.

设 $f(x)=\mathrm{e}^x$,用四位有效数字计算并给出相应的表 5.8,现在用数值导数公式(5.35)中的第二式来计算 $f'(1)$ 的近似值,对几种不同的步长计算结果见表 5.9.

表 5.8

x	0	…	0.90	…	0.99	1.00	1.01	…	1.10	…	2
e^x	1.000	…	2.460	…	2.691	2.718	2.746	…	3.004	…	7.389

表 5.9

h	$f'(1)$的近似值	误差
1	3.195	0.477
0.1	2.720	0.002
0.01	2.750	0.032

从表5.9可以看到,当步长由1减少到0.1时,误差(是指$f'(1)$的近似值与精确值之差)有了显著的改善,但是当步长由0.1减少到0.01时,误差反而有所增加.问题的根源在于前面讨论的只是截断误差,而在实际计算中,截断误差只是误差的一部分,还有舍入误差,而数值微分恰好对舍入误差非常敏感,它随h的缩小而增大,这就是计算的不稳定性所在,所以在计算数值微分时,要特别注意误差分析.还要指出的是,当$p_n(x)$收敛到$f(x)$时,$p_n'(x)$不一定收敛到$f'(x)$,为避免这方面的问题,可用样条插值函数来求数值微分.

5.6.2 利用三次样条插值函数来求数值导数

如果用三次样条插值函数$s(x)$作为$f(x)$的近似函数,不但可以使函数值非常接近,而且导数值也非常接近.因为在一定条件(如$f(x)$具有连续的四阶导数)下,当$h=\max\limits_{1\leqslant i\leqslant n}h_i$趋于零时,可以证明$s(x),s'(x),s''(x),s'''(x)$分别收敛于$f(x),f'(x),f''(x),f'''(x)$,并且有

$$
\begin{aligned}
|f(x)-s(x)| &= O(h^4),\\
|f'(x)-s'(x)| &= O(h^3),\\
|f''(x)-s''(x)| &= O(h^2),\\
|f'''(x)-s'''(x)| &= O(h),
\end{aligned}
$$

其中$O(h^i)(i=0,1,2,3,4)$表示h^i的同阶无穷小量.因此,用三次样条插值函数求数值导数,比用插值法可靠性大.通过样条插值求数值导数,得

$$
\begin{aligned}
s'(x) = {}& \frac{6}{h_i^2}\left[\frac{1}{h_i}(x_i-x)^2-(x_i-x)\right]y_{i-1}+\frac{6}{h_i^2}\left[(x-x_{i-1})-\frac{1}{h_i}(x-x_{i-1})^2\right]y_i\\
&+\frac{1}{h_i}\left[\frac{3}{h_i}(x_i-x)^2-2(x_i-x)\right]m_{i-1}-\frac{1}{h_i}\left[2(x-x_{i-1})-\frac{3}{h_i}(x-x_{i-1})^2\right]m_i. \quad (5.39)
\end{aligned}
$$

对于任意x,$f'(x)\approx s'(x)$,如果只要求节点x_i上的导数,则$f'(x_i)\approx m_i(i=0,1,\cdots,n)$,若对式(5.39)再求一次导数,则得求$f''(x)$的一个近似公式

$$
\begin{aligned}
f''(x)\approx s''(x) = {}& \frac{6}{h_i^2}\left[1-\frac{2}{h_i}(x_i-x)\right]y_{i-1}+\frac{6}{h_i^2}\left[1-\frac{2}{h_i}(x-x_{i-1})\right]y_i\\
&+\frac{2}{h_i}\left[1-\frac{3}{h_i}(x_i-x)\right]m_{i-1}-\frac{2}{h_i}\left[1-\frac{3}{h_i}(x-x_{i-1})\right]m_i \qquad (5.40)
\end{aligned}
$$

习题五

5.1 说明中矩形求积公式的几何意义,并证明

$$\int_a^b f(x)\,\mathrm{d}x = (b-a)f\left(\frac{a+b}{2}\right)+\frac{(b-a)^3}{24}f''(\eta) \quad (a \leqslant \eta \leqslant b).$$

5.2 若 $f''(x)>0$,证明用梯形公式计算积分 $\int_a^b f(x)\,\mathrm{d}x$ 所得结果比准确值大,并说明其几何意义.

5.3 用辛浦生公式求积分 $\int_0^1 \mathrm{e}^{-x}\mathrm{d}x$, 并估计误差,结果要求保留小数点后五位.

5.4 用梯形公式、辛浦生公式及柯特斯公式计算积分 $\int_0^1 \frac{\mathrm{d}x}{1+x}$.

5.5 验证当 $f(x)=x^5$ 时,柯特斯求积公式准确成立.

5.6 确定下列求积公式中的特定参数,使其代数精度尽量高,并指明所得公式具有的代数精度:

$$\int_{-1}^1 f(x)\,\mathrm{d}x \approx \frac{1}{3}[f(-1)+2f(x_1)+3f(x_2)].$$

5.7 用复化梯形公式、复化辛浦生公式按六位小数计算积分 $I=\int_0^1 f(x)\,\mathrm{d}x$,其中 $f(x)$ 由下表给出:

x	0	0.1	0.2	0.3	0.4
$f(x)$	1	1.004971	1.019536	1.042668	1.072707

x	0.5	0.6	0.7	0.8	0.9	1.0
$f(x)$	1.107432	1.144157	1.179859	1.211307	1.235211	1.248375

注:本题的 $f(x)=\cos x+\sin^2 x$,积分真值 $I=0.11414677$.

5.8 用复化梯形公式、复化辛浦生公式按五位小数计算积分(按复化辛浦生法取 $n=5$)

$$\sqrt{\frac{2}{\pi}}\int_0^1 \mathrm{e}^{-\frac{x^2}{2}}\mathrm{d}x .$$

注:其真值为 0.68269.

5.9 用积分 $\int_2^8 \frac{\mathrm{d}x}{2x}=\ln 2$ 计算 $\ln 2$, 使误差的绝对值不超过 $\frac{1}{2}\times 10^{-5}$,估计用梯形公式要取多少个节点?

5.10 应用龙贝格求积公式计算 $\int_1^3 \frac{1}{y}\mathrm{d}y$, 结果要求保留小数点后五位.

5.11 用逐次分半加速法计算 $\int_1^3 \sqrt{x}\,\mathrm{d}x$, 要求误差小于$10^{-5}$.

5.12　用三点高斯公式计算 $\int_1^3 \frac{1}{y}\mathrm{d}y$，结果要求保留小数点后五位.

5.13　计算积分 $\int_0^1 \frac{\arctan x}{x^{3/2}}\mathrm{d}x$，结果要求具有五位有效数字.

5.14　选取下面求积公式中的常数 a，使它的代数精度尽量高：

$$\int_0^h f(x)\,\mathrm{d}x \approx \frac{h}{2}[f(0)+f(h)] + ah^2[f'(0)-f'(h)].$$

5.15　确定求积公式

$$\int_{x_0}^{x_1}(x-x_0)f(x)\,\mathrm{d}x = h^2(Af_0+Bf_1)+h^3(Cf'_0+Df'_1)+R$$

的系数 A,B,C 和 D，使代数精度尽量高. 其中 $h=x_1-x_0$，$f_1=f(x_1)$，$f_0=f(x_0)$，R 为余项.

5.16　设 $f(x)$ 在 $[x_0-2h,x_0+2h]$ 上有四阶连续的导数，$h>0$，$x_k=x_0+kh$，$f(x_k)=f_k(k=\pm2,\pm1,0)$，求证：

(1) $f'(x_0)=\frac{1}{12h}[f_{-2}-8f_{-1}+8f_1-f_2]+O(h^4)$；

(2) $f''(x_0)=\frac{1}{h^2}[f_1+f_{-1}-2f_0]+O(h^2)$.

提示：在点 x_0+kh 处进行泰勒展开讨论.

5.17　已知函数表：

x	1	2	4	8	10
y	0	1	5	21	27

求 $x=\varphi(y)$ 在 $y=5$ 处的一、二阶导数值.

5.18　用两点公式与三点公式求 $f(x)=\frac{1}{(1+x)^2}$ 在 $x=1.0,1.2$ 处的导数值，并估计误差. $f(x)$ 的值由下表给出：

x	1.0	1.1	1.2	1.3
$f(x)=\frac{1}{(1+x)^2}$	0.2500	0.2268	0.2066	0.1890

复习题五

5.1　为什么要研究数值微分和数值积分？

5.2　何谓求积公式的代数精度？如何应用？

5.3　什么是插值型求积公式？求积系数有哪些性质？

5.4　什么是牛顿—柯特斯公式？常用的有哪些？它们的代数精度分别是多少？

5.5　试确定常数 A,B,C 和 a，使得数值积分公式

$$\int_{-1}^1 f(x)\,\mathrm{d}x = Af(-a)+Bf(0)+Cf(a)$$

有尽可能高的代数精度. 所得的数值积分公式代数精度是多少？它是否为高斯型的？

5.6 已知求积公式 $\int_0^1 f(x)\,dx \approx A_0 f(x_0)$，求 A_0 和 x_0，使该求积公式具有尽可能高的代数精确度.

5.7 用 $n=8$ 的复化梯形公式(或复化辛浦生公式)计算 $\int_0^1 e^{-x}dx$ 时，求：

(1)试用余项估计其误差；

(2) $n=8$ 的复化梯形公式(复化辛浦生公式)计算出该积分的近似值.

5.8 已知积分 $\int_0^1 e^x dx$，为保证积分有五位有效数字，求：

(1)在使用复化梯形公式计算 T_n 时，n 至少取多大?

(2)在使用复化辛浦生公式计算 S_n 时，n 至少取多大?

5.9 利用龙贝格求积公式计算积分 $\int_0^1 e^{x^2}dx$.

5.10 已知积分 $I=\int_0^1 \frac{\arctan x}{x^{3/2}}dx$，

(1)用龙贝格求积公式计算 I；

(2)用高斯—勒让德公式计算 I.

5.11 对于积分公式 $\int_{-1}^1 (1+x^2)f(x)\,dx \approx a[f(x_0)+f(x_1)]$，

(1)确定求积公式中的待定参数 a, x_0, x_1，使其代数精度尽可能高，并指出其代数精度的次数；

(2)使用该公式计算积分 $\int_{-1}^1 x^4(1+x^2)\,dx$，并指出误差.

5.12 设 $I_n(f)=\sum_{k=0}^{n} A_k f(x_k)$ 是插值型求积公式，证明：

(1)若 $A_k>0(k=0,1,\cdots,n)$，则求积公式是稳定的；

(2)若 $I_n(f)=\sum_{k=0}^{n} A_k f(x_k)$ 是高斯型求积公式，则 $A_k>0(k=0,1,\cdots,n)$.

上机实践题五

5.1 分别用复化梯形公式和复化辛浦生公式计算积分：

(1) $\int_0^1 \frac{(1-e^{-x})^{\frac{1}{2}}}{x}dx$； (2) $\int_0^{\frac{\pi}{6}} \sqrt{1-\sin^2\varphi}\,d\varphi$.

5.2 用龙贝格求积公式计算 $I=\int_0^1 x\sin x\,dx$.

5.3 利用高斯—勒让德公式计算 $\int_1^3 e^x \sin x\,dx$.

第6章 常微分方程初值问题的数值解法

6.1 引言

在许多科学技术研究中,如天文学中星体运动的研究,空间技术中物体飞行的研究,自动控制系统研究等,都需要解常微分方程(ordinary differential equation,ODE)初值问题.这类问题的数学形式是求函数 $y(x)$ 满足下列常微分方程

$$y'(x) = f(x,y) \quad (x \geqslant x_0) \tag{6.1}$$

和初值条件

$$y(x_0) = y_0. \tag{6.2}$$

在几何上,式(6.1)的解表现为一簇曲线,称为式(6.1)的积分曲线.初值问题(6.1)及式(6.2)就是求一条过点 (x_0,y_0) 的积分曲线.关于这类问题解的存在性、唯一性及它的光滑性质,通过下面定理给出.

定理 6.1 对初值问题(6.1)及式(6.2),若 $f(x,y)$ 在区域

$$G = \{a \leqslant x \leqslant b, |y| < \infty\}$$

内连续,且关于 y 满足李普希兹(Lipschitz)条件,即存在常数 L,使

$$|f(x,y_1) - f(x,y_2)| \leqslant L|y_1 - y_2| \tag{6.3}$$

对 G 中任意两个 y_1,y_2 均成立,其中 L 是与 x,y 无关的常数,则初值问题(6.1)及式(6.2)在 (a,b) 内存在唯一解,且解是连续可微的.

证明略.

为了保证初值问题解的存在唯一性,假设 $f(x,y)$ 及 $f_y(x,y)$ 在含点 (x_0,y_0) 的某一区域 G 上连续有界,这种函数一定满足李普希兹条件(6.3),从而根据定理 6.1,初值问题必有唯一解存在.但是在许多实际问题中,往往不能求出它的解析解,有时即使能求出解析解,其解的表达式也非常复杂,在应用上仍需经过近似计算.因此发展了另一类求解方法——数值解法.它的重点不在于求精确解,而是直接求一系列点上的满足一定精度要求

的数值解.

所谓数值解,就是在解存在的区间上取一系列点 x_i,不妨设

$$x_0 < x_1 < x_2 < \cdots < x_n < \cdots,$$

逐个求出 $y(x_i)$ 的近似值 $y_i(i=1,2,3,\cdots)$. 一般地,取 x_i 为等距节点,即 $x_i = x_0 + ih(i = 1,2,3,\cdots)$,其中 h 为一常数,称为步长.

数值解法的思想由来已久,它不但是求解微分方程的工具,也常作为论证解存在的手段. 这种方法虽有许多年的历史,然而仅在近几十年,由于电子计算机的快速发展,才被广泛使用. 正是由于这个原因,常微分方程数值解法本身也得到了迅速的发展,出现了不少高精度的计算方法.

6.2 欧拉法及其改进方法

6.2.1 欧拉法

1. 欧拉公式

欧拉(Euler)法是最早的一种数值方法,由于它本身不够精确,很少被采用. 但是它结构简单,在某种程度上反映了数值方法的基本思想.

从几何上看,初值问题(6.1)及式(6.2)的解 $y(x)$ 代表一条过点(x_0,y_0)的曲线,且曲线上任一点(x,y)的切线斜率为$f(x,y)$. 现在从(x_0,y_0)点出发,作解曲线 $y(x)$ 的切线,由于这点的切线斜率为$f(x_0,y_0)$,故切线方程为

$$y = y_0 + f(x_0,y_0)(x - x_0),$$

设在 x_0 附近,切线可以作为曲线的近似. 令 $x=x_1$,就得到 $y(x_1)$ 的近似值

$$y_1 = y_0 + f(x_0,y_0)(x_1 - x_0) = y_0 + f(x_0,y_0)h,$$

再从(x_1,y_1)点出发,以$f(x_1,y_1)$为斜率,作直线方程

$$y = y_1 + f(x_1,y_1)(x - x_1),$$

令 $x=x_2$,就得到 $y(x_2)$ 的近似值

$$y_2 = y_1 + f(x_1,y_1)h.$$

依此类推,一般地 $y(x_{n+1})$ 的近似值 y_{n+1} 为

$$y_{n+1} = y_n + hf(x_n,y_n) \quad (n = 0,1,2,\cdots). \tag{6.4}$$

上式就称为欧拉公式. 其几何意义是用一条折线近似代替积分曲线 $y=y(x)$,如图6.1所示. 因此欧拉法又称为折线法.

2. 欧拉法的误差分析

定义6.1 对于初值问题,当假设 y_i 是精确解时,用某种方法求 y_{i+1}时所产生的截断误差称为该方法的局部截断误差.

下面分析欧拉法的局部截断误差. 设 $y(x)$ 是二次连续可微且 $y_i = y(x_i)$ 是准确的,应用泰勒公式展开有

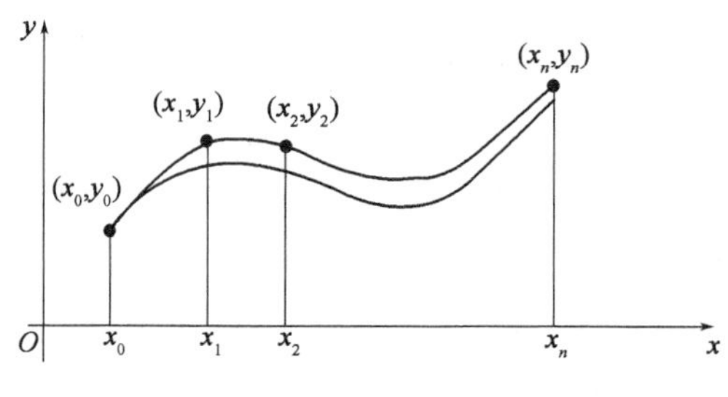

图 6.1

$$y(x_{i+1}) = y(x_i + h) = y(x_i) + hy'(x_i) + \frac{h^2}{2!}y''(\xi_i), \xi_i \in (x_i, x_{i+1}),$$

即有

$$y(x_{i+1}) = y_i + hf(x_i, y_i) + O(h^2),$$

与式(6.4)比较得到

$$y(x_{i+1}) - y_{i+1} = O(h^2), \tag{6.5}$$

即欧拉法的局部截断误差为 $O(h^2)$.

局部截断误差只是计算一步的误差,事实上,由于每一步都会产生误差,因此误差会积累,误差有可能越来越大,导致计算失真;误差也有可能能得到很好的控制.因此除了考虑局部截断误差外,还要考虑整体截断误差.

定义 6.2 设 y_i 是用某种方法计算初值问题(6.1)及式(6.2)在 x_i 点的近似解,而 $y(x_i)$ 是它的精确解,则称

$$\varepsilon_i = y(x_i) - y_i$$

为该方法的整体截断误差,也称为该方法的精度.

下面来分析欧拉法的精度.设把求解区间 $[a,b]$ 分成 n 等份,分点为 $x_i = x_0 + ih (i = 0,1,2,\cdots,n)$,其中 $x_0 = a, h = \frac{b-a}{n}$ 为步长.又设初值问题(6.1)及式(6.2)的解 $y(x)$ 二次连续可微,$f(x,y)$ 关于 y 满足李普希兹条件(6.3),记 $M_2 = \max\limits_{a \leqslant x \leqslant b} |y''(x)|$,则由泰勒展开有

$$y(x_{i+1}) = y(x_i) + y'(x_i)(x_{i+1} - x_i) + \frac{y''(\xi_i)}{2!}(x_{i+1} - x_i)^2 = y(x_i) + hf(x_i, y(x_i)) + R_i, \tag{6.6}$$

其中 $R_i = \frac{y''(\xi_i)}{2!}h^2$,故

$$|R_i| = \frac{h^2}{2!}M_2,$$

记 $R = \frac{h^2}{2}M_2$,把式(6.6)与欧拉公式(6.4)相减得

$$|y(x_{i+1}) - y_{i+1}| \leqslant |y(x_i) - y_i| + hL|y(x_i) - y_i| + |R_i|,$$

记 $\varepsilon_i = y(x_i) - y_i$,则

$$|\varepsilon_{i+1}| \leqslant (1+hL)|\varepsilon_i| + |R| \leqslant (1+hL)^2|\varepsilon_{i-1}| + (1+hL)R + R \leqslant \cdots$$

$$\leqslant (1+hL)^{i+1}|\varepsilon_0| + R\sum_{k=0}^{i}(1+hL)^k.$$

由于 $\varepsilon_0 = y(x_0) - y_0 = 0$,故

$$|\varepsilon_{i+1}| \leqslant R\sum_{k=0}^{i}(1+hL)^k = \frac{R}{hL}[(1+hL)^{i+1} - 1].$$

利用公式

$$e^x = 1 + x + \frac{x^2}{2!} + \cdots \geqslant 1 + x \quad (x \geqslant 0),$$

得到

$$|\varepsilon_{i+1}| \leqslant \frac{R}{hL}[e^{hL(i+1)} - 1] \quad (i = 0,1,\cdots,n-1).$$

由于 $(i+1)h \leqslant nh = b-a$,因此

$$|\varepsilon_{i+1}| \leqslant \frac{R}{hL}[e^{L(b-a)} - 1] = \frac{h}{2L}M_2[e^{L(b-a)} - 1] = O(h), \tag{6.7}$$

即欧拉法的整体截断误差为 $O(h)$,比局部截断误差低一阶,欧拉法是一阶精度的.

例 6.1　用欧拉法解下列初值问题:

$$\begin{cases} y' = y - 2x/y, & x \in [0,0.9], \\ y(0) = 1. \end{cases}$$

解　由欧拉公式(6.4)知

$$y_{i+1} = y_i + h\left(y_i - \frac{2x_i}{y_i}\right) \quad (i = 0,1,2,\cdots),$$

取步长 $h = 0.1$,则有

$$y_0 = 1, y_1 = y_0 + h\left(y_0 - \frac{2x_0}{y_0}\right) = 1 + 0.1 = 1.1.$$

依次往下计算,其结果列于表 6.1 中.

表 6.1

x_i	y_i	x_i	y_i
0	1	0.5	1.4351
0.1	1.1	0.6	1.5090
0.2	1.1918	0.7	1.5803
0.3	1.2774	0.8	1.6498
0.4	1.3582	0.9	1.7178

6.2.2　梯形法

对微分方程

$$\frac{dy}{dx} = f(x,y),$$

两边在区间$[x_i,x_{i+1}]$上积分,有

$$y(x_{i+1})-y(x_i)=\int_{x_i}^{x_{i+1}}f(x,y)\mathrm{d}x, \tag{6.8}$$

于是微分方程(6.1)化为积分方程(6.8),利用数值积分公式就可以得到$y(x_{i+1})$近似值的计算公式. 如果用左矩形公式来计算式(6.8)右边的积分,则有

$$\int_{x_i}^{x_{i+1}}f(x,y)\mathrm{d}x\approx f(x_i,y_i)h,$$

于是由式(6.8)得计算公式

$$y_{i+1}=y_i+f(x_i,y_i)h.$$

这正是欧拉公式. 可见欧拉公式的精度比较低. 如果用梯形公式来计算式(6.8)式右边的积分,有

$$\int_{x_i}^{x_{i+1}}f(x,y)\mathrm{d}x\approx\frac{h}{2}[f(x_i,y_i)+f(x_{i+1},y_{i+1})],$$

于是得到

$$y_{i+1}=y_i+\frac{h}{2}[f(x_i,y_i)+f(x_{i+1},y_{i+1})]\quad(i=0,1,2,\cdots). \tag{6.9}$$

称上式为梯形公式.

由于式(6.9)右端f中含有y_{i+1},因此不能直接求出y_{i+1},通常用迭代法进行计算. 其迭代初值由欧拉公式提供,即

$$\begin{cases}y_{i+1}^{(0)}=y_i+hf(x_i,y_i),\\ y_{i+1}^{(k+1)}=y_i+\dfrac{h}{2}[f(x_i,y_i)+f(x_{i+1},y_{i+1}^{(k)})]\quad(k=0,1,2,\cdots).\end{cases} \tag{6.10}$$

迭代公式(6.10)是否收敛,即是否有$\lim\limits_{k\to\infty}y_{i+1}^{(k+1)}=y_{i+1}$? 把式(6.10)与式(6.9)相减得

$$\begin{aligned}|y_{i+1}-y_{i+1}^{(k+1)}|&=\frac{h}{2}|f(x_{i+1},y_{i+1})-f(x_{i+1},y_{i+1}^{(k)})|\\&\leqslant\frac{h}{2}L|y_{i+1}-y_{i+1}^{(k)}|\leqslant\cdots\leqslant\left(\frac{hL}{2}\right)^{k+1}|y_{i+1}-y_{i+1}^{(0)}|,\end{aligned}$$

所以只要$\frac{hL}{2}<1$,即步长$h<2/L$,就有

$$|y_{i+1}-y_{i+1}^{(k+1)}|\to0\quad(k\to\infty),$$

即迭代公式(6.10)收敛.

6.2.3 改进的欧拉法

用迭代公式(6.10)进行计算时,由于每计算一个点,都需要进行反复迭代,计算量较大. 为了减少计算量,只让它迭代一次,即令$y_{i+1}=y_{i+1}^{(1)}$,则式(6.10)可改写为

$$\begin{cases}y_{i+1}^{(0)}=y_i+hf(x_i,y_i),\\ y_{i+1}=y_i+\dfrac{h}{2}[f(x_i,y_i)+f(x_{i+1},y_{i+1}^{(0)})],\end{cases} \tag{6.11}$$

称式(6.11)为改进的欧拉法,其中第一行公式称为预报公式,第二行公式称为校正公式.

式(6.11)还可以写成下列形式:

$$\begin{cases} y_{i+1} = y_i + \frac{1}{2}k_1 + \frac{1}{2}k_2, \\ k_1 = hf(x_i, y_i), \\ k_2 = hf(x_i + h, y_i + k_1). \end{cases} \tag{6.12}$$

下面分析改进的欧拉法公式(6.12)的局部截断误差. 设 $y_i = y(x)$ 是精确解,则应用二元函数的泰勒展开有

$$\begin{aligned} k_1 &= hf(x_i, y_i) = hy'(x_i), \\ k_2 &= hf(x_i + h, y_i + k_1) \\ &= h[f(x_i, y_i) + hf_x(x_i, y_i) + k_1 f_y(x_i, y_i) + O(h^2)] \\ &= hy'(x_i) + h^2[f_x(x_i, y_i) + y'(x_i)f_y(x_i, y_i)] + O(h^3). \end{aligned}$$

由于 $y'(x) = f(x, y)$,故

$$y''(x) = \frac{\mathrm{d}}{\mathrm{d}x}f(x, y(x)) = f_x(x, y) + f_y(x, y)y',$$

于是

$$k_2 = hy'(x_i) + h^2 y''(x_i) + O(h^3),$$

从而

$$y_{i+1} = y_i + hy'(x_i) + \frac{h^2}{2}y''(x_i) + O(h^3),$$

把它与准确值

$$y(x_{i+1}) = y(x_i) + hy'(x_i) + \frac{h^2}{2}y''(x_i) + \frac{h^3}{3!}y'''(\xi)$$

比较知

$$y(x_{i+1}) - y_{i+1} = O(h^3).$$

上式表明改进的欧拉法的局部截断误差为 $O(h^3)$,可以证明其整体截断误差为 $O(h^2)$,故改进的欧拉法公式的精度是二阶的,比欧拉法高一阶.

例 6.2 应用改进的欧拉法重新计算例 6.1.

解 由改进的欧拉法公式(6.11)有

$$\begin{cases} y_{i+1}^{(0)} = y_i + h\left(y_i - \frac{2x_i}{y_i}\right), \\ y_{i+1} = y_i + \frac{h}{2}\left[\left(y_i - \frac{2x_i}{y_i}\right) + \left(y_{i+1}^{(0)} - \frac{2x_{i+1}}{y_{i+1}^{(0)}}\right)\right]. \end{cases}$$

仍取 $h = 0.1$,计算结果列于表 6.2 中. 为了便于比较把欧拉法的计算结果和精确解 $y(x) = \sqrt{1 + 2x}$ 的结果一起列表. 从表中可以看出,改进的欧拉法的精度比欧拉法的精度高.

表 6.2

x_i	欧拉法 y_i	改进的欧拉法 y_i	精确解 $y(x_i)$
0	1	1	1
0.1	1.1	1.095909	1.095445
0.2	1.191818	1.184096	1.183216
0.3	1.277438	1.266201	1.264911
0.4	1.358213	1.34360	1.341641
0.5	1.435133	1.416402	1.414214
0.6	1.508966	1.485956	1.483240
0.7	1.580338	1.552515	1.549193
0.8	1.649783	1.616976	1.612452
0.9	1.717779	1.678168	1.673320
1.0	1.784770	1.737869	1.732051

6.3 龙格—库塔法

6.3.1 龙格—库塔(Runge - Kutta)法的基本思想

对于初值问题

$$\begin{cases}\dfrac{dy}{dx}=f(x,y), & x\in[a,b],\\ y(x_0)=y_0,\end{cases}$$

根据拉格朗日中值定理,有

$$\begin{aligned}y(x_{i+1})&=y(x_i)+hy'(x_i+\theta h)\\&=y(x_i)+hf(x_i+\theta h,y(x_i+\theta h)),\quad 0<\theta<1,\end{aligned}$$

记 $K^*=f(x_i+\theta h,y(x_i+\theta h))$,则

$$y(x_{i+1})=y(x_i)+hK^*, \tag{6.13}$$

K^* 称为 $y(x)$ 在区间 $[x_i,x_{i+1}]$ 上的平均变化率. 由于 θ 未知,因此 K^* 未知. 通过对 K^* 的逼近,可以得到相应的计算公式. 如果取 $f(x_i,y_i)$ 作为 K^* 的近似值,即 $K^*\approx f(x_i,y_i)$,则由式(6.13)就得到欧拉公式. 如果取 $f(x,y)$ 在端点 (x_i,y_i) 和 (x_{i+1},y_{i+1}) 的平均值作为 K^* 的近似值,即取

$$K^*\approx\frac{1}{2}[f(x_i,y_i)+f(x_{i+1},y_{i+1})],$$

则由式(6.13)得到的正是改进的欧拉公式. 可见通过多计算一些点的平均值,可以提高精度. 下面取 r 个点 $(x_i+\alpha_j h,y_i+\beta_j h)(j=1,2,\cdots,r)$,用这 r 个点函数值 f 的加权平均作为 K^* 的近似,即

$$K^*\approx\sum_{j=1}^{r}\omega_j f(x_i+\alpha_j h,y_i+\beta_j h),$$

其中 ω_j 为权系数. 于是得到一般公式

$$y_{i+1}=y_i+h\sum_{j=1}^{r}\omega_j f(x_i+\alpha_j h, y_i+\beta_j h), \tag{6.14}$$

其中 $\alpha_j,\beta_j,\omega_j$ 为待定系数. 希望选择这些系数,使得上述公式的精度尽量高. 通过泰勒展开,使得 y_{i+1}展开的前 $p+1$ 项完全与 $y(x_{i+1})$展开的前 $p+1$ 项相等,则式(6.14)的局部截断误差为

$$y(x_{i+1})-y_{i+1}=O(h^{p+1}),$$

这时公式具有 p 阶精度. 这就是龙格—库塔法的基本思想.

6.3.2 龙格—库塔公式

再以两点 $x_i, x_{i+p}=x_i+\alpha h$ 为例说明式(6.14)中系数的求法. 在这种情况下式(6.14)可以写成

$$\begin{cases} y_{i+1}=y_i+\omega_1 k_1+\omega_2 k_2, \\ k_1=hf(x_i,y_i), \\ k_2=hf(x_i+\alpha h, y_i+\beta k_1), \end{cases} \tag{6.15}$$

其中 $\omega_1,\omega_2,\alpha,\beta$ 为待定系数. 由二元函数泰勒展开式有

$$\begin{aligned} k_2 &= h[f(x_i,y_i)+\alpha h f_x(x_i,y_i)+\beta k_1 f_y(x_i,y_i)+O(h^2)] \\ &= hy'(x_i)+h^2[\alpha f_x(x_i,y_i)+\beta f_y(x_i,y_i)y'(x_i)]+O(h^3). \end{aligned}$$

将上式代入式(6.15),得到 y_{i+1}的展开式

$$y_{i+1}=y_i+h(\omega_1+\omega_2)y'(x_i)+h^2[\alpha\omega_2 f_x(x_i,y_i)+\omega_2\beta f_y(x_i,y_i)y'(x_i)]+O(h^3), \tag{6.16}$$

利用

$$y'=f(x,y), y''(x)=f_x(x,y)+f_y(x,y)y',$$

得到 $y(x_{i+1})$的展开式

$$\begin{aligned} y(x_{i+1}) &= y(x_i)+hy'(x_i)+h^2y''(x_i)+O(h^3) \\ &= y(x_i)+hy'(x_i)+\frac{h^2}{2}[f_x(x_i,y_i)+f_y(x_i,y_i)y'(x_i)]+O(h^3), \end{aligned}$$

把它与式(6.16)比较,使它们前三项相等,得

$$\begin{cases} \omega_1+\omega_2=1, \\ \omega_2\alpha=1/2, \\ \omega_2\beta=1/2, \end{cases} \tag{6.17}$$

则 $y(x_{i+1})-y_{i+1}=O(h^3)$. 满足式(6.17)的解有无穷多个,对应于式(6.15)的公式均具有二阶精度,统称为二阶龙格—库塔公式.

特别地,取 $\alpha=1,\omega_1=\omega_2=1/2,\beta=1$,式(6.15)正好是改进的欧拉法公式. 如取 $\omega_1=0$, $\omega_2=1,\alpha=\beta=1/2$,则式(6.15)化为

$$\begin{cases} y_{i+1} = y_i + k_2, \\ k_1 = hf(x_i, y_i), \\ k_2 = hf\left(x_i + \frac{1}{2}h, y_i + \frac{1}{2}k_1\right), \end{cases} \tag{6.18}$$

用同样的方法可以构造出三阶、四阶的龙格—库塔公式. 一般常用的三阶龙格—库塔公式为

$$\begin{cases} y_{i+1} = y_i + \frac{1}{6}(k_1 + 4k_2 + k_3), \\ k_1 = hf(x_i, y_i), \\ k_2 = hf\left(x_i + \frac{1}{2}h, y_i + \frac{1}{2}k_1\right), \\ k_3 = hf(x_i + h, y_i - k_1 + 2k_2), \end{cases} \tag{6.19}$$

其局部截断误差为 $O(h^4)$.

在实际应用中,更为常用的是下列四阶龙格—库塔公式

$$\begin{cases} y_{i+1} = y_i + \frac{h}{6}(k_1 + 2k_2 + 2k_3 + k_4), \\ k_1 = f(x_i, y_i), \\ k_2 = f\left(x_i + \frac{1}{2}h, y_i + \frac{h}{2}k_1\right), \\ k_3 = f\left(x_i + \frac{1}{2}h, y_i + \frac{h}{2}k_2\right), \\ k_4 = f(x_i + h, y_i + hk_3), \end{cases} \tag{6.20}$$

上式又称为经典的龙格—库塔公式,其局部截断误差为 $O(h^5)$,具有四阶精度.

例 6.3 用经典的龙格—库塔公式计算例 6.1,取步长 $h=0.2$.

解 由 $x_0=0, y_0=1, h=0.2$,利用式(6.20)可计算出

$$k_1 = f(x_0, y_0) = 1 - \frac{2x_0}{1} = 1,$$

$$k_2 = f\left(x_0 + \frac{1}{2}h, y_0 + \frac{h}{2}k_1\right) = f(0.1, 1.1) = 0.91818,$$

$$k_3 = f\left(x_i + \frac{1}{2}h, y_i + \frac{h}{2}k_2\right) = 0.90864,$$

$$k_4 = f(x_i + h, y_i + hk_3) = 0.84324,$$

从而

$$y_1 = y_0 + \frac{h}{6}(k_1 + 2k_2 + 2k_3 + k_4) = 1.18323,$$

依次可计算出 $y_2, y_3, \cdots$,结果列于表 6.3 中,与例 6.2 相比,尽管步长 h 增大一倍,但精度比改进的欧拉法高.

表 6.3

i	x_i	y_i
0	0	1
1	0.2	1.18323
2	0.4	1.341667
3	0.6	1.483281
4	0.8	1.612513
5	1.0	1.732140

6.3.3 计算步骤

对初值问题

$$\begin{cases} \dfrac{\mathrm{d}y}{\mathrm{d}x} = f(x,y), \quad x \in [a,b], \\ y(x_0) = y_0, \end{cases}$$

应用四阶龙格—库塔法求数值解的计算步骤为：

(1)确定步长 h,若把区间$[a,b]$分成 n 等份,则 $h = \dfrac{b-a}{n}$.

(2)初始化变量 $x = x_0, y = y_0$.

(3)对 $i = 1,2,\cdots,n$,

①计算：

$$\begin{cases} k_1 = f(x,y), \\ k_2 = f\left(x + \dfrac{1}{2}h, y + \dfrac{h}{2}k_1\right), \\ k_3 = f\left(x + \dfrac{1}{2}h, y + \dfrac{h}{2}k_2\right), \\ k_4 = f(x + h, y + hk_3), \\ y_i = y + \dfrac{h}{6}(k_1 + 2k_2 + 2k_3 + k_4), \end{cases}$$

②修改变量 x,y:

$$x = x + h, \quad y = y_i.$$

此算法的 N－S 图如图 6.2 所示.

6.3.4 变步长方法

对于经典的龙格—库塔法,在计算过程中可采用下面方法来检查结果的精确度,并自动地选择适当的步长.设从 x_i 出发以 h 为步长,经过一步计算得 $y(x_{i+1})$的近似值 $y_{i+1}^{(h)}$,其截断误差为 Ch^5,即

$$y(x_{i+1}) - y_{i+1}^{(h)} \approx Ch^5,$$

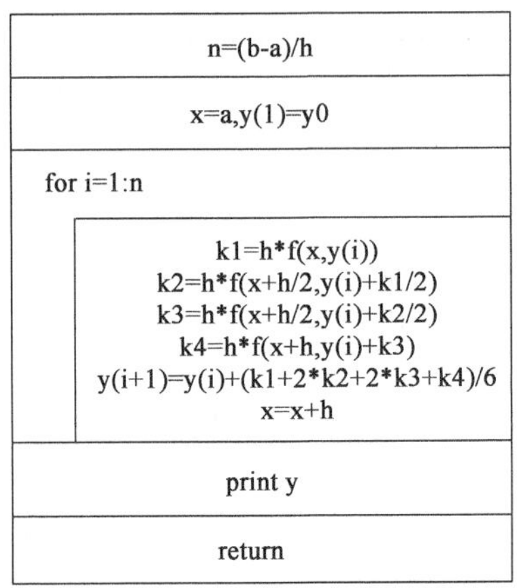

图 6.2

当 h 不大时,C 可近似地看作常数,然后将步长折半,取 $\frac{h}{2}$ 为步长,从 x_i 出发经两步计算求得 $y(x_{i+1})$ 的近似值为 $y_{i+1}^{(h/2)}$,每一步的截断误差为 $C(h/2)^5$,于是有

$$y(x_{i+1})-y_{i+1}^{(h/2)}\approx 2C(h/2)^5.$$

比较上述两式可得:

$$\frac{y(x_{i+1})-y_{i+1}^{(h/2)}}{y(x_{i+1})-y_{i+1}^{(h)}}\approx\frac{1}{16},$$

整理得

$$y(x_{i+1})-y_{i+1}^{(h/2)}\approx\frac{1}{15}[y_{i+1}^{(h/2)}-y_{i+1}^{(h)}],$$

这样,可以通过检查步长折半前后两次计算结果的偏差

$$\Delta=|y_{i+1}^{(h/2)}-y_{i+1}^{(h)}|$$

来判定步长是否合适.

(1)对给定的精度 ε,若 $\Delta>\varepsilon$,反复将步长折半进行计算,直到 $\Delta<\varepsilon$ 为止,这时取最终得到的 $y_{i+1}^{(h/2)}$ 作为结果.

(2)如果 $\Delta<\varepsilon$,反复将步长加倍,直到 $\Delta>\varepsilon$ 为止,这时将步长折半一次,就得到所要的结果.

这种通过加倍或折半的策略处理步长的方法称为变步长方法,这种方法对给定的精度能自动选取合适的步长,具有自适应能力,在实际运用中经常使用.

6.4 Adams 方法

前面几节所讲的各种方法在求 y_{i+1} 时,只用到前一步的 y_i,即由 y_i 就可以计算出 y_{i+1},这种方法称为**单步法**.如果在计算 y_{i+1} 时不仅要用到 y_i,而且还要用到 y_{i-1},y_{i-2} 等,这样的方法就称为**多步法**.由于多步法利用了更多的信息,因而能获得较高的精度.

对微分方程(6.1),在 $[x_i,x_{i+1}]$ 上两边积分得

$$y(x_{i+1}) = y(x_i) + \int_{x_i}^{x_{i+1}} f(x,y)\,\mathrm{d}x. \tag{6.21}$$

如果被积函数$f(x,y(x))$用插值点为x_i,x_{i+1}的线性插值函数代替,从式(6.21)就得到改进的欧拉公式.通常插值多项式的次数越高,计算的值越准确,因此可以用更高次的插值多项式逼近$f(x,y(x))$,以得到较高精度的计算公式.这就是Adams(阿当姆斯)方法的基本思想.

6.4.1　Adams四步显式公式

设$x_i=x_0+ih(i=0,1,2,\cdots)$为等距节点,步长为$h$.选$x_{i-3},x_{i-2},x_{i-1},x_i$为插值节点,做$f(x,y(x))$的三次拉格朗日插值多项式$L_3(x)$

$$L_3(x) = \sum_{n=0}^{3}\left(\prod_{\substack{m=0\\m\neq n}}^{3}\frac{x-x_{i-m}}{x_{i-n}-x_{i-m}}\right)f(x_{i-n},y_{i-n}),$$

用$L_3(x)$代替式(6.21)中的$f(x,y(x))$,并用y_i代替$y(x_i)$,得到

$$\begin{aligned}y_{i+1} &= y_i + \sum_{n=0}^{3}f(x_{i-n},y_{i-n})\int_{x_i}^{x_{i+1}}\prod_{\substack{m=0\\m\neq n}}^{3}\frac{x-x_{i-m}}{x_{i-n}-x_{i-m}}\mathrm{d}x\\&= y_i + \frac{h}{24}[55f(x_i,y_i) - 59f(x_{i-1},y_{i-1}) + 37f(x_{i-2},y_{i-2}) - 9f(x_{i-3},y_{i-3})],\end{aligned} \tag{6.22}$$

式(6.22)称为Adams四步显式公式,也称Adams外插公式.

显然,式(6.22)的局部截断误差是由插值误差引起,由插值余项公式

$$f(x,y) - L_3(x) = \left[\frac{\mathrm{d}^4}{\mathrm{d}x^4}f(x,y(x))\right]_{x=\xi}\frac{\omega(x)}{4!},$$

其中

$$\omega(x) = (x-x_i)(x-x_{i-1})(x-x_{i-2})(x-x_{i-3}),$$

有

$$\begin{aligned}y(x_{i+1}) - y_{i+1} &= \int_{x_i}^{x_{i+1}}[f(x,y) - L_3(x)]\mathrm{d}x = \int_{x_i}^{x_{i+1}}\left[\frac{\mathrm{d}^4}{\mathrm{d}x^4}f(x,y)\right]_{x=\xi}\frac{\omega(x)}{4!}\mathrm{d}x\\&= \frac{1}{4!}\frac{\mathrm{d}^5y(x)}{\mathrm{d}x^5}\bigg|_{x=\eta}\int_{x_i}^{x_{i+1}}\omega(x)\,\mathrm{d}x = \frac{251}{720}h^5y^{(5)}(\eta) = O(h^5).\end{aligned}$$

故Adams四步显式公式的局部截断误差为$O(h^5)$.

6.4.2　Adams三步隐式公式

现在选x_{i-2},x_{i-1},x_i和x_{i+1}作为插值节点,构造f的三次拉格朗日插值多项式$L_3(x)$

$$L_3(x) = \sum_{n=-1}^{2}\left(\prod_{\substack{m=-1\\m\neq n}}^{2}\frac{x-x_{i-m}}{x_{i-n}-x_{i-m}}\right)f(x_{i-n},y_{i-n}),$$

用$L_3(x)$代替式(6.21)中的$f(x,y)$,通过运算得到

$$
\begin{aligned}
y_{i+1} &= y_i + \sum_{n=-1}^{2} f(x_{i-n}, y_{i-n}) \int_{x_i}^{x_{i+1}} \prod_{\substack{m=-1 \\ m\neq n}}^{2} \frac{x - x_{i-m}}{x_{i-n} - x_{i-m}} \mathrm{d}x \\
&= y_i + \frac{h}{24}[9f(x_{i+1}, y_{i+1}) + 19f(x_i, y_i) - 5f(x_{i-1}, y_{i-1}) + f(x_{i-2}, y_{i-2})].
\end{aligned} \tag{6.23}
$$

上式是 Adams 三步隐式公式,又称 Adams 内插公式. 其局部截断误差为

$$
y(x_{i+1}) - y_{i+1} = -\frac{19}{720} h^5 y^5(\eta) = O(h^5).
$$

由于式(6.23)的右端 f 中含有 y_{i+1},所以不能从式(6.23)中直接求出 y_{i+1},可采用迭代法求 y_{i+1}. 为减少计算量,只迭代一次,用 Adams 四步显式公式提供初值,就得到下列计算公式:

$$
\begin{aligned}
y_{i+1}^{(0)} &= y_i + \frac{h}{24}[55f(x_i, y_i) - 59f(x_{i-1}, y_{i-1}) + 37f(x_{i-2}, y_{i-2}) - 9f(x_{i-3}, y_{i-3})], \\
y_{i+1} &= y_i + \frac{h}{24}[9f(x_{i+1}, y_{i+1}^{(0)}) + 19f(x_i, y_i) - 5f(x_{i-1}, y_{i-1}) + f(x_{i-2}, y_{i-2})].
\end{aligned} \tag{6.24}
$$

上式称为 Adams 预报—校正公式.

从式(6.24)中看出,计算 y_{i+1}时,必须先知道 $y_i, y_{i-1}, y_{i-2}, y_{i-3}$的值,而最初只知道 y_0 的值,还需知道 y_1, y_2, y_3 的值. 为了保证精度,常用四阶龙格—库塔法提供开始的几个值 y_1, y_2, y_3,然后再用式(6.24)计算以后的 y_i 值($i \geqslant 4$). 因此整个计算步骤如下:

(1)用四阶龙格—库塔法,由初值 y_0 计算出 y_1, y_2, y_3;

(2)对 $i = 4, 5, \cdots, n$,应用 Adams 预报—校正公式(6.24)计算 y_i.

例 6.4 用 Adams 预报—校正公式求初值问题

$$
\begin{cases}
\dfrac{\mathrm{d}y}{\mathrm{d}x} = y - \dfrac{2x}{y}, & x \in [0,1], \\
y(0) = 1
\end{cases}
$$

的数值解,取步长 $h = 0.1$.

解 首先应用四阶龙格—库塔法求开头三步的值 y_1, y_2, y_3,然后用 Adams 预报—校正公式(6.24)计算其余点的值,计算结果见表 6.4.

表 6.4

x_i	四阶龙格—库塔法	Adams 预报—校正法
0	1	
0.1	1.095446	
0.2	1.183217	
0.3	1.264912	
0.4		1.341641
0.5		1.414214
0.6		1.483240
0.7		1.549193

续表

x_i	四阶龙格—库塔法	Adams 预报—校正法
0.8		1.612452
0.9		1.673332
1.0		1.732051

6.5　一阶方程组和高阶微分方程初值问题的数值解法

6.5.1　一阶方程组的数值解法

关于一阶方程组的数值解法,根据上述对于一个方程的讨论,可以把一个方程的情形平行地推广到方程组的情形.

对于一阶方程组的初值问题:

$$\begin{cases} \dfrac{\mathrm{d}y_1}{\mathrm{d}x} = f_1(x,y_1,y_2,\cdots,y_n), \\ \dfrac{\mathrm{d}y_2}{\mathrm{d}x} = f_2(x,y_1,y_2,\cdots,y_n), \\ \cdots\cdots\cdots\cdots\cdots\cdots\cdots\cdots \\ \dfrac{\mathrm{d}y_n}{\mathrm{d}x} = f_n(x,y_1,y_2,\cdots,y_n), \end{cases} \tag{6.25}$$

$$y_1(x_0) = y_1^0, y_2(x_0) = y_2^0, \cdots, y_n(x_0) = y_n^0, \tag{6.26}$$

采用向量写法,记

$$y(x) = \begin{bmatrix} y_1(x) \\ y_2(x) \\ \cdots \\ y_n(x) \end{bmatrix}, y'(x) = \begin{bmatrix} y_1'(x) \\ y_2'(x) \\ \cdots \\ y_n'(x) \end{bmatrix}, f(x,y) = \begin{bmatrix} f_1(x,y) \\ f_2(x,y) \\ \cdots \\ f_n(x,y) \end{bmatrix}, y_0 = \begin{bmatrix} y_1^0 \\ y_2^0 \\ \cdots \\ y_n^0 \end{bmatrix},$$

则式(6.25)、式(6.26)就可以写成

$$\begin{cases} y'(x) = f(x,y), \\ y(x_0) = y_0. \end{cases} \tag{6.27}$$

式(6.27)与常微分方程初值问题(6.1)及式(6.2)在形式上完全一样.因此上面所讨论的方法均可以推广到一阶方程组的初值问题.下面以 $n=2$ 的情形为例给出公式.

对于方程组

$$\begin{cases} \dfrac{\mathrm{d}y}{\mathrm{d}x} = f(x,y,z), \\ \dfrac{\mathrm{d}z}{\mathrm{d}x} = g(x,y,z) \end{cases} \tag{6.28}$$

和初值条件

$$y(x_0)=y_0, z(x_0)=z_0,$$

四阶龙格—库塔方法的计算公式为

$$\begin{cases} y_{n+1}=y_n+\dfrac{h}{6}(k_1+2k_2+2k_3+k_4), \\ z_{n+1}=z_n+\dfrac{h}{6}(L_1+2L_2+2L_3+L_4), \end{cases} \tag{6.29}$$

其中

$$k_1=f(x_n,y_n,z_n), \quad L_1=g(x_n,y_n,z_n),$$

$$k_2=f\left(x_n+\frac{h}{2},y_n+\frac{hk_1}{2},z_n+\frac{hL_1}{2}\right), L_2=g\left(x_n+\frac{h}{2},y_n+\frac{hk_1}{2},z_n+\frac{hL_1}{2}\right),$$

$$k_3=f\left(x_n+\frac{h}{2},y_n+\frac{hk_2}{2},z_n+\frac{hL_2}{2}\right), L_3=g\left(x_n+\frac{h}{2},y_n+\frac{hk_2}{2},z_n+\frac{hL_2}{2}\right),$$

$$k_4=f(x_n+h,y_n+hk_3,z_n+hL_3), \quad L_4=g(x_n+h,y_n+hk_3,z_n+hL_3).$$

例 6.5 用龙格—库塔法求解下列方程

$$\begin{cases} y'=z, \\ z'=e^{2t}\sin t-2y+2z, \quad t\in[0,1], \\ y(0)=-0.4, z(0)=-0.6. \end{cases}$$

解 取步长 $h=0.1$,由 $t_0=0, y_0=-0.4, z_0=-0.6$,可依次计算

$$k_1=f(t_0,y_0,z_0)=z_0=-0.6, L_1=g(t_0,y_0,z_0)=e^{2t_0}\sin t_0-2y_0+2z_0=-0.4,$$

$$k_2=f\left(t_0+\frac{h}{2},y_0+\frac{hk_1}{2},z_0+\frac{hL_1}{2}\right)=-0.62, L_2=g\left(t_0+\frac{h}{2},y_0+\frac{hk_1}{2},z_0+\frac{hL_1}{2}\right)=-0.3247644,$$

$$k_3=-0.6162382, L_3=-0.3152409,$$

$$k_4=-0.6315240, L_4=-0.2178637.$$

故

$$y_1=y_0+\frac{h}{6}[k_1+2k_2+2k_3+k_4]=-0.46173334,$$

$$z_1=z_0+\frac{h}{6}[L_1+2L_2+2L_3+L_4]=-0.63163124.$$

同理可计算 y_2, z_2 等,其计算结果列于表 6.5 中.

表 6.5

t_n	y_n	z_n
0	-0.4	-0.6
0.1	-0.46173334	-0.63163124
0.2	-0.52555988	-0.64014895
0.3	-0.58860144	-0.61366381
0.4	-0.64661231	-0.53658203
0.5	-0.72115190	-0.38873810

续表

t_n	y_n	z_n
0.6	-0.72115190	-0.14438087
0.7	-0.71815295	-0.22899702
0.8	-0.66971133	-0.77199180
0.9	-0.55644290	-0.15347815
1.0	-0.35339886	-0.25787663

对于含两个未知函数的一阶方程组(6.28),其 Adams 预报—校正公式如下:

预报公式:

$$\begin{cases} y_{n+1}^{(0)} = y_n + \dfrac{h}{24}[55f(x_n,y_n,z_n) - 59f(x_{n-1},y_{n-1},z_{n-1}) \\ \qquad + 37f(x_{n-2},y_{n-2},z_{n-2}) - 9f(x_{n-3},y_{n-3},z_{n-3})], \\ z_{n+1}^{(0)} = z_n + \dfrac{h}{24}[55g(x_n,y_n,z_n) - 59g(x_{n-1},y_{n-1},z_{n-1}) \\ \qquad + 37g(x_{n-2},y_{n-2},z_{n-2}) - 9g(x_{n-3},y_{n-3},z_{n-3})]. \end{cases}$$

校正公式:

$$\begin{cases} y_{n+1} = y_n + \dfrac{h}{24}[9f(x_{n+1},y_{n+1}^{(0)},z_{n+1}^{(0)}) + 19f(x_n,y_n,z_n) \\ \qquad - 5f(x_{n-1},y_{n-1},z_{n-1}) + f(x_{n-2},y_{n-2},z_{n-2})], \\ z_{n+1} = z_n + \dfrac{h}{24}[9g(x_{n+1},y_{n+1}^{(0)},z_{n+1}^{(0)}) + 19g(x_n,y_n,z_n) \\ \qquad - 5g(x_{n-1},y_{n-1},z_{n-1}) + g(x_{n-2},y_{n-2},z_{n-2})]. \end{cases}$$

6.5.2　高阶微分方程初值问题的数值解法

高阶微分方程的初值问题,可化为一阶方程组的初值问题.考虑一般的 n 阶微分方程初值问题:

$$\begin{cases} \dfrac{\mathrm{d}^n y}{\mathrm{d}x^n} = f\left(x,y,\dfrac{\mathrm{d}y}{\mathrm{d}x},\cdots,\dfrac{\mathrm{d}^{n-1}y}{\mathrm{d}x^{n-1}}\right), \\ \text{当 } x = x_0 \text{ 时}, y = a_1, \dfrac{\mathrm{d}y}{\mathrm{d}x} = a_2, \cdots, \dfrac{\mathrm{d}^{n-1}y}{\mathrm{d}x^{n-1}} = a_n, \end{cases} \tag{6.30}$$

引入新的变量

$$y_1 = y, y_2 = \frac{\mathrm{d}y}{\mathrm{d}x}, \cdots, y_n = \frac{\mathrm{d}^{n-1}y}{\mathrm{d}x^{n-1}},$$

则式(6.30)便可化为一阶方程组的初值问题:

$$\begin{cases}\dfrac{dy_1}{dx}=y_2,\\ \dfrac{dy_2}{dx}=y_3,\\ \cdots\\ \dfrac{d^{n-1}y}{dx}=y_n,\\ \dfrac{d^n y}{dx}=f(x,y_1,y_2,\cdots,y_n),\end{cases}$$

$$y_1(x_0)=a_1,y_2(x_0)=a_2,\cdots,y_n(x_0)=a_n.$$

于是可通过求解方程组的初值问题获得高阶方程初值问题的解.

例 6.6 对于二阶微分方程的初值问题:

$$\begin{cases}\dfrac{d^2y}{dx^2}-2\dfrac{dy}{dx}+2y=e^{2x}\sin x, \quad x\in[0,1],\\ y(0)=-0.4,y'(0)=-0.6,\end{cases}$$

取步长 $h=0.1$,求数值解.

解 作变换

$$\begin{cases}u(x)=y(x),\\ z(x)=y'(x),\end{cases}$$

则二阶微分方程化为

$$\begin{cases}u'=z,\\ z'=e^{2x}\sin x-2u+2z,\\ u(0)=-0.4,z(0)=-0.6,\end{cases}$$

之后的解法与例 6.5 相同.

6.6 常微分方程边值问题的差分方法

6.6.1 差分的概念

设有等距节点 $x_k=x_0+kh(k=0,1,2,\cdots,n)$,其中 $h(>0)$ 称为步长,并已知 $y_k=f(x_k)$ $(k=0,1,\cdots,n)$.

定义 6.1 称

$$\Delta y_k=y_{k+1}-y_k \quad (k=0,1,\cdots,n-1)$$

为函数 $f(x)$ 在点 x_k 处的一阶向前差分. 称

$$\Delta^2 y_k=\Delta y_{k+1}-\Delta y_k \quad (k=0,1,\cdots,n-2)$$

为函数 $f(x)$ 在点 x_k 处的二阶向前差分. 一般地,设 $n-1$ 阶向前差分已定义,则称

$$\Delta^n y_k=\Delta^{n-1}y_{k+1}-\Delta^{n-1}y_k$$

为函数 $f(x)$ 在 x_k 处的 n 阶向前差分. 类似地,还可定义向后差分.

同差商一样,计算差分时可通过构造差分表来实现,见表6.6.

表6.6

x_i	y_i	Δy_i	$\Delta^2 y_i$	$\Delta^3 y_i$	$\Delta^4 y_i$
x_0	y_0				
x_1	y_1	Δy_0		$\Delta^3 y_0$	
x_2	y_2	Δy_1	$\Delta^2 y_0$	$\Delta^3 y_1$	$\Delta^4 y_0$
x_3	y_3	Δy_2	$\Delta^2 y_1$		
x_4	y_4	Δy_3	$\Delta^3 y_2$		

6.6.2 差分的几个重要性质

性质6.1 设 $x_k = x_0 + kh, y_k = f(x_k)(k = 0,1,2,\cdots,n)$,则差分与差商有下列关系

$$f[x_k, x_{k+1}, \cdots, x_{k+m}] = \frac{\Delta^m y_k}{m!h^m}, \quad m = 1,2,\cdots n - k.$$

证明 当 $m = 1$ 时,有

$$f[x_k, x_{k+1}] = \frac{y_{k+1} - y_k}{x_{k+1} - x_k} = \frac{\Delta y_k}{h},$$

结论正确.设当 $m = r$ 时结论正确,则当 $m = r + 1$ 时,由差商的定义和归纳法的假设可得

$$f[x_k, x_{k+1}, \cdots, x_{k+r+1}] = \frac{f[x_{k+1}, x_{k+2}, \cdots, x_{k+r+1}] - f[x_k, x_{k+1}, \cdots, x_{k+r}]}{x_{k+r+1} - x_k}$$

$$= \frac{1}{(r+1)h}\left[\frac{\Delta^r y_{k+1}}{r!\ h^r} - \frac{\Delta^r y_k}{r!\ h^r}\right] = \frac{\Delta^{r+1} y_k}{(r+1)!\ h^{r+1}},$$

按归纳法原理性质6.1得证.

性质6.2 设 $x_k = x_0 + kh, y_k = f(x_k)(k = 0,1,\cdots,n)$,$f(x)$ 在区间 $[x_0, x_n]$ 上有 n 阶导数,则差分与导数有下列关系

$$\Delta^m y_0 = \frac{1}{m!} f^{(m)}(\xi), \quad \xi \in (x_0, x_m).$$

证明 由差商与导数的关系

$$f[x_0, x_1, \cdots, x_m] = \frac{1}{m!} f^{(m)}(\xi), \quad \xi \in (x_0, x_m)$$

及差分与差商关系即可证得.

性质6.3 各阶差分可用函数值表示为

$$\Delta^n y_k = \sum_{i=0}^{n} (-1)^i C_n^i y_{k+n-i},$$

其中,$C_n^i = \dfrac{n(n-1)\cdots(n-i+1)}{i!}$ 是二项式展开的系数.

证明 当 $n = 1$ 时,有 $\Delta y_k = y_{k+1} - y_k$,因而性质6.3对于 $n = 1$ 成立.设当 $n = m$ 时成立,则当 $n = m + 1$ 时,有

$$\Delta^{m+1} y_k = \Delta^m y_{k+1} - \Delta^m y_k.$$

据归纳假定可知

$$\Delta^{m+1}y_k = \sum_{i=0}^{m}(-1)^i C_m^i y_{k+1+m-i} = y_{k+1+m} + \sum_{i=0}^{m-1}(-1)^{i+1}C_m^{i+1}y_{k+m-i},$$

$$\Delta^m y_k = \sum_{i=0}^{m}(-1)^i C_m^i y_{k+m-i} = \sum_{i=0}^{m-1}(-1)^i C_m^i y_{k+m-i} + (-1)^m y_k,$$

把上面两式代入可得

$$\Delta^{m+1}y_k = y_{k+1+m} + \sum_{i=0}^{m-1}(-1)^{i+1}(C_m^{i+1}+C_m^i)y_{k+m-i} + (-1)^{m+1}y_k,$$

但 $C_m^{i+1}+C_m^i=C_{m+1}^{i+1}$,于是

$$\Delta^{m+1}y_k = y_{k+1+m} + \sum_{i=0}^{m-1}(-1)^{i+1}C_{m+1}^{i+1}y_{k+m-i} + (-1)^{m+1}y_k = \sum_{i=0}^{m+1}(-1)^i C_{m+1}^i y_{k+m+1-i}.$$

可见性质 6.3 对于 $n=m+1$ 时成立. 根据归纳法原理性质 6.3 得证.

6.6.3 边值问题的差分方法

给定常微分方程和端点的边界条件就构成常微分方程边值问题,下面以二阶方程为例说明差分方法的基本思想.

设

$$\begin{cases} y''=f(x,y,y'), & x\in[a,b], \\ \varphi(y(a),y'(a))=0, \varphi(y(b),y'(b))=0. \end{cases} \tag{6.31}$$

其中 f,φ 为已知函数. 式(6.31)中的第二个公式称为端点边界条件,常用的边界条件有以下三种:

第一边界条件:$y(a)=c, y(b)=d$; (6.32)

第二边界条件:$y'(a)=c, y'(b)=d$; (6.33)

第三边界条件:$y'(a)-\alpha_0 y(a)=\beta_0, y'(b)+\alpha_1 y(b)=\beta_1$. (6.34)

其中 $c,d,\alpha_0,\beta_0,\alpha_1,\beta_1$ 为已知常数.

用差分法求解式(6.31),就是用差分代替导数,对它们进行离散化,然后进行求解. 如果 f,φ 都是线性函数,离散化后将得到一个线性方程组,通过求解该线性方程组就得到式(6.31)的数值解.

把区间分为 n 等分,节点 $x_i=a+ih\,(i=0,1,\cdots,n)$,其中 $h=\dfrac{b-a}{n}$称为步长. x_0,x_n 称为边界节点,$x_1,x_2,\cdots,x_{n-1}$称为内部节点.

用泰勒公式,有

$$y(x_{i+1}) = y(x_i) + hy'(x_i) + \frac{h^2}{2!}y''(x_i) + \frac{h^3}{3!}y'''(x_i) + O(h^4),$$

$$y(x_{i-1}) = y(x_i) - hy'(x_i) + \frac{h^2}{2!}y''(x_i) - \frac{h^3}{3!}y'''(x_i) + O(h^4),$$

故

$$y'(x_i) = \frac{y(x_{i+1}) - y(x_{i-1})}{2h} + O(h^2),$$

$$y''(x_i) = \frac{y(x_{i+1}) - 2y(x_i) + y(x_{i-1})}{h^2} + O(h^2),$$

以及

$$y'(x_i) = \frac{y(x_{i+1}) - y(x_i)}{h} + O(h),$$

$$y'(x_i) = \frac{y(x_i) - y(x_{i-1})}{h} + O(h).$$

设 $y(x_i)$ 的近似值为 y_i，则逼近 $y'(x_i)$ 有三种方法：

向前差分法：$y'(x_i) \approx \frac{y_{i+1} - y_i}{h}$，误差为 $O(h)$；

向后差分法：$y'(x_i) \approx \frac{y_i - y_{i-1}}{h}$，误差为 $O(h)$；

中心差分法：$y'(x_i) \approx \frac{y_{i+1} - y_{i-1}}{2h}$，误差为 $O(h^2)$.

而 $y''(x_i)$ 可以用下列的二阶中心差分逼近：

$$y''(x_i) \approx \frac{y_{i+1} - 2y_i + y_{i-1}}{h^2},$$

误差为 $O(h^2)$.

对式(6.31)的第一个公式进行离散化，在每一个内部节点 x_i 处，用中心差分代替导数得

$$\frac{y_{i+1} - 2y_i + y_{i-1}}{h^2} = f\left(x_i, y_i, \frac{y_{i+1} - y_{i-1}}{2h}\right), \quad i = 1,2,\cdots,n-1, \tag{6.35}$$

对式(6.31)的第二个公式进行离散化，左端点的导数用向前差分，右端点的导数用向后差分，得

$$\varphi\left(y_0, \frac{y_1 - y_0}{h}\right) = 0, \quad \varphi\left(y_n, \frac{y_n - y_{n-1}}{h}\right) = 0. \tag{6.36}$$

式(6.35)和式(6.36)合在一起共有 $n+1$ 个方程，用来确定 $n+1$ 个未知量 $y_0, y_1, \cdots, y_n$，如果 f, φ 是线性函数，式(6.35)和式(6.36)构成一个三对角线性方程组，可以用追赶法求解.

下面考虑方程

$$y'' + p(x)y' + q(x)y = f(x), \quad x \in [a,b], \tag{6.37}$$

边界条件为第一边界条件式(6.32)或第二边界条件式(6.33)或第三边界条件式(6.34).

对式(6.37)按照上面的方法可建立差分方程如下：

$$\frac{y_{i+1} - 2y_i + y_{i-1}}{h^2} + p_i \frac{y_{i+1} - y_{i-1}}{2h} + q_i y_i = f_i, \quad i = 1,2,\cdots,n-1,$$

或

$$\left(\frac{1}{h^2}+\frac{p_i}{2h}\right)y_{i+1}+\left(q_i-\frac{2}{h^2}\right)y_i+\left(\frac{1}{h^2}-\frac{p_i}{2h}\right)y_{i-1}=f_i,$$

记

$$a_i=\left(\frac{1}{h^2}-\frac{p_i}{2h}\right),b_i=\left(q_i-\frac{2}{h^2}\right),c_i=\left(\frac{1}{h^2}+\frac{p_i}{2h}\right),$$

则

$$a_iy_{i-1}+b_iy_i+c_iy_{i+1}=f_i,\quad i=1,2,\cdots,n-1. \tag{6.38}$$

对第一边界条件有

$$y_0=c,y_n=d. \tag{6.39}$$

把式(6.38)、式(6.39)写成矩阵形式为

$$\begin{pmatrix} b_1 & c_1 & & & \\ a_2 & b_2 & c_2 & & \\ & \ddots & \ddots & \ddots & \\ & & a_{n-2} & b_{n-2} & c_{n-2} \\ & & & a_{n-1} & b_{n-1} \end{pmatrix}\begin{pmatrix} y_1 \\ y_2 \\ \vdots \\ y_{n-2} \\ y_{n-1} \end{pmatrix}=\begin{pmatrix} f_1-a_1c \\ f_2 \\ \vdots \\ f_{n-2} \\ f_{n-1}-c_{n-1}d \end{pmatrix}, \tag{6.40}$$

通过求解式(6.40),可得 $y_1,y_2,\cdots,y_{n-1}$.

对第二边界条件有

$$\frac{y_1-y_0}{h}=c,\quad \frac{y_n-y_{n-1}}{h}=d, \tag{6.41}$$

把式(6.38)和式(6.41)写成矩阵形式有

$$\begin{pmatrix} -1 & 1 & & & & & \\ a_1 & b_1 & c_1 & & & & \\ & a_2 & b_2 & c_2 & & & \\ & & \ddots & \ddots & \ddots & & \\ & & & a_{n-2} & b_{n-2} & c_{n-2} & \\ & & & & a_{n-1} & b_{n-1} & c_{n-1} \\ & & & & & -1 & 1 \end{pmatrix}\begin{pmatrix} y_0 \\ y_1 \\ y_2 \\ \vdots \\ y_{n-2} \\ y_{n-1} \\ y_n \end{pmatrix}=\begin{pmatrix} ch \\ f_1 \\ f_2 \\ \vdots \\ f_{n-2} \\ f_{n-1} \\ dh \end{pmatrix}. \tag{6.42}$$

对第三边界条件,有

$$\frac{y_1-y_0}{h}-\alpha_0y_0=\beta_0,\quad \frac{y_n-y_{n-1}}{h}+\alpha_1y_n=\beta_1,$$

或

$$-(1+\alpha_0h)y_0+y_1=\beta_0h,\quad -y_{n-1}+(1+\alpha_1h)y_n=\beta_1, \tag{6.43}$$

把式(6.38)与式(6.43)写成矩阵形式为

$$\begin{pmatrix} -1-\alpha_0 h & 1 & & & & & \\ a_1 & b_1 & c_1 & & & & \\ & a_2 & b_2 & c_2 & & & \\ & & \ddots & \ddots & \ddots & & \\ & & & a_{n-2} & b_{n-2} & c_{n-2} & \\ & & & & a_{n-1} & b_{n-1} & c_{n-1} \\ & & & & & -1 & 1+\alpha_1 h \end{pmatrix} \begin{pmatrix} y_0 \\ y_1 \\ y_2 \\ \vdots \\ y_{n-2} \\ y_{n-1} \\ y_n \end{pmatrix} = \begin{pmatrix} h\beta_0 \\ f_1 \\ f_2 \\ \vdots \\ f_{n-2} \\ f_{n-1} \\ \beta_1 h \end{pmatrix}. \tag{6.44}$$

例 6.7 用差分法解下列边值问题：

$$\begin{cases} y'' = -\dfrac{2}{x}y' + \dfrac{2}{x^2}y + \dfrac{\sin(\ln x)}{x^2}, & 1 \leqslant x \leqslant 1, \\ y(1) = 1, y(2) = 2. \end{cases}$$

解 取 $h = 0.1, n = 10, x_i = 1 + 0.1i\,(i = 0,1,\cdots,n)$，此时，$p(x) = \dfrac{2}{x}, q(x) = -\dfrac{2}{x^2}$，$f(x) = \dfrac{\sin(\ln x)}{x^2}$，按式(6.44)生成三对角方程组，然后用追赶法求解，计算结果见表6.7.

表 6.7

x_i	y_i	$y(x_i)$	x_i	y_i	$y(x_i)$
1.1	1.09260052	1.09262930	1.6	1.58235990	1.58239246
1.2	1.18704313	1.18708484	1.7	1.68498902	1.68501396
1.3	1.28333687	1.8338236	1.8	1.78888175	1.78889853
1.4	1.38140205	1.38144595	1.9	1.89392110	1.89392951
1.5	1.48112026	1.48115942	2.0	2	2

习题六

6.1 用欧拉法、改进的欧拉法求

$$\begin{cases} y' = -y, & 0 \leqslant x \leqslant 1, \\ y(0) = 1 \end{cases}$$

的数值解，取 $h = 0.1$，结果保留四位小数.

6.2 用欧拉法计算积分

$$y(x) = \int_0^x e^{t^2} dt$$

在点 $x = 0.5, 1$ 上的近似值，取步长 $h = 0.1$.

6.3 用改进的欧拉法计算

$$\begin{cases} y' = x^2, & 0 \leqslant x \leqslant 2, \\ y(0) = 0 \end{cases}$$

的数值解，取步长 $h = 0.5$，并与精确解 $y = \dfrac{1}{3}x^3$ 作比较.

6.4　用龙格—库塔法求下列问题的数值解：

(1) $\begin{cases} \dfrac{dy}{dx}=x^2+x^3y, & 1\leqslant x\leqslant 1.4, \\ y(1)=1 \end{cases}$

(2) $\begin{cases} \dfrac{dy}{dx}=-2xy^2, & 0\leqslant x\leqslant 0.6, \\ y(0)=1 \end{cases}$

取步长 $h=0.2$.

6.5　用 Adams 方法求

$$\begin{cases} y'=x^2-y^2, & -1\leqslant x\leqslant 0, \\ y(-1)=0 \end{cases}$$

的数值解，$h=0.1$.

6.6　用步长为 0.2 的四阶龙格—库塔法求方程

$$\begin{cases} y'=x^2+x-y, \\ y(0)=0 \end{cases}$$

的解 y 在 $x=0.6$ 时的近似值，并将这个解与精确解

$$y(x)=-e^{-x}+x^2-x+1$$

相比较.

6.7　初值问题 $y'=ax+b$，$y(0)=0$ 有解 $y(x)=\frac{1}{2}ax^2+bx$，若 $x_n=nh$，y_n 是用欧拉法得到的解 $y(x)$ 在 $x=x_n$ 处的近似值，证明：

$$y(x_n)-y_n=\frac{1}{2}ahx_n.$$

6.8　用改进的欧拉法计算下列方程：

(1) $\begin{cases} y'=x^2+y^2, & 0<x\leqslant 1, \\ y(0)=0, h=0.1; \end{cases}$

(2) $\begin{cases} y'=xy+1, & 0<x\leqslant 1, \\ y(0)=1, h=0.1. \end{cases}$

6.9　用差分法求下列边值问题(取 $h=0.5$)：

$$\begin{cases} y''=(1+x^2)y, & -1\leqslant x\leqslant 1 \\ y(-1)=y(1)=1. \end{cases}$$

复习题六

6.1　运用欧拉法和改进的欧拉法求初值问题

$$\begin{cases} y'=x^2-y^2, & 0\leqslant x\leqslant 0.4, \\ y(0)=1, \end{cases}$$

取步长 $h=0.2$，计算结果保留四位小数.

6.2　运用四阶龙格—库塔法求初值问题

$$\begin{cases} y' = -y - x^2 y, \\ y(0) = 1 \end{cases}$$

在区间[0,1]上的数值解,取步长 $h = 0.2$. 将计算结果与准确解 $y(x) = (2e^x - x - 1)^{-1}$进行比较.

6.3　对下列初值问题

$$\begin{cases} y' = -y, \quad 0 \leqslant x \leqslant 1, \\ y(0) = -1, \end{cases}$$

分别用欧拉法、改进的欧拉法及四阶龙格—库塔法作数值运算,并将结果与方程的精确解 $y(x) = e^{-x}$进行比较.

6.4　运用 Adams 外插公式和 Adams 预报—校正公式求初值问题

$$\begin{cases} y' = x^2 - y^2, \\ y(-1) = 0 \end{cases}$$

在区间[-1,0]上的数值解,取步长 $h = 0.2$.

6.5　用差分法求解下列常微分方程边值问题

$$\begin{cases} -u''(t) + \pi^2 u(t) = 2\pi^2 \sin \pi t, \quad 0 < t < 1, \\ u(0) = 0, u(1) = 0 \end{cases}$$

取步长 $h = 0.2$.

6.6　对初值问题 $\begin{cases} y' = -y, \\ y(0) = 1, \end{cases}$ 证明:用梯形法求得的数值解为 $y_n = \left(\dfrac{2-h}{2+h}\right)^n$,并证明当步长 $h \to 0$ 时,y_n 收敛于初值问题的精确解 $y(x) = e^{-x}$.

6.7　证明对任意选择的 ν,龙格—库塔法

$$\begin{cases} y_{n+1} = y_n + \dfrac{h}{2}[k_2 + k_3], \\ k_1 = f(x_n, y_n), \\ k_2 = f(x_n + \nu h, y_n + \nu h k_1), \\ k_3 = f(x_n + (1-\nu)h, y_n + (1-\nu)hk_1) \end{cases}$$

的局部截断误差为 $O(h^3)$.

6.8　求一组系数 a,b,c,d,使得公式

$$y_{n+1} = a y_n + h(b y'_{n+1} + c y'_n + d y'_{n-1})$$

有

$$y(x_{n+1}) - y_{n+1} = O(h^5),$$

其中 y'_n 表示 $y'(x)$在 $x = x_n$ 处的近似值. 在考虑局部截断误差时,可认为 $y'_n = y'(x_n)$.

上机实践题六

6.1　试编写求初值问题的改进的欧拉法的子程序,并用它解下列初值问题:

$$\begin{cases}\dfrac{dy}{dx}=x^2+x^3y, & 1\leqslant x\leqslant 1.5,\\ y(1)=1,\end{cases}$$

取步长 $h=0.1$.

6.2 试用四阶龙格—库塔法解

$$\begin{cases}\dfrac{dy}{dx}=-y, & 0\leqslant x\leqslant 1,\\ y(0)=1,\end{cases}$$

取步长 $h=0.1$.

6.3 试用 Adams 预报—校正公式求解

$$\begin{cases}\dfrac{dy}{dx}=x^2-y^2, & -1\leqslant x\leqslant 0,\\ y(-1)=0,\end{cases}$$

取步长 $h=0.1$.

6.4 运用 Adams 外插公式和 Adams 预报—校正公式求初值问题

$$\begin{cases}y'=-\dfrac{0.9y}{1+2x}, & 0\leqslant x\leqslant 1,\\ y(0)=1\end{cases}$$

的数值解,取步长 $h=0.2$,并与准确解 $y=(1+2x)^{-0.45}$ 作比较.

6.5 (Lorenz 问题与混沌)考虑著名的 Lorenz 方程

$$\begin{cases}\dfrac{dx}{dt}=\sigma(y-x),\\ \dfrac{dy}{dt}=\rho x-y-xz,\\ \dfrac{dz}{dt}=xy-\beta z,\end{cases}$$

其中 σ,ρ,β 为变化区域有一定限制的实参数. 该方程形式简单,表面上看并无惊人之处,但由该方程揭示出的许多现象,促使“混沌”成为数学研究的崭新领域,在实际应用中产生了巨大的影响.

(1)对取定的参数值 $\sigma=10,\rho=28,\beta=8/3$,选取不同的初值(如坐标原点),观察计算的结果有什么特点?解的曲线是否有界?是不是周期的或者趋于某个固定的点?

(2)在问题允许的范围内适当改变其中的参数值,再选取不同的初值,观察计算的结果有什么特点?是否发现什么不同的现象?

第7章 上机实习

7.1 引　言

计算方法是研究各种数学问题数值解的方法. 它既有数学的抽象性和逻辑性,又有应用的实践性,是一门与计算机使用密切相结合的数学课程. 概括地讲,计算方法本质上是在计算机上实现数值算法,计算方法和计算机应用及计算机发展是密不可分的,所以,学习计算方法,必须要与上机实习进行有机结合. 本章就是从计算机的角度出发,来研究数学中的算法怎样转换为计算机中的算法进行上机求解.

随着计算机软硬件技术的迅速发展,软件的质量标准发生了很大的变化,程序短小精悍、节约内存及极短的运行时间,已不是评价一个程序好坏的唯一标准,目前认为评价一个程序(或软件)的质量标准,一般应包括以下几个方面:(1)运行结果正确,符合题目要求;(2)有良好的结构,清楚易懂,符合结构化程序设计方法;(3)尽可能少的运行时间;(4)运行时所占内存量应压缩到合理的范围之内. 这就要求人们在编写程序或软件时,按照软件工程的要求合理地编写程序的每一个阶段,不可盲目书写随意修改. 怎样才能达到这样的要求呢? 结构化程序设计方法是达到这种要求的一种途径.

结构化程序设计是一种进行程序设计的原则和方法,按照结构化程序设计的原则和方法设计出的程序结构清晰,容易阅读、修改和验证. 一般而言,任何程序的逻辑均可由顺序结构、选择结构、循环结构三种基本结构组合而成.

(1)顺序结构. 在这种结构中的各块是按照它们出现的先后顺序执行的. 各块可以是一条语句,也可以是三种基本结构之一,还可以由许多顺序执行的语句组成. 其 N－S 图如图 7.1 所示.

(2)选择(分支)结构. 这种结构是根据给定的条件 P 是否满足,决定执行 A 块或 B 块,其中 A 块或 B 块可以是空语句. 其 N－S 图如图 7.2 所示.

(3)循环结构. 这种结构分为两种形式:

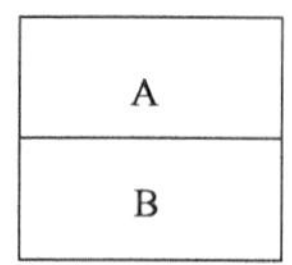

图7.1 顺序结构

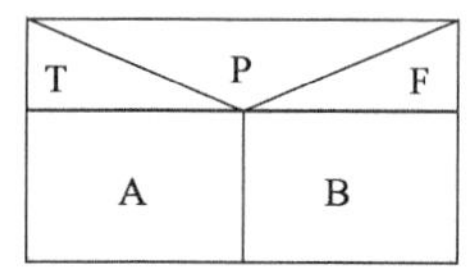

图7.2 选择(分支)结构

①当型循环结构. 当满足给定条件 P 时反复执行 A 块,条件不满足时,什么也不执行. 这种循环结构称为当型(WHILE 型)循环结构. 用 N－S 图如图 7.3 所示.

②直到型循环结构. 此结构是反复执行 A 块,直到满足指定的条件 P 时才不执行. 它是先执行后判断,其 N－S 图如图 7.3 所示. 值得注意的是,直到型循环结构在目前的程序设计中用到的很少,基本被当型循环结构代替了。

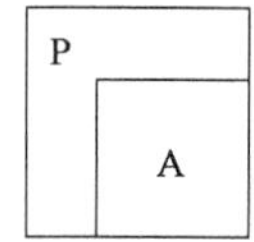
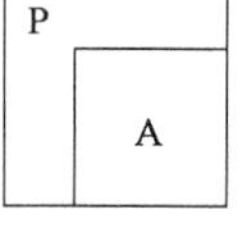

图7.3 当型循环结构

A
until P

图7.4 直到型循环结构

由以上三种基本结构所构成的程序可以处理任何复杂的问题. 结构化程序就是由这三种基本结构所组成的程序. 换句话说,任何结构化程序都可以分解为这三种基本结构,不能分解为这三种基本结构的程序就不是结构化程序. 结构化程序的概念与用什么语言无关,任何一种计算机程序设计语言都可以用来实现结构化程序.

结构化程序设计的方法主要采用自上而下、逐步求精和模块化的设计方法. 首先要抓住问题的本质,考虑程序的整体结构,把一个大问题分解成若干个子问题,然后逐步求精,把子问题分解为更小的问题,最后得到的简单形式应该是可以用基本逻辑结构(顺序、选择、循环)来设计程序.

上机结束后,应整理出上机实验报告,实验报告应包括以下内容:

(1)上机题目.

(2)目的要求.

(3)方法原理说明.

(4)计算步骤和 N－S 图.

(5)程序清单及变量说明.

(6)运行结果及分析.

(7)对程序的评价.

声明:本章所有流程图和算法程序仅供读者参考。本章所有算法提供 C 语言和 MATLAB 语言两种版本,读者可在本章提供的程序基础上,考虑存储量和计算量等,对程序进行优化设计.

7.2 方程求根实习

设非线性方程

$$f(x) = 0 \tag{7.1}$$

在区间$[a,b]$上有且只有一个根,求这个根的近似值的方法有二分法、迭代法、弦截法等,本节以二分法和牛顿迭代法为例说明其编程过程,并给出相应的 N－S 图和 C 语言子程序及 MATLAB 程序.

7.2.1 二分法

二分法是逐次把有根区间分半,舍弃无根区间而保留有根区间的一种逼近根的方法.在这个过程中有根区间的长度以 2 的幂次方减少,当有根区间的长度小于给定的精度时,其中点就作为根的近似值.

其计算步骤为:

(1)给定 a,b 及精度要求 ep.

(2)计算 $x=(a+b)/2$ 及$f(x)$.

(3)若 $b-a<ep$,则返回主程序,x 作为近似根,否则转下一步.

(4)若$f(x)f(a)<0$,则 $x \Rightarrow b$,否则 $x \Rightarrow a$.

(5)转第(2)步.

其 N－S 图如图 7.5 所示.

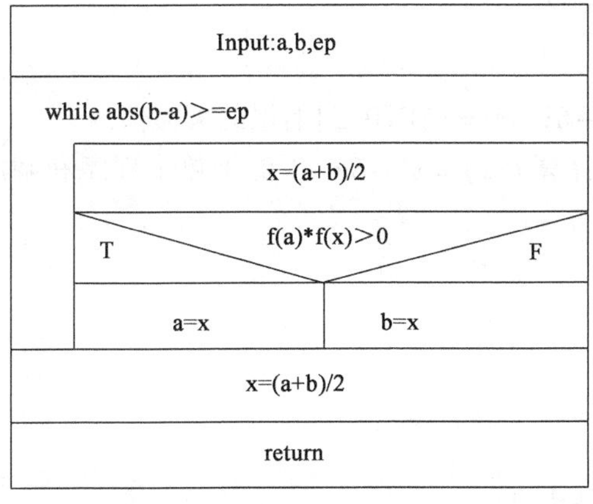

图 7.5

其 C 语言子程序为:

```
double df(a, b, x, ep)
double a, b, x, ep;
{
    double c;
    c = b - a;
    while(c > = ep)
    {
      x = (a + b) /2;
        if(f(a) * f(x) >0)a = x;
        else b = x;
```

```
        c = b - a;
    }
    x = (a + b) / 2;
    return(x);
}
```

上述程序中的变量说明如下:

a,b 代表有根区间的端点;ep 表示精度要求;x 为[a,b]的中点.

其 MATLAB 程序为:

```
输入参数值 a,b,ep;
c = b - a;
while c > = ep
  x = (a + b) / 2;
  if f(a) * f(x) > 0
      a = x;
  else
      b = x;
  end
  c = b - a;
end
x = (a + b) / 2;
```

例 7.1 求方程 $x^3-6x-1=0$ 在[0,5]上根的近似值.

解 首先编写一个计算 $f(x)=x^3-6x-1$ 的函数子程序和调用上述二分法子程序的主程序.

函数子程序为:

```
double f(x)
double x;
{
    double f1;
    f1 = x * x * x - 6 * x - 1;
    return(f1);
}
```

主程序为:

```
void main()
{
  double a, b, x, ep;
  a = 0;
  b = 5;
  ep = 0.000001;
  x = 0;
  x = df(a, b, x, ep);
```

```
  printf("the root of f(x)is % f\n", x);
}
```

运行上述程序输出结果为:

```
the root of f(x)is 2.528918
```

其 MATLAB 程序为:

```
a = 0;
b = 5;
ep = 0.000001;
x = 0;
c = b-a;
while c >= ep
  x = (a+b)/2;
  if f(a)*f(x)>0
  a=x;
  else
  b=x;
  end
  c=b-a;
end
x=(a+b)/2;
function [y] = f(x)
  y=x*x*x-6*x-1;
end
```

7.2.2 牛顿法

迭代法是通过一个迭代格式进行反复迭代以产生一个序列.若这个序列收敛于方程的根,就称这个迭代格式收敛.牛顿法的迭代格式为

$$x_{k+1} = x_k - \frac{f(x_k)}{f'(x_k)} \quad (k = 0,1,2,\cdots), \tag{7.2}$$

显然,式(7.2)能够迭代下去必须要求$f(x)$的导数不为零.当某个$f'(x)$等于0或很小时,迭代中断;当$f(x)$满足一定条件时,牛顿迭代具有平方收敛速度.该方法对初值x_0要求较高,若选取不当,迭代可能发散,若选得好,则收敛很快.

在程序设计中应考虑到迭代中断和迭代发散的情形.可以设计一个变量$N_{\max}$,表示允许的最大迭代次数,当迭代次数$k \geqslant N_{\max}$时,就认为迭代发散.

算法描述如下:

(1)输入初始值x_0,精度要求ep,允许的最大迭代次数$N_{\max}$.

(2)$k=1, G=f'(x_0)$.

(3)若$|G|<ep$,则停止计算,迭代中断.否则计算

$$x_1 = x_0 - f(x_0)/G,$$

(4)若$|x_1 - x_0|<ep$,则x_1为近似解,返回主程序.否则计算

$$f(x_1)\Rightarrow G,$$
$$x_1\Rightarrow x_0,$$
$$k+1\Rightarrow k.$$

(5)若 $k\geqslant N_{max}$,则停止计算,迭代发散,否则转第(3)步.

其 N－S 图如图 7.6 所示.

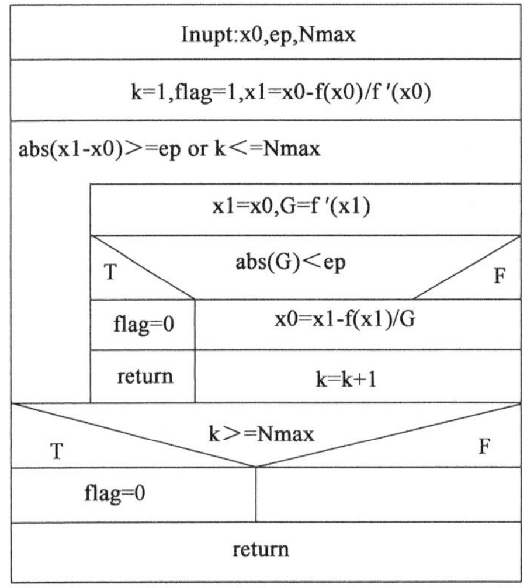

图 7.6

在这里设置了一个标志变量 flag,若迭代发散或中断,flag＝0;若迭代收敛,则flag＝1,程序正常结束. 下面给出牛顿法的 C 语言子程序:

```
double nt(x,ep,flag,nmax)
double x, ep;
int flag, nmax;
{
  int k;
    double x0, g;
    flag = 1;
    k = 1;
    while((fabs(x - x0) > ep)&& (k < nmax))
    {
    x0 = x;
      g = f1(x0);
      if(fabs(g) < ep)
      {
        flag = 0;
          break;
    }
      x = x0 - f(x0) /g;
```

```
    k = k + 1;
  }
  if(k > = nmax) flag = 0;
  return(x);
}
```

上面程序中的变量说明如下：

x0,x 代表相邻两次的迭代值 x_k, x_{k+1}；k 代表迭代次数；nmax 代表允许的最大迭代次数；f1(x)表示 $f'(x)$；f(x)表示 $f(x)$；ep 表示迭代精度；flag 表示标志变量，若迭代成功，则为 1，否则为 0.

其 MATLAB 程序为：

```
输入参数 ep,Nmax,x0,x1;
flag = 1;
k = 1;
while (abs(x - x0) > = ep)&&(k < = Nmax)
  x0 = x1;
  G = f1(x0);
  if abs(G) < ep
  flag = 0;
  break;
  else
      x1 = x0 - f(x0)/G;
  k = k + 1;
    end
end
  if k > = Nmax
flag = 0;
end
```

例 7.2 求方程 $x^3 - 3x - 1 = 0$ 在 $x = 2$ 附近的实根.

解 取 $x_0 = 2, N_{max} = 200, ep = 10^{-6}$，计算 $f(x)$，$f'(x)$的函数子程序为：

```
double f(x)
double x;
{
    double a1;
    a1 = x * x * x - 3 * x - 1;
    return(a1);
}
double f1(x)
double x;
{
    double b1;
    b1 = 3 * x * x - 3;
```

```
    return(b1);
}
```

主程序为:

```
void main()
{
    int flag, nmax;
    double x, ep;
    ep = 0.000001;
    nmax = 200;
    x = 2;
    x = nt(x, ep, flag, nmax);
    if(flag = = 0)printf("the newton method is failure");
    else printf("the roof of f(x)is % f\n", x);
}
```

运行结果为:

```
The root of f(x)is 1.879385
```

对一般的迭代格式 $x_{k+1}=\varphi(x_k)$,可仿上编写出 C 语言子程序,请读者自己完成.

其 MATLAB 程序为:

```
ep = 0.000001;
nmax = 200;
x0 = 2;
x1 = x0 - x0/f1(x0);
flag = 1;
k = 1;
while (abs(x1 - x0) > = ep)&&(k < = Nmax)
  x0 = x1;
  G = f1(x0);
  if abs(G) < ep
  flag = 0;
  break;
  else
  x1 = x0 - f(x0)/G;
  k = k + 1;
    end
end
  if k > = Nmax
  flag = 0;
  end
function [y] = f(x)
  y = x * x * x - 3 * x - 1;
end
```

```
function [y] = f1(x)
  y=3*x*x-3;
end
```

7.2.3 练习

1. 用二分法计算 $f(x)=x^3-2x^2-4x-7$ 在[3,4]中根的近似值,精确到小数点后3位.

2. 用牛顿法计算方程 $f(x)=x^3-x-1=0$ 在 $x=1.5$ 附近的实根,精确到小数点后3位.

3. 试编写出一般迭代法 $x_{k+1}=\varphi(x_k)$ 求根的C语言子程序,对 $\varphi(x)=\sqrt{\dfrac{10}{4+x}}$,试写出主程序,求在 $x=1.5$ 附近的实根,精确到小数点后3位.

7.3 线性代数方程组的解法实习

对于一般的 n 阶线性方程组

$$\sum_{j=1}^{n} a_{ij}x_j = b_i \quad (i=1,2,\cdots,n), \tag{7.3}$$

其解法可分为两类,即直接解法和迭代解法. 直接解法包括高斯消去法、高斯列主元消去法、高斯—约当消去法和三角分解法等,迭代解法包括雅可比迭代法、赛德尔迭代法和超松弛迭代法. 本节以高斯列主元消去法和高斯—赛德尔迭代法为例说明其程序设计方法.

7.3.1 高斯列主元消去法

高斯列主元消去法包括选主元、消元和回代过程,其计算步骤为:

(1)对 $k=1,2,\cdots,n-1$:

①按列选主元

$$|a_{i_k k}| = \max_{k\leqslant i\leqslant n}|a_{ik}|.$$

②若 $|a_{i_k k}|<ep$,则 $IP=-1$,停止计算.

③若 $i_k=k$,则转④,否则换行

$$a_{kj}\leftrightarrow a_{i_k j} \quad (j=k,k+1,\cdots,n), \quad b_k\leftrightarrow b_{i_k}.$$

④计算 l_{ik}:

$$a_{ik}\leftarrow l_{ik}=a_{ik}/a_{kk} \quad (i=k+1,k+2,\cdots,n).$$

⑤消元计算:

$$a_{ik}\leftarrow a_{ij}-a_{ik}a_{kj} \quad (i,j=k+1,k+2,\cdots,n),$$

$$b_i\leftarrow b_i-a_{ik}b_k.$$

(2)回代求解:

①$b_n\leftarrow b_n/a_{nn}$.

②对 $i=n-1,n-2,\cdots,1$ 计算

$$b_i \leftarrow \left(b_i - \sum_{j=i+1}^{n} a_{ij} b_j \right) \Big/ a_{ii}.$$

说明:

(1)*ep* 用于控制主元,当主元小于 *ep* 时,由于主元作分母,会造成机器溢出或算法不稳定,所以即使主元不为零,也不能继续求解.

(2)采用压缩存储方式,**A** 开始存放系数矩阵,消元后存放上三角矩阵.

根据以上步骤,可绘出高斯列主元消云法的 N－S 图如图 7.7 所示.

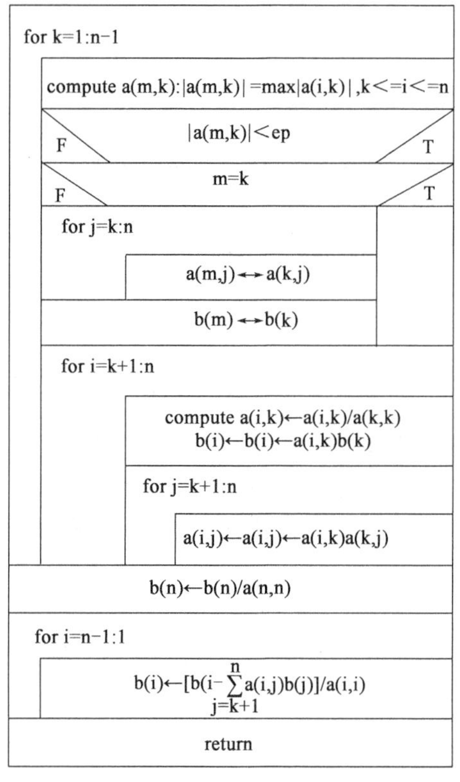

图 7.7

其 C 语言子程序为:

```
double gas(a, b, n, ip, ep)
int n, ip;
double a[n][n], b[n];
double ep;
{
  double dmax, temp, s;
  int m, i, j, k;
  ip = 1;
  for(k = 0;k < = n - 2;k + + )
  {
    dmax = fabs(a[k][k]);
```

```
    m=k;
    for(i=k+1;i<=n-1;i++)
    {
    if(fabs(a[i][k])>dmax)
      {
      dmax=fabs(a[i][k]);
        m=i;
    }
  }
    if(dmax<ep)
    {
      ip=-1;
      break;
    }
    if(m!=k)
    {
      for(j=k;j<=n-1;j++)
    {
      temp=a[k][j];
        a[k][j]=a[m][j];
        a[m][j]=temp;
    }
      temp=b[k];
      b[k]=b[m];
      b[m]=temp;
  }
  for(i=k+1;i<=n-1;i++)
  {
      a[i][k]=a[i][k]/a[k][k];
      for(j=k+1;j<=n-1;j++)
      {
        a[i][j]=a[i][j]-a[i][k]*a[k][j];
      }
      b[i]=b[i]-a[i][k]*b[k];
    }
}
b[n-1]=b[n-1]/a[n-1][n-1];
for(i=n-2;i>=0;i--)
{
    s=0;
    for(j=i+1;j<=n-1;j++)
```

```
  {
  s = s + a[i][j] * b[j];
  }
  b[i] = (b[i] - s) /a[i][i];
  }
  return(b[0],b[1],b[2]);
}
```

其 MATLAB 程序为:

```
输入 a,b,ep,n;
for k = 1:n - 1
  dmax = abs(a(k,k));
  m = k;
  for i = k:n
if abs(a(i,k)) > dmax
                dmax = abs(a(i,k));
m = i;
end
  end
  if dmax < ep
break;
  end
  if m ~ = k
  for j = k:n
temp = a(k,j);
  a(k,j) = a(m,j);
  a(m,j) = temp;
  end
  temp = b(k);
  b(k) = b(m);
  b(m) = temp;
  end
  for i = k + 1:n
  a(i,k) = a(i,k) /a(k,k);
  for j = k + 1:n
      a(i,j) = a(i,j) - a(i,k) * a(k,j);
  end
  b(i) = b(i) - a(i,k) * b(k);
  end
end
b(n) = b(n) /a(n,n);
for i = n - 1: - 1:1
  s = 0;
  for j = i + 1:n
```

```
    s = s + a(i,j) * b(j);
    end
    b(i) = (b(i) - s) /a(i,i);
  end
  b
```

例 7.3 用高斯列主元消去法解方程

$$\begin{cases}7x_1 + 8x_2 + 11x_3 = -3, \\ 5x_1 + x_2 - 3x_3 = -4, \\ x_1 + 2x_2 + 3x_3 = 1.\end{cases}$$

解 这里

$$\boldsymbol{A} = \begin{pmatrix}7 & 8 & 11 \\ 5 & 1 & -3 \\ 1 & 2 & 3\end{pmatrix}, \quad \boldsymbol{b} = \begin{pmatrix}-3 \\ -4 \\ 1\end{pmatrix},$$

取 $ep = 10^{-3}$，主程序为：

```
void main()
{
static double a[3][3] = {{7, 8, 11}, {5, 1, -3}, {1, 2, 3}};
static double b[3] = { -3, -4, 1};
  double ep;
  int ip;
  ep = 0.001;
  gas(a, b, 3, ip, ep);
  if(ip = = -1)printf("gauss method is failure");
  else printf("the solution of eqution is % f, % f, % f", b[0],b[1], b[2]);
}
```

运行结果为：

```
the solution of eqution is -3,5, -2
```

其 MATLAB 程序为：

```
a = [7,8,11;5,1, -3;1,2,3];
b = [ -3, -4,1];
ep = 0.001;
n = 3;
for k = 1:n - 1
  dmax = abs(a(k,k));
  m = k;
  for i = k:n
  if abs(a(i,k)) > dmax
    dmax = abs(a(i,k));
    m = i;
  end
```

```
    end
    if dmax<ep
        break;
  end
  if m~=k
  for j=k:n
  temp=a(k,j);
  a(k,j)=a(m,j);
  a(m,j)=temp;
  end
      temp=b(k);
      b(k)=b(m);
      b(m)=temp;
  end
for i=k+1:n
      a(i,k)=a(i,k)/a(k,k);
  for j=k+1:n
      a(i,j)=a(i,j)-a(i,k)*a(k,j);
  end
  b(i)=b(i)-a(i,k)*b(k);
  end
end
b(n)=b(n)/a(n,n);
for i=n-1:-1:1
    s=0;
    for j=i+1:n
      s=s+a(i,j)*b(j);
    end
    b(i)=(b(i)-s)/a(i,i);
end
b
```

7.3.2 高斯—赛德尔迭代法

把式(7.3)写成等价形式

$$x = \sum_{j=1}^{n} c_{ij}x_j + d_i \quad (i = 1,2,\cdots,n),$$

则高斯—赛德尔迭代格式为

$$x_i^{(k+1)} = \sum_{j=1}^{i-1} c_{ij}x_j^{(k+1)} + \sum_{j=i}^{n} c_{ij}x_j^{(k)} + d_i \quad (i = 1,2,\cdots,n;k = 0,1,2,\cdots). \tag{7.4}$$

由于迭代过程中总使用最新的值,因此可以采用压缩存储方式,使 $x_i^{(k)}$ 与 $x_i^{(k+1)}$ 共享单元. 在编程中采用下列条件作为收敛终止条件:

$$\max_{1 \le i \le n} |x_i^{(k+1)} - x_i^{(k)}| < ep.$$

当迭代次数 k 超过允许的最大数 N_{max} 时，认为迭代发散.

计算步骤为：

(1) 取初始向量 $x_i^{(0)}$ $(i = 1, 2, \cdots, n, k = 0)$.

(2) 对 $i = 1, 2, \cdots, n$，计算 $x_i^{(k+1)}$.

(3) 求 $|x_i^{(k+1)} - x_i^{(k)}|$ 最大值 e_{max}.

(4) 若 $e_{max} < ep$ 则停止计算，$x^{(k+1)}$ 为 x 的近似解，否则，$k + 1 \to k$.

(5) 若 $k < N_{max}$ 则转(2)，否则停止计算，认为发散.

其 N－S 图如图 7.8 所示.

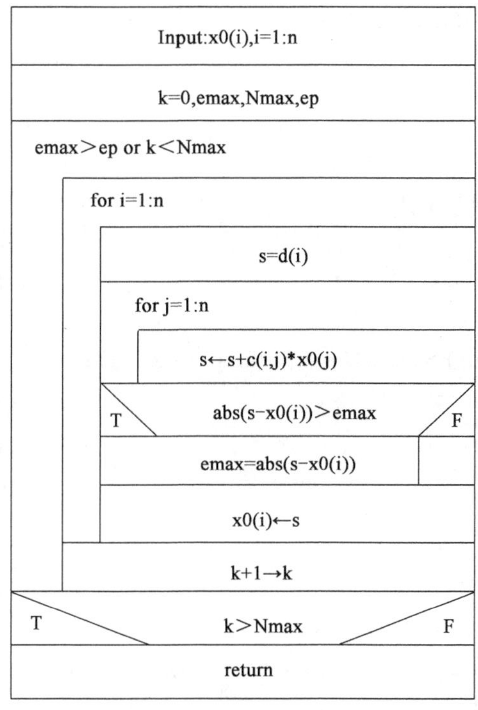

图 7.8

由于采用了压缩存储，使得 $x^{(k)}$ 和 $x^{(k+1)}$ 共享单元，因此只需一个一维数组. 其 C 语言程序清单如下：

```
double sd(c, d, n, x, ep, ip, nmax)
double c[3][3], d[3], x[3];
double ep;
int n, ip, nmax;
{
  int i, j, k;
  double emax, s;
k =0;
```

```
emax =0;
for(i =0;i <n;i + +)
{
  s = d[ i ];
  for( j =0;j <n;j + + )
  {
    s = s + c[ i ][ j ] * x[ j ];
  }
  if( fabs( s - x[ i ]) > emax) emax = fabs( s - x[ i ]);
  x[ i ] = s;
}
while( ( emax > ep) &&( k < nmax) ) {
    emax =0;
for(i =0;i <n;i + +)
    {
    s = d[ i ];
    for( j =0;j <n;j + + )
    {
      s = s + c[ i ][ j ] * x[ j ];
    }
    if( fabs( s - x[ i ]) > emax) emax = fabs( s - x[ i ]);
    x[ i ] = s;
  }
  k = k +1;
  }
  if( k > = nmax) ip = -1;
  else ip =1;
  return(x[0], x[1], x[2]);
}
```

其 MATLAB 程序为:

```
输入 c,d,n,ep,Nmax,x0;
emax =0;
k =0;
for i =1 : n
s = d( i );
for j =1 : n
  s = s + c(i,j) * x0( j );
end
if abs( s - x0( i ) ) > emax
  emax = abs( s - x0( i ) );
        end
        x0( i ) = s;
```

```
  end
    while (emax > ep)&&(k < Nmax)
    for i =1 : n
s = d(i);
for j =1 : n
s = s + c(i,j) * x0(j);
end
if abs(s - x0(i)) > emax
emax = abs(s - x(i));
end
x(i) = s;
end
    k = k +1;
end
x0
```

例 7.4 用高斯—赛德尔迭代法解下列方程组

$$\begin{cases}10x_1 - 2x_2 - x_3 = 3, \\ -2x_1 + 10x_2 - x_3 = 15, \\ -x_1 - 2x_2 + 5x_3 = 10.\end{cases} \tag{7.5}$$

解 首先将它转化为便于迭代的形式,从式(7.5)的三个方程中分别分离出 x_1, x_2, x_3,得

$$\begin{cases}x_1 = 0.2x_2 + 0.1x_3 + 0.3, \\ x_2 = 0.2x_1 + 0.1x_3 + 1.5, \\ x_3 = 0.2x_1 + 0.4x_2 + 2.0,\end{cases}$$

故此时

$$\boldsymbol{c} = \begin{pmatrix}0 & 0.2 & 0.1 \\ 0.2 & 0 & 0.1 \\ 0.2 & 0.4 & 0\end{pmatrix}, \quad \boldsymbol{d} = \begin{pmatrix}0.3 \\ 1.5 \\ 2.0\end{pmatrix}.$$

于是可编写主程序如下:

```
void main()
{
  double ep;
  int n, ip, nmax;
  double c[3][3] = {{0, 0.2, 0.1}, {0.2, 0, 0.1}, {0.2, 0.4, 0}};
static double d[3] = {0.3, 1.5, 2};
static double x[3] = {0.3, 1.5, 2};
n =3;
ip =1;
ep =0.000001;
nmax =200;
```

```
  sd(c,d,3,x,ep,ip,nmax);
  if(ip = =1)printf("the solution of eqution is % 1.10f, % 1.10f, % 1.10f",
x[0], x[1], x[2]);
    else printf("seidel method is failure");
}
```

运行结果为:

```
the solution of eqution is 0.9999999673,1.9999999840,2.9999999871
```

其 MATLAB 程序为:

```
c=[0,0.2,0.1;0.2,0,0.1;0.2,0.4,0];
d=[0.3,1.5,2];
x=[0.3,1.5,2];
n=3;
ep=0.000001;
nmax=200;
emax=0;
k=0;
for i=1:n
    s=d(i);
    for j=1:n
        s=s+c(i,j)*x0(j);
    end
    if abs(s-x0(i))>emax
        emax=abs(s-x0(i));
  end
  x0(i)=s;
end
while (emax>ep)&&(k<Nmax)
  for i=1:n
  s=d(i);
  for j=1:n
  s=s+c(i,j)*x0(j);
  end
  if abs(s-x0(i))>emax
  emax=abs(s-x0(i));
  end
  x0(i)=s;
  end
    k=k+1;
end
x0
```

7.3.3 练习

1. 用高斯列主元消去法解

$$\begin{cases}3.2x_1 - 2.5x_2 - 0.5x_3 = 0.9,\\ 1.6x_1 + 2.5x_2 - 1.0x_3 = 1.55,\\ x_1 + 4.1x_2 - 1.5x_3 = 2.08.\end{cases}$$

2. 编写一个追赶法解三对角方程的 C 语言程序,并用它解下列三对角方程组

$$\begin{pmatrix} 2 & -1 & 0 & 0 & 0\\ -1 & 2 & -1 & 0 & 0\\ 0 & -1 & 2 & -1 & 0\\ 0 & 0 & -1 & 2 & -1\\ 0 & 0 & 0 & -1 & 2\end{pmatrix}\begin{pmatrix}x_1\\x_2\\x_3\\x_4\\x_5\end{pmatrix} = \begin{pmatrix}1\\0\\0\\0\\0\end{pmatrix}.$$

3. 用高斯—赛德尔迭代法解下列方程组

$$\begin{pmatrix} 6 & -1 & -1\\ -1 & 6 & -1\\ -1 & -1 & 6\end{pmatrix}\begin{pmatrix}x_1\\x_2\\x_3\end{pmatrix} = \begin{pmatrix}11.33\\32.00\\42.00\end{pmatrix},$$

要求精确到小数点后 5 位.

7.4 插值法与拟合法实习

插值法与拟合法是函数逼近的两个重要方法,用于求函数的近似表达式.插值法包括拉格朗日插值法、牛顿插值法和样条函数插值法等,拟合法包括线性拟合法、多项式拟合法和非线性拟合法.本节以牛顿插值法和多项式拟合法为例说明其编程过程.

7.4.1 牛顿插值法

设已知 $n+1$ 个点 (x_i, y_i) $(i=0,1,2,\cdots,n)$,则以 $x_0, x_1, \cdots, x_n$ 为插值节点的牛顿插值多项式为

$$\begin{aligned}N_n(x) = f(x_0) + f[x_0,x_1](x-x_0) + f[x_0,x_1,x_2](x-x_0)(x-x_1) + \cdots \\ + f[x_0,x_1,\cdots,x_n](x-x_0)(x-x_1)\cdots(x-x_{n-1}),\end{aligned} \tag{7.6}$$

其系数可通过差商表递推计算.采用压缩存储,只需两个一维数组分别存放 x_i 和 y_i,不需要另外增加数组.以 $n=4$ 为例说明其原理,记

$$x = (x_0, x_1, \cdots, x_n)^{\mathrm{T}}, \quad y = (y_0, y_1, \cdots, y_n)^{\mathrm{T}},$$

做一阶差商

$$f[x_k, x_{k+1}] = \frac{y_{k+1} - y_k}{x_{k+1} - x_k} \quad (k = 0,1,,\cdots n-1).$$

计算完这些差商后,$y_1, y_2, \cdots, y_n$ 已没有用,把 $f[x_k, x_{k+1}]$ 存放在 y_{k+1} 中,这时 y 数组变为

$$y = (y_0, f[x_0,x_1], f[x_1,x_2], \cdots, f[x_{n-1},x_n])^{\mathrm{T}}.$$

用类似方法处理二阶差商,当所有差商计算完后,y 数组变为

$$y = (f(x_0),f[x_0,x_1],f[x_0,x_1,x_2],\cdots,f[x_0,x_1,\cdots,x_n])^{\mathrm{T}}.$$

正好就是式(7.6)的系数. $N_n(x)$ 的计算也可以采用递推公式来计算. 记

$$P_0 = 1,\quad S_0 = f(x_0),$$

则

$$\begin{cases} P_i = P_{i-1} \times (x - x_{i-1}),(i = 1,2,\cdots,n) \\ S_i = S_{i-1} + f[x_0,x_1,\cdots,x_i] \times P_i \end{cases}.$$

有 $N_n(x) = S_n$,综合分析,得到计算牛顿插值多项式的计算步骤:

(1)计算差商,对 $i = 1,2,\cdots,n$,计算

$$y_j \Leftarrow \frac{y_j - y_{j-1}}{x_j - x_{j-1}} \quad (j = n,n-1,\cdots,i).$$

(2)求 $N_n(x)$ 的值,令 $P = 1, S = y_0$,对 $i = 1,2,\cdots,n$,计算

$$P \Leftarrow P \times (x - x_{i-1}),$$

$$S \Leftarrow S + y_i \times P.$$

最后 S 即为 $N_n(x)$ 的值.

其 N－S 图如图 7.9 所示.

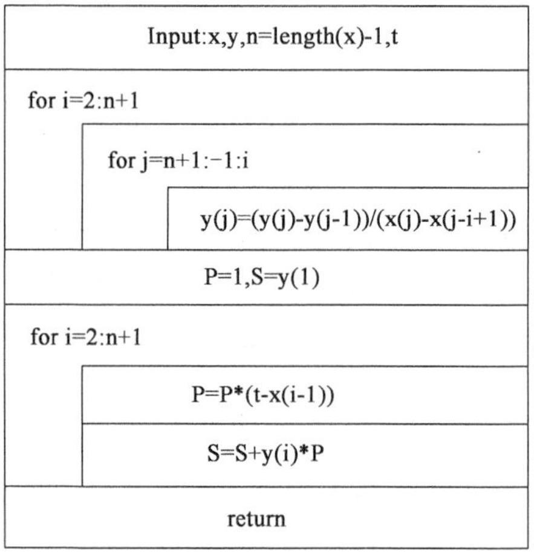

图 7.9

其 C 语言子程序为:

```
double ntp(x, y, n, t)
int n;
double x[n], y[n], t;
{
    int i,j;
    double p,s;
    for(i =1;i < =n;i + +)
    {
```

```
      for(j=n;j>=i;j--)
     {
      y[j]=(y[j]-y[j-1])/(x[j]-x[j-i]);
     }
      }
      p=1.0;
     s=y[0];
     for(i=1;i<=n;i++)
     {
      p=p*(t-x[i-1]);
     s=s+y[i]*p;
     }
     y[0]=s;
     return(y[0]);
}
```

其 MATLAB 程序为：

```
输入 x,y,n,t;
for i =2 : n+1
    for j = n+1 : -1 :i
    y(j)=(y(j)-y(j-1))/(x(j)-x(j-i+1));
    end
end
p=1.0;
s=y(1);
for i =2 : n+1
    p=p*(t-x(i-1));
    s=s+y(i)*p;
end
y(1)=s;
y(1)
```

例 7.5 已知函数表如下：

x_i	0.40	0.55	0.65	0.80	0.90
y_i	0.41075	0.57815	0.69675	0.88811	1.02652

试用牛顿插值法求 $f(x)$ 在 $x=0.596$ 的近似值.

解 这里 $n=4$，编写主程序如下：

```
void main()
{
    static double x[5]={0.4, 0.55, 0.65, 0.8, 0.9};
    static double y[5]={0.41075, 0.57815, 0.69675, 0.88811, 1.02652};
    int n;
    double t;
```

```
    t =0.596;
    n =4;
    ntp(x, y, n, t);
    printf("N(% f) =% f", t, y[0]);
}
```

运行结果为:

```
N(0.596) =0.631918
```

其 MATLAB 程序语言为:

```
t =0.596;
n =4;
x =[0.4,0.55,0.65,0.8,0.9];
y =[0.41075,0.57815,0.69675,0.88811,1.02652];
for i =2 : n+1
     for j = n+1 : -1 :i
     y(j) =(y(j) -y(j-1))/(x(j) -x(j-i+1));
   end
end
p =1.0;
s =y(1);
for i =2 : n+1
   p =p*(t-x(i-1));
   s =s +y(i) *p;
end
y(1) =s;
y(1)
```

7.4.2 多项式拟合

设给定一组数据(x_i,y_i) $(i=1,2,\cdots,n)$,用一个 m 次多项式 $\varphi(x)$来拟合这些数据.设

$$\varphi(x) = a_0 + a_1x + \cdots + a_mx^m,$$

其系数 $a_0,a_1,\cdots,a_m$ 由相应的正规方程组确定

$$\begin{pmatrix} n & \sum x_i & \sum x_i^2 & \cdots & \sum x_i^m \\ \sum x_i & \sum x_i^2 & \sum x_i^3 & \cdots & \sum x_i^{m+1} \\ \vdots & \vdots & \vdots & \vdots & \\ \sum x_i^m & \sum x_i^{m+1} & \sum x_i^{m+2} & \cdots & \sum x_i^{2m} \end{pmatrix} \begin{pmatrix} a_0 \\ a_1 \\ \vdots \\ a_m \end{pmatrix} = \begin{pmatrix} \sum x_i \\ \sum x_iy_i \\ \vdots \\ \sum x_i^my_i \end{pmatrix},$$

或用矩阵写为

$$\boldsymbol{Ax} = \boldsymbol{b},$$

其中 $\boldsymbol{A}$ 的一般元素为

$$a_{ij} = \sum_{k=1}^{n} x_k^{i+j} (i,j = 0,1,2,\cdots,m),$$

b 的一般元素为

$$b_i = \sum_{k=1}^{n} x_k^i y_k (i = 0,1,2,\cdots,m),$$
$$x = (a_0, a_1, \cdots, a_m)^{\mathrm{T}}.$$

在形成系数矩阵 **A** 时只须计算出和式 $\sum_{k=1}^{n} x_k^i (i = 0,1,2,\cdots,2m)$. 解正规方程组可采用高斯列主元消去法. 综上,可得多项式拟合法的计算步骤如下:

(1)输入已知数据$(x_i, y_i)(i=1,2,\cdots,n)$.

(2)对 $i=0,1,2,\cdots,2m$,计算 $\sum_{k=1}^{n} x_k^i$, 然后形成系数矩阵 **A**.

(3)对 $i=0,1,2,\cdots,m$,计算 $\sum_{k=1}^{n} x_k^i y_k$, 然后形成右端向量 **b**.

(4)调用高斯列主元消去法解 $\boldsymbol{Ax}=\boldsymbol{b}$.

(5)最后得到拟合多项式 $\varphi(x)$.

其 N-S 图如图 7.10 所示.

多项式拟合 C 语言子程序如下:

```
double pol(x, y, n, m)
double x[10], y[10];
int n, m;
{
    double a[10][10], b[10], z[30];
    int I, j, k, ip;
    double s;
    z[0] =n;
    for(i =0;i < =2 * m -1;i + +)
    {
      s =0;
    for(k =0;k < =n -1;k + +)
      {
      s =s +pow(x[k], (i +1));
      }
      z[i +1] =s;
    }
    for(i =0;i < =m;i + +)
    {
      s =0;
      for(k =0;k < =n -1;k + +)
      {
        s =s +y[k] * pow(x[k], (i));
```

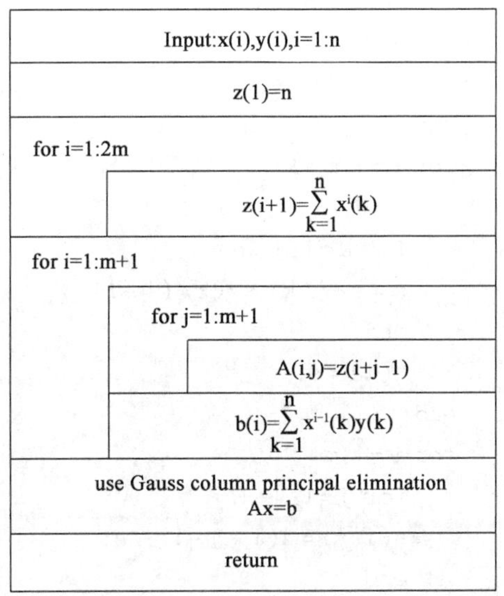

图 7.10

```
        }
        b[i] = s;
    }
    for(i = 0;i < = m;i + +)
    {
        for(j = 0;j < = m;j + +)
        {
        a[i][j] = z[i + j];
        }
    }
    gas(a, b, m + 1, ip, 0.000001);
    if(ip! = -1)printf("% f + % fx + % fx * x", b[0], b[1], b[2]);
    else printf("failure");
}
```

上述程序的变元说明如下:

z 为一维数组,用于存放 $\sum x_k^{i-1}(k = 1,2,\cdots,2m + 1)$;

b 为一维数组,用于存放右端向量;

A 为二维数组,用于存放正规方程的系数矩阵.

其 MATLAB 程序为:

```
输入自变量 x,因变量 y,多项式次数 m,变量个数 n;
z(1) = n;
for i = 1:2 * m
    s = 0;
    for k = 1:n
s = s + x(k)^(i);
    end
    z(i + 1) = s;
end
for i = 1:m + 1
    s = 0;
    for k = 1:n
    s = s + y(k) * x(k)^(i - 1);
    end
    b(i) = s;
end
for i = 1:m + 1
    for j = 1:m + 1
    a(i,j) = z(i + j - 1);
    end
end
[b] = Gauss_xcqu(a,b,m + 1,0.000001)
```

```
function [b] = Gauss_xcqu(a,b,n,ep)
for k=1:n-1
      dmax=abs(a(k,k));
      m=k;
      for i=k:n
if abs(a(i,k))>dmax
dmax=abs(a(i,k));
m=i;
end
    end
    if dmax<ep
    break;
    end
    if m~=k
      for j=k:n
      temp=a(k,j);
    a(k,j)=a(m,j);
    a(m,j)=temp;
    end
      temp=b(k);
      b(k)=b(m);
      b(m)=temp;
    end
    for i=k+1:n
      a(i,k)=a(i,k)/a(k,k);
      for j=k+1:n
      a(i,j)=a(i,j)-a(i,k)*a(k,j);
      end
      b(i)=b(i)-a(i,k)*b(k);
    end
end
b(n)=b(n)/a(n,n);
for i=n-1:-1:1
    s=0;
    for j=i+1:n
      s=s+a(i,j)*b(j);
    end
    b(i)=(b(i)-s)/a(i,i);
end
end
```

例 7.6 试应用二次多项式拟合下列数据:

x	1.36	1.49	1.73	1.81	1.95	2.16	2.28	2.48
y	14.094	15.069	16.844	17.378	18.435	19.949	20.963	22.495

解 这里 $n=8, m=2$,C 语言主程序为:

```
void main()
{
    static double x[10] = {1.36, 1.49, 1.73, 1.81, 1.95, 2.16, 2.28, 2.48};
    static double y[10] = {14.094, 15.069, 16.844, 17.378, 18.435, 19.949, 20.963,
22.495};
    int n, m;
    n=8;
    m=2;
    pol(x, y, n, m);
}
```

运行结果为:

$4.976251+6.31451x+0.300361x^2$

其 MATLAB 程序为:

```
x = [1.36,1.49,1.73,1.81,1.95,2.16,2.28,2.48];
y = [14.094,15.069,16.844,17.378,18.435,19.949,20.963,22.495];
n=8;
m=2;
z(1)=n;
for i=1:2*m
    s=0;
    for k=1:n
    s=s+x(k)^(i);
    end
    z(i+1)=s;
end
for i=1:m+1
    s=0;
    for k=1:n
    s=s+y(k)*x(k)^(i-1);
    end
    b(i)=s;
end
for i=1:m+1
    for j=1:m+1
    a(i,j)=z(i+j-1);
    end
```

```
end
[b] = Gauss_xcqu(a,b,m+1,0.000001)
```

7.4.3 练习

1. 试画出拉格朗日插值多项式的 N－S 图并写出程序.

2. 已知函数

x	1.275	1.1503	1.1735	1.1972
$y=f(x)$	0.1191	0.13954	0.15932	0.17903

试用牛顿插值法计算 $f(1.13)$ 的近似值.

3. 试编写一个求形如 $y=ae^{bx}$ 的拟合函数的子程序.

7.5 数值积分实习

数值积分法就是利用数值方法求定积分的近似值. 常用的求积公式有牛顿—柯特斯求积公式、复化求积公式、自适应步长求积公式、龙贝格求积公式及高斯求积公式. 本节以复化辛浦生求积公式和龙贝格求积公式为例说明其程序设计方法.

7.5.1 复化辛浦生求积公式

辛浦生求积公式为 $\int_a^b f(x)\mathrm{d}x \approx \frac{b-a}{6}\left[f(a)+4f\left(\frac{a+b}{2}\right)+f(b)\right]$, 把区间 $[a,b]$ n 等分, 分点为 $x_i=a+ih\,(i=0,1,2,\cdots,n)$, 其中 $h=\frac{b-a}{n}$ 为步长, 在每一小区间 $[x_i,x_{i+1}]$ 内应用辛浦生公式, 就得到复化辛浦生求积公式:

$$\int_a^b f(x)\mathrm{d}x = \sum_{i=0}^{n}\int_{x_i}^{x_{i+1}} f(x)\mathrm{d}x \approx \sum_{i=0}^{n}\frac{h}{6}[f(x_i)+4f(x_{i+1/2})+f(x_{i+1})]$$

$$=\frac{h}{6}[f(a)+4\sum_{i=0}^{n-1}f(x_{i+1/2})+2\sum_{i=1}^{n-1}f(x_i)+f(b)],$$

其中 $x_{i+1/2}=x_i+\frac{h}{2}$ 为 $[x_i,x_{i+1}]$ 的中点.

为便于编程, 把上式改为

$$\int_a^b f(x)\mathrm{d}x \approx \frac{h}{6}[f(a)-f(b)+\sum_{i=1}^{n}(4f(x_{i-1/2})+2f(x_i))]. \tag{7.7}$$

复化辛浦生求积公式的计算步骤可描写如下:

(1) 确定等分数 n, 计算步长 $h=(b-a)/n$.

(2) 计算 $2n+1$ 个点 $x_0+\frac{i}{2}h\,(i=0,1,\cdots,2n)$ 上的函数值.

(3) 根据式(7.7)得到 $\int_a^b f(x)\mathrm{d}x$ 的近似值.

其 N－S 图如图 7.11 所示.

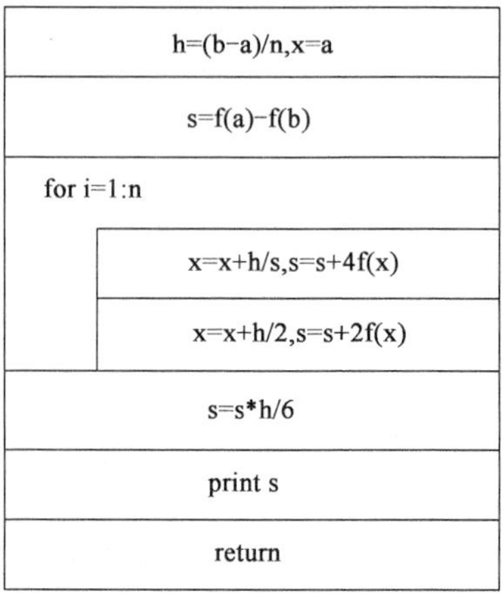

h=(b−a)/n,x=a

s=f(a)−f(b)

for i=1:n

x=x+h/s,s=s+4f(x)

x=x+h/2,s=s+2f(x)

s=s*h/6

print s

return

图 7.11

复化辛浦生求积公式的 C 语言子程序为:

```
double sp(a, b, n)
double a, b;
int n;
{
  double h, s, x;
  int i;
  h = (b - a) /n;
  s = f(a) - f(b);
  x = a;
  for(i = 1;i < = n;i + +)
  {
    x = x + h/2;
      s = s +4 * f(x);
      x = x + h/2;
      s = s +2 * f(x);
  }
  s = s * h/6;
  printf("the integral of f(x)is % f", s);
}
```

变元说明如下:

n 表示区间等分数;a 表示积分下限;b 表示积分上限;h 表示步长.

其 MATLAB 程序为:

输入

n—表示区间等分数;

a—积分下限;

b—积分上限;

```
h = (b - a) /n;
```

```
s = f(a) - f(b);
x = a;
for i = 1:n
    x = x + h/2;
    s = s + 4 * f(x);
    x = x + h/2;
    s = s + 2 * f(x);
end
s = s * h/6;
```

例 7.7 试应用复化辛浦生公式,计算 $\int_0^1 \frac{\sin x}{x} dx$ 的近似值,取 $n = 5$.

解 首先编写一个主程序以调用上述子程序,其次还要编写一个计算 $f(x)$ 的函数子程序.

函数子程序为:

```
double f(x)
double x;
{
    double f1;
    if(x = = 0) f1 = 1;
    else f1 = sin(x) / x;
    return (f1);
}
```

主程序为:

```
void main()
{
    double a, b, n;
    a = 0;
    b = 1;
    n = 5;
    sp(a, b, 5);
}
```

运行结果为:

```
The integral of f(x) is 0.9460832
```

其 MATLAB 程序为:

```
a = 0;
b = 1;
n = 5;
h = (b - a) / n;
s = f(a) - f(b);
x = a;
for i = 1:n
```

```
        x = x + h/2;
        s = s + 4 * f(x);
        x = x + h/2;
        s = s + 2 * f(x);
    end
    s = s * h/6;
    function y = f(x)
        if(x = = 0)
    y = 1;
        else
    y = sin(x)/x;
        end
    end
```

若函数$f(x)$本身未知,仅知$f(x)$在$x_i=a+ih(i=0,1,\cdots,n)$处的函数值$y_0,y_1,\cdots,y_n$,其中$h=\dfrac{b-a}{n}$,若$n=2m$为偶数,则可用复化辛浦生公式计算积分:

$$\begin{aligned}\int_a^b f(x)\,\mathrm{d}x &= \sum_{i=1}^{m}\int_{x_{2(i-1)}}^{x_{2i}} f(x)\,\mathrm{d}x \approx \sum_{i=0}^{m}\frac{h}{3}[f(x_{2i-2})+4f(x_{2i-1})+f(x_{2i})]\\ &= \frac{h}{3}\left\{f(a)-f(b)+\sum_{i=1}^{m}[4f(x_{2i-1})+2f(x_{2i})]\right\}\\ &= \frac{h}{3}\left[y_0-y_n+\sum_{i=1}^{m}(4y_{2i-1}+2y_{2i})\right].\end{aligned}$$

读者可以模仿前面的编程方法,利用上述公式写出这种情况下的子程序.

7.5.2 龙贝格求积公式

龙贝格求积公式精度高,收敛快,是目前较为常用的一种求积公式,其计算公式为

$$\begin{aligned}T_{2^k} &= \frac{1}{2}T_{2^{k-1}}+\frac{b-a}{2^k}\sum_{i=1}^{2^{k-1}}f\left(a+\frac{b-a}{2^k}(2i-1)\right),\\ S_{2^k} &= \frac{4T_{2^{k+1}}-T_{2^k}}{4-1},\\ C_{2^k} &= \frac{4^2S_{2^{k+1}}-S_{2^k}}{4^2-1},\\ R_{2^k} &= \frac{4^3C_{2^{k+1}}-C_{2^k}}{4^3-1}\quad(k=1,2,3,\cdots).\end{aligned}$$

其计算步骤为:

(1)先求T_1,$T_1=\dfrac{b-a}{2}[f(a)+f(b)]$.

(2)对分区间,计算T_2,S_1;再将区间4等分,计算T_4,S_2,C_1.

(3)将区间2^k等分,计算$T_{2^k},S_{2^{k-1}},C_{2^{k-2}},R_{2^{k-3}}(k=3,4,\cdots)$,直到$|R_{2^{k+1}}-R_{2^k}|<\varepsilon$为止.

其 N－S 图如图 7.12 所示.

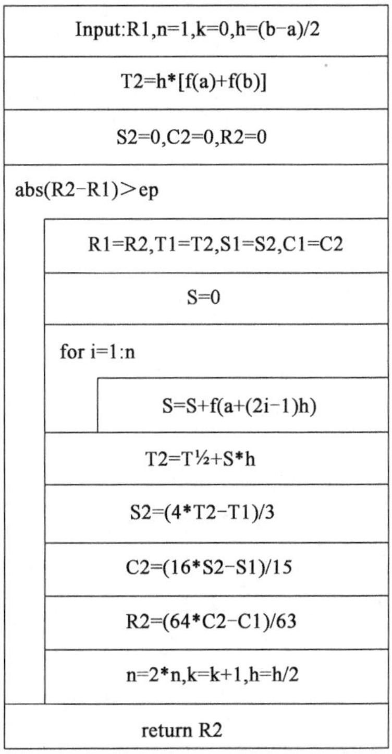

Input:R1,n=1,k=0,h=(b−a)/2

T2=h*[f(a)+f(b)]

S2=0,C2=0,R2=0

abs(R2−R1)>ep

R1=R2,T1=T2,S1=S2,C1=C2

S=0

for i=1:n

S=S+f(a+(2i−1)h)

T2=T½+S*h

S2=(4*T2−T1)/3

C2=(16*S2−S1)/15

R2=(64*C2−C1)/63

n=2*n,k=k+1,h=h/2

return R2

图 7.12

变元说明：

a 表示积分下限，b 表示积分上限，ep 表示精度控制；

T1，T2 表示前后二步梯形公式的值；

S1，S2 表示前后二步辛浦生公式的值；

C1，C2 表示前后二步柯特斯公式的值；

R1，R2 表示前后二步龙贝格公式的值.

下面给出龙贝格求积公式的 C 语言程序：

```
double rom(a, b, ep)
double a, b, ep;
{
  double h, s1, c1, r1, s2, c2, r2, t1, t2, s;
  int i, k, n;
  h = (b - a) / 2.0;
  t2 = ( f(a) + f(b)) * h;
  s2 = 0;
  c2 = 0;
  r2 = 0;
  n = 1;
  k = 0;
```

```
  r1 = 10;
  while(fabs(r2 - r1) > = ep)
  {
  t1 = t2;
    s1 = s2;
    c1 = c2;
    r1 = r2;
    s = 0.0;
    for(i = 1;i < = n;i + + )
    {
      s = s + f(a + (2 * i - 1) * h);
     }
    t2 = t1/2 + s * h;
    s2 = (4 * t2 - t1) / 3;
    c2 = (16 * s2 - s1) / 15;
    r2 = (64 * c2 - c1) / 63;
    n = n * 2;
    k = k + 1;
    h = h / 2;
  }
  printf("R(% d) = % f",k,r2);
}
```

其 MATLAB 程序为:

```
输入
a - 积分下限
b - 积分上限
ep - 精度控制
R1 - 前一步 Romberg 公式的值
h = (b - a) / 2;
n = 1;
T2 = h * (f(a) + f(b));
S2 = 0;
C2 = 0;
R2 = 0;
while abs(R2 - R1) > ep
R1 = R2;
T1 = T2;
S1 = S2;
C1 = C2;
S = 0;
```

```
for i=1:n
S=S+f(a+(2*i-1)*h);
end
T2=T1/2+S*h;
S2=(4*T2-T1)/3;
C2=(16*S2-S1)/15;
R2=(64*C2-C1)/63;
n=2*n;
h=h/2;
end
R2
```

例 7.8 用龙贝格求积公式计算 $\int_0^1 \frac{\sin x}{x}dx$,使误差不超过$\frac{1}{2}\times 10^{-6}$.

解 函数子程序为:

```
double f(x)
double x;
{
    double f1;
    if(x==0)f1=1;
    else f1=sin(x)/x;
    return(f1);
}
```

主程序为:

```
void main()
{
    double a,b,ep;
    a=0;
    b=1;
    ep=0.0000005;
    rom(a,b,ep);
}
```

运行上述程序,$ep=0.000001$ 时,结果为:$R(4)=0.946083$.

其 MATLAB 程序为:

```
a=0;
b=1;
h=(b-a)/2;
n=1;
  T2=h*(f(a)+f(b));
  S2=0;
  C2=0;
  R2=0;
```

```
  R1 = 10;
  ep = 0.000001;
while abs(R2 - R1) > ep
  R1 = R2;
  T1 = T2;
  S1 = S2;
  C1 = C2;
  S = 0;
  for i = 1:n
  S = S + f(a + (2 * i - 1) * h);
  end
  T2 = T1 / 2 + S * h;
  S2 = (4 * T2 - T1) / 3;
  C2 = (16 * S2 - S1) / 15;
  R2 = (64 * C2 - C1) / 63;
  n = 2 * n;
  h = h / 2;
end
R2
function y = f(x)
if(x = =0)
  y = 1;
else
  y = sin(x) / x;
end
end
```

7.5.3 练习

1. 试编写一个用复化梯形公式计算积分 $\int_a^b f(x)\,\mathrm{d}x$ 的子程序,并用之计算 $\int_0^1 \frac{\sin x}{x}\mathrm{d}x$,误差不超过 $\frac{1}{2}\times 10^{-3}$.

2. 用龙贝格求积公式计算 $\int_1^3 \frac{1}{y}\mathrm{d}y$, 误差不超过 $\frac{1}{2}\times 10^{-6}$.

3. 用复化辛浦生公式计算 $\int_0^1 \frac{\sin x}{x}\mathrm{d}x$, 保留四位有效数字.

7.6 常微分方程初值问题数值解法实习

常微分方程初值问题的数值解法可分为两大类,即单步法和多步法. 单步法包括欧拉法、预报—校正法和龙格—库塔法,多步法主要有 Adams 四步显式公式、Adams 三步隐式公式及 Adams 预报—校正系统. 本节以四阶龙格—库塔法和 Adams 预报—校正公式为例进行编程.

7.6.1 四阶龙格—库塔法

在解常微分方程初值问题时,四阶龙格—库塔法是一种常用的单步方法,也经常用来计算多步法的最初几步值. 对初值问题

$$\begin{cases} y' = f(x,y), \quad a \leqslant x \leqslant b, \\ y(x_0) = y_0, \end{cases}$$

其四阶龙格—库塔公式为

$$\begin{cases} y_{i+1} = y_i + \dfrac{h}{6}(k_1 + 2k_2 + 2k_3 + k_4), \\ k_1 = f(x_i, y_i), \\ k_2 = f\left(x_i + \dfrac{1}{2}h, y_i + \dfrac{h}{2}k_1\right), \\ k_3 = f\left(x_i + \dfrac{1}{2}h, y_i + \dfrac{h}{2}k_2\right), \\ k_4 = f(x_i + h, y_i + hk_3), \end{cases} \tag{7.8}$$

其计算步骤为:

(1)确定步长 $h = \dfrac{b-a}{n}$ 或确定等分数 n;

(2)对 $i = 0,1,2,\cdots,n-1$,按式(7.8)计算 k_1, k_2, k_3, k_4 及 y_{i+1}.

其 N－S 图如图 7.13 所示.

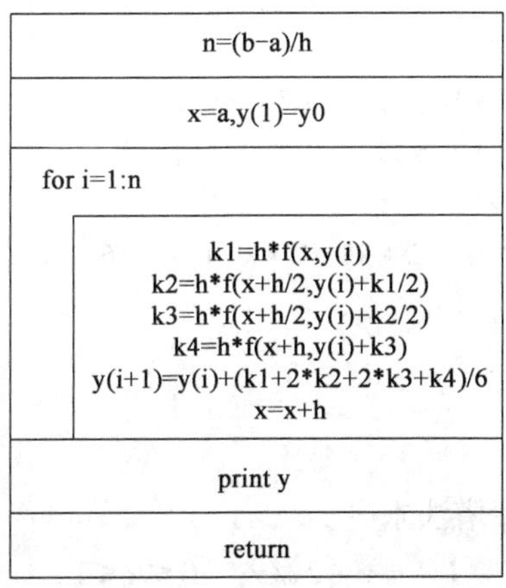

图 7.13

C 语言子程序为:

```
double rk(a, b, h, y0)
double a, b, h, y0;
{
double y[10];
```

```
double k1, k2, k3, k4, x, n;
int i;
//h=0.2;
n=(b-a)/h;
x=a;
y[0]=y0;
for(i=0;i<=n-1;i++)
{
  k1=h*f(x, y[i]);
    k2=h*f(x+0.5*h, y[i]+0.5*k1);
    k3=h*f(x+0.5*h, y[i]+0.5*k2);
    k4=h*f(x+h, y[i]+k3);
    y[i+1]=y[i]+(k1+2*k2+2*k3+k4)/6;
    x=x+h;
    printf("% f,% f\n", x, y[i+1]);
  }
}
```

其 MATLAB 程序为:

```
    输入 a, b, h, y0;
    n = (b-a)/h;
    x = a;
    X(1) = x;
    y(1) = y0;
    for i = 1 : n
      k1 = h * f(x,y(i));
      k2 = h * f(x+0.5*h,y(i)+0.5*k1);
      k3 = h * f(x+0.5*h,y(i)+0.5*k2);
      k4 = h * f(x+h,y(i)+k3);
      y(i+1) = y(i) + (k1+2*k2+2*k3+k4)/6;
      x = x + h;
      X(i+1) = x;
  end
  [X; y]
```

例 7.9 用四阶龙格—库塔法求

$$\begin{cases} y' = y - 2x/y, & 0 \leqslant x \leqslant 1, \\ y(0) = 1 \end{cases}$$

的数值解,取步长 $h = 0.2$.

解 函数子程序为:

```
double f(x, y)
double x, y;
{
```

```
  double f1;
  f1 =y -2 * x/y;
  return(f1);
}
```

主程序为:

```
void main()
{
  double a, b, y0, h;
  a =0;
  b =1;
  y0 =1;
  h =0.2;
  rk(a, b, h, y0);
}
```

运行结果见下表.

x	y
0.2	1.183229
0.4	1.341667
0.6	1.483281
0.8	1.612514
1.0	1.732142

其 MATLAB 程序为:

```
a = 0;
b = 1;
y0 = 1;
h = 0.2;
n = (b-a)/h;
x = a;
X(1) = x;
y(1) = y0;
for i = 1 : n
    k1 = h * f(x,y(i));
    k2 = h * f(x+0.5*h,y(i) +0.5*k1);
    k3 = h * f(x+0.5*h,y(i) +0.5*k2);
    k4 = h * f(x+h,y(i) +k3);
    y(i+1) = y(i) + (k1 +2*k2 +2*k3 + k4)/6;
    x = x + h;
    X(i+1) = x;
end
[X; y]
```

```
function [y] = f(x,y)
   y=y-2*x/y;
end
```

7.6.2 Adams 预报—校正公式

Adams 预报—校正公式为

$$\begin{cases} y_{n+1}^{(0)} = y_n + \frac{h}{24}[55f(x_n,y_n) - 59f(x_{n-1},y_{n-1}) \\ \qquad + 37f(x_{n-2},y_{n-2}) - 9f(x_{n-3},y_{n-3})], \\ y_{n+1} = y_n + \frac{h}{24}[9f(x_{n+1},y_{n+1}^{(0)}) + 19f(x_n,y_n) \\ \qquad - 5f(x_{n-1},y_{n-1}) + f(x_{n-2},y_{n-2})] \quad (n = 3,4,5,\cdots), \end{cases}$$

开始的几个值 y_1,y_2,y_3 必须由单步法来提供,一般采用四阶龙格—库塔方法计算 y_1,y_2,y_3,再用上述公式计算以后的 y_n 值.其计算步骤为:

(1)用四阶龙格—库塔法,由 y_0 计算 y_1,y_2,y_3;

(2)应用 Adams 预报—校正公式计算 $y_4,y_5,\cdots,y_n$,其中 $n=(b-a)/h$ 为求解区间 $[a,b]$ 的等分数.

其 N－S 图如图 7.14 所示.

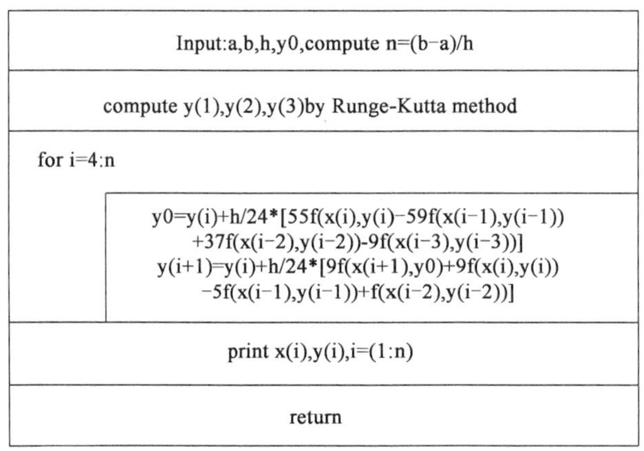

图 7.14

变元说明:a,b 为求解区间的端点;h 为步长;n 为[a,b]区间的等分数;y 为一维数组,存放计算结果,y0 存放初始值.

其 C 语言子程序为:

```
double adm(a, b, h, y0)
double a, b, h, y0;
{
  double y[100],x[100];
    double k1, k2, k3, k4;
    inti, n;
```

```
    n=(b-a)/h;
    for(i=0;i<=n;i++)
    {
      x[i]=a+i*h;
    }
    y[0]=y0;
    for(i=0;i<=2;i++)
    {
      k1=h*f(x[i], y[i]);
      k2=h*f(x[i]+0.5*h, y[i]+0.5*k1);
      k3=h*f(x[i]+0.5*h, y[i]+0.5*k2);
      k4=h*f(x[i]+h, y[i]+k3);
      y[i+1]=y[i]+(k1+2*k2+2*k3+k4)/6;
    }
    for(i=3;i<=n-1;i++)
    {y0=y[i]+(55*f(x[i], y[i])-59*f(x[i-1], y[i-1])+37*f(x[i-2], y
[i-2])-9*f(x[i-3],y[i-3]))*h/24;
    y[i+1]=y[i]+(9*f(x[i+1], y0)+19*f(x[i], y[i])-5*f(x[i-1],
y[i-1])+f(x[i-2], y[i-2]))*h/24;
    }
    for(i=0;i<=n;i++)
    {
      printf("%f, %2.8f\n", x[i], y[i]);
    }
}
```

其MATLAB程序为：

```
输入 a, b, h, y0;
n = (b-a)/h;
for i = 1 : n+1
    x(i) = a + (i-1) * h;
end
y(1) = y0;
for i = 1 : 3
    k1 = h * f(x(i),y(i));
    k2 = h * f(x(i)+0.5*h,y(i)+0.5*k1);
    k3 = h * f(x(i)+0.5*h,y(i)+0.5*k2);
    k4 = h * f(x(i)+h,y(i)+k3);
    y(i+1) = y(i) + (k1+2*k2+2*k3+k4)/6;
end
for i = 4 : n
    y0 = y(i) + (55*f(x(i),y(i)) - 59 * f(x(i-1),y(i-1)) + 37 * f(x(i-2),
    y(i-2)) - 9 * f(x(i-3),y(i-3))) * h /24;
    y(i+1) = y(i) + (9*f(x(i+1),y0) + 19 * f(x(i),y(i)) - 5 * f(x(i-1),y(i
```

```
    -1)) + f(x(i-2),y(i-2))) * h /24;
end
result = [x;y];
```

例 7.10 用 Adams 预报—校正公式求解

$$\begin{cases} \dfrac{dy}{dx} = y - \dfrac{2x}{y}, & 0 \leqslant x \leqslant 1.5, \\ y(0) = 1, \end{cases}$$

取步长 $h=0.1$.

解 函数子程序为:

```
double f(x,y)
double x,y;
{
    double f1;
    f1 =y -2 * x/y;
    return(f1);
}
```

主程序为:

```
void main()
{
    double a,b,h,y0;
    a =0;
    b =1.5;
    h =0.1;
    y0 =1;
    adm(a, b,h,y0);
}
```

运行结果见下表:

x	y
0.000000	1.00000000
0.100000	1.09544553
0.200000	1.18321675
0.300000	1.26491223
0.400000	1.34164136
0.500000	1.41421383
0.600000	1.48323982
0.700000	1.54919338
0.800000	1.61245154
0.900000	1.67332000
1.000000	1.73205072
1.100000	1.78885426

续表

x	y
1.200000	1.84390874
1.300000	1.89736641
1.400000	1.94935864
1.500000	1.99999972

其 MATLAB 程序为:

```
a = 0;
b = 1.5;
h = 0.1;
y0 = 1;
n = (b-a)/h;
for i = 1 : n+1
    x(i) = a + (i-1) * h;
end
y(1) = y0;
for i = 1 : 3
    k1 = h * f(x(i),y(i));
    k2 = h * f(x(i) +0.5 * h,y(i) +0.5 * k1);
    k3 = h * f(x(i) +0.5 * h,y(i) +0.5 * k2);
    k4 = h * f(x(i) +h,y(i) +k3);
    y(i+1) = y(i) + (k1 +2 * k2 +2 * k3 + k4) /6;
end
for i = 4 : n
    y0 = y(i) + (55 * f(x(i),y(i)) - 59 * f(x(i-1),y(i-1)) + 37 * f(x(i-2),
    y(i-2)) - 9 * f(x(i-3),y(i-3))) * h /24;
    y(i+1) = y(i) + (9 * f(x(i+1),y0) + 19 * f(x(i),y(i)) - 5 * f(x(i-1),
    y(i-1)) + f(x(i-2),y(i-2))) * h /24;
end
result = [x;y];
function [y] = f(x,y)
    y =y -2 * x/y;
end
```

附录
MATLAB 简介

附录1　MATLAB 初识

附 1.1　运行 MATLAB

安装并启动 MATLAB 后,会出现快捷菜单,以及当前文件夹(Current Folder)、工作空间(Workspace)和命令窗口(Command Window)(附图 1.1). 其中命令窗口可以用作输入命令并显示输出结果. 快捷菜单用于管理文件、帮助命令窗口编辑和控制显示输出. MATLAB 的数值计算是通过命令行执行的. 紧接命令行提示符后输入命令,然后回车,MATLAB 会给出响应.

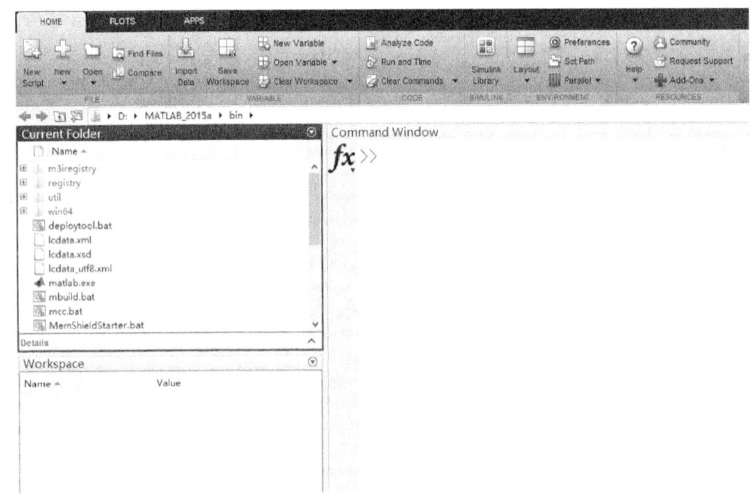

附图 1.1

附例 1.1 求 $20+5\times(12-4)\div5^2$ 的算术运算结果.

解 (1)用键盘在 MATLAB 命令窗中输入以下内容:

```
>>20+5*(12-4)/5^2
```

(2)在上述表达式输入完成后,按【Enter】键,该指令就被执行.

(3)在指令执行后,MATLAB 指令窗中将显示以下结果(附图 1.2):

```
ans =21.6000
```

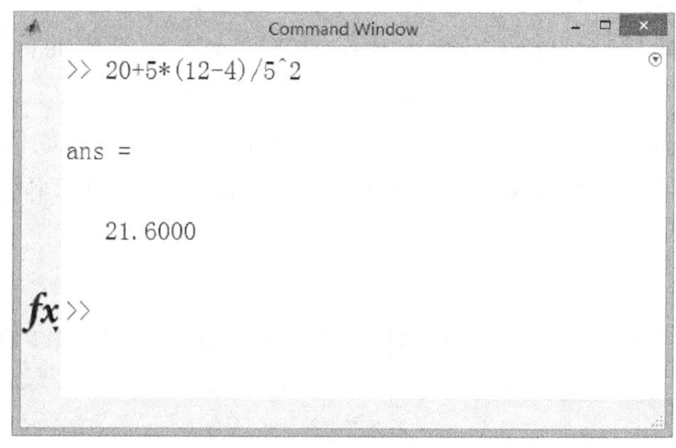

附图 1.2

“ans”是当表达式未赋给某个变量时,系统自动给的名字(意思是答案 answer). 当然,可以自设定一个名字.

附例 1.2 求函数值 $y=\cos(\pi/3)$.

解 (1)用键盘在 MATLAB 命令窗中输入以下内容:

```
>> y=cos(pi/3)
```

(2)在上述表达式输入完成后,按【Enter】键,该指令就被执行.

(3)在指令执行后,MATLAB 指令窗中将显示以下结果:

```
y =0.5000
```

学习 MATLAB 非常重要的内容就是学习函数的使用. 上述函数有输入变量($\pi/3$)和输出变量(y). 如果想知道其内置函数余弦函数 cos 的用法,可以使用命令:

```
>> help cos
```

附 1.2 矩阵与向量

MATLAB 中的所有变量都看作数组(矩阵). 数字看成 1×1 的数组,行向量看成 $1\times n$ 的数组,列向量看成 $n\times1$ 的数组. 通过变量名引用数组,通过下标引用数组中的元素.

附例 1.3 已知:$\boldsymbol{A}=\begin{pmatrix}1&2&3\\0&-4&3\\6&4&9\end{pmatrix}$,$\boldsymbol{B}=\begin{pmatrix}1&2\\6&-9\\2&0\end{pmatrix}$,求 $\boldsymbol{A}*\boldsymbol{B}$.

解 输入命令:

```
>> A=[1 2 3;0 -4 3;6 4 9];  B=[1 2;6 -9; 2 0];(回车)
```

```
>> C=A*B(回车)
  C =
       19    -16
      -18     36
       48    -24
```

MATLAB 中有很多创建矩阵的内置函数,使用起来非常方便. 如 eye(单位矩阵)、ones(全 1 矩阵)、zeros(全 0 矩阵)、rand(随机矩阵)、diag(对角矩阵,由一个向量创立,也可由对角矩阵创立一个向量)、length(向量中元素个数)、size(矩阵中的行数与列数)等. linspace 用于创建行向量,格式为:u = linspace(a,b,d),其中输入变量 a 是起始值,b 是终止值,而 d 是要创建向量的元素总个数. 若不含 d,则自动按照 a 为起始值,b 为终止值,等距原则产生 100 个数的行向量. inv 用于求矩阵的逆阵,det 用于求行列式,eig 用于求矩阵的特征值.

附例 1.4 已知 $\boldsymbol{A}=\begin{pmatrix}1 & 2 & 3\\0 & -4 & 3\\6 & 4 & 9\end{pmatrix}$,求 $\boldsymbol{A}$ 的行列式、逆矩阵和全部特征值.

解 输入命令:

```
>> A=[1 2 3;0 -4 3;6 4 9];     D=det(C),B=inv(A), E=eig(A)
D =60
B = -0.8000       -0.1000       0.3000
     0.3000       -0.1500      -0.0500
     0.4000        0.1333      -0.0667
E =11.6685
 -1.1340
 -4.5345
```

附例 1.5 解方程组 $\begin{cases}2x_1+x_2+x_3=3,\\3x_1+x_2+2x_3=3,\\x_1-x_2=-1.\end{cases}$

解 输入命令:

```
>> A=[2 1 1;3 1 2;1 -1 0];b=[3 3 -1]';
>>det(A)          % 检验矩阵是否可逆
ans =
2
>>X=A\b
X =
    1
    2
   -1
```

即得到原方程组的解.

附例 1.6 矩阵元素的下标、冒号运算符、从向量或矩阵中删除元素.

解

```
>>A=[1,2,3;6,5,4;7,8,9];
>>A(3,2)            % 第 3 行第 2 列的元素
Ans =
8
>>B=A(1,:)          % A 的第 1 行
B =
1 23
>>A(:,1)=[]         % 将 A 的第 1 列置为空集,即删除第 1 列.
A =
   23
   54
   89
>>s=1:3:10
S=1 4 710
```

附 1.3 绘图

除了强大的数值计算功能外,MATLAB 还具有强大的绘图功能.

附例 1.7 画出正弦和余弦曲线的图形.

解

```
x=0:0.1:2*pi;
y=sin(x);
z=cos(x);
plot(x,y,'r-+','linewidth',2);
hold on;
plot(x,z,'b-*','linewidth',2)
```

结果如附图 1.3 所示.

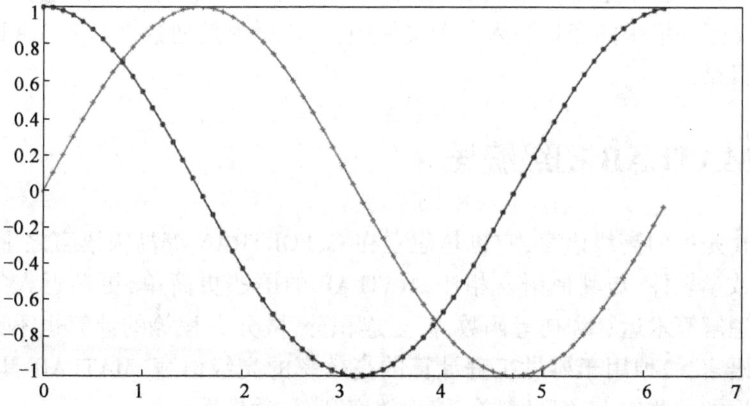

附图 1.3

附例 1.8 画出 $z=\frac{\sin\sqrt{x^4+y^4}}{\sqrt{x^4+y^4}}$所表示的曲面,$x$, y 的取值范围是[-8,8].

解

```
x0 = -8:0.2:8;
X = ones(size(x0')) * x0;
Y = x0' * ones(size(x0));
R = sqrt(X.^4 + Y.^4);
Z = sin(R)./R; mesh(X,Y,Z)
```

结果如附图 1.4 所示.

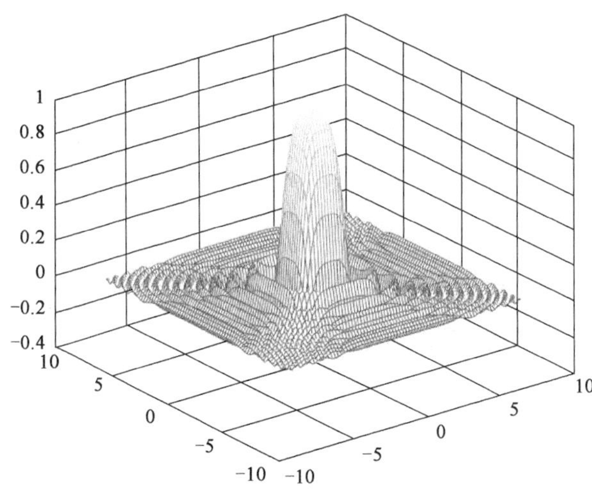

附图 1.4

注:在 MATLAB 交互环境中,有几个常用命令:clear,clc,who,whos,save,load,pwd 等. clear 是清除当前工作区所用的一切变量,clc 只是清除屏幕,who 是列出当前工作区所用的变量名字,whos 是当前工作区所用的变量名且列出变量名所占空间和变量类型等,save 用于将活动交互环境中的变量写入一个文件中,load 命令是把数据读入 MATLAB 中,pwd 是查看当前目录.

附录 2 MATLAB 初级编程

MATLAB 是一门高级语言,它也是建立在 C、FORTRAN 等高级语言之上的高度集成的专业化的数学软件. 与其他语言相比,MATLAB 的语法更简单,更贴近人的思维模式,不仅可直接理解算术运算和初等函数,甚至连积分、微分方程等的计算也不必详述. 作为一种计算机语言,一种用于科学工程计算的高效率的高级语言,MATLAB 具有其他高级语言难以比拟的一些优点:编写简单、编程效率高、易学易懂.

附 2.1 M 文件

用 MATLAB 语言编写的程序,称为 M 文件. M 文件可以根据调用方式的不同分为两类:命令文件(Script File)和函数文件(FunctionFile).

要编写一个 M 文件,可以从命令窗口中的工具栏的打开新文件按钮或在 File\New 菜单选择 M－file 进入 MATLAB 的程序编辑器(Editor)窗口,用以编写用户自己的 M 文件.

附例 2.1 求 sum1 = 1 + 2 + … + 100.

解 (1)编写 MATLAB 程序如下:

```
sum1 = 0;
for i = 1:100
    sum1 = sum1 + i;
end
sum1
```

(2)找到保存并运行按钮,点击后先起名(以字母开头,可以跟数字和下划线等,区分大小写)保存,接着自动输出结果:

```
> > sum1 = 1050
```

这个例子编写的就是命令文件.下面编写一个函数文件.

附例 2.2 求 $p = 1 \times 2 \times \cdots \times 10$.

解 (1)编写 MATLAB 程序如下:

```
function p = fun1(n)
p = 1;
for i = 1:10
    p = p * i;
end
```

(2)找到保存按钮,点击后以 fun1. m(因为这个函数已经在第一行起了名字)保存. 需要特别注意的是函数的保存名必需和函数名相同。

(3)这个函数作为函数文件已经存在了,以后可以随时调用来计算连乘积. 有两种方式可以调用:

一是在命令窗口中直接调用:

```
> > p = fun1(10)
```

回车得:

```
> > p = 3628800
```

二是在某一文件(命令或函数文件)中调用它.

如果已经建立了一个文件且保存在某一子目录下,以后应用时可以通过命令窗口工具栏上的 OpenFile 命令按钮,再从弹出的对话框中选择所需打开的 M 文件.

注:若程序需要在某一步后暂停,看一下中间结果,然后再执行后面的结果,只需在原程序中相应步后,添加 pause 函数即可. 若不等程序结束,就要强行中止程序的运行,可在命令窗口直接使用 Ctrl + C 即可.

附 2.2 选择结构和循环结构

下面简要介绍最常用的几个 MATLAB 程序控制结构.

1. 单分支 if 语句和双分支 if 语句

附例 2.3 试分析下面计算分段函数的函数子程序. 程序如下:

```
function y = fun2(x)
if x < =0
    y = (x + sqrt(pi)) /exp(2);
else
    y = log(x + sqrt(1 + x * x)) /2;
end
```

计算输出:y1 = fun2(-7)和 y2 = fun2(8)的结果.

解 本程序中出现的就是 MATLAB 中常见的选择结构之一:双分支 if 语句.

MATLAB 中有单分支 if 语句和双分支 if 语句,其中

单分支 if 语句结构如下:

```
if 条件
    语句组
end
```

双分支 if 语句结构如下:

```
if 条件
    语句组 1
else
    语句组 2
end
```

很容易理解这两个结构的意思. 本题中,x = -7 时,执行语句组 1,结果为 -0.7075;x =8 时,执行语句组 2,结果为 1.3882. 即 y1 = -0.7075,y2 =1.3882.

2. 多分支 if 语句

附例 2.4 试编写 MATLAB 命令文件完成如下任务:

输入一个字符,若为大写字母,则输出其对应的小写字母;若为小写字母,则输出其对应的大写字母;若为数字字符则输出其对应的数值,若为其他字符则原样输出.

解 这里需要多个选择,需要用到 MATLAB 的多分支 if 语句. 其结构如下:

```
if      条件 1
        语句组 1
elseif  条件 2
        语句组 2
        .....
elseif  条件 m
        语句组 m
else
        语句组 m + 1
end
```

该语句结构用于实现多分支选择结构.

实现本题的 MATLAB 命令程序如下:

```
    clear,clc
c = input('请输入一个字符','s');
if c > ='A' & c < ='Z'
    disp(setstr(abs(c) + abs('a') - abs('A')));
elseif c > ='a'&c < ='z'
    disp(setstr(abs(c) - abs('a') + abs('A')));
elseif c > ='0'&c < ='9'
    disp(abs(c) - abs('0'));
else
    disp(c);
end
```

3. for 循环语句

附例 2.5 一个三位整数各位数字的立方和等于该数本身则称该数为水仙花数. 输出全部水仙花数.

解 本题可以应用 for 循环语句. for 语句的格式如下:

```
for 循环变量 = 表达式 1:表达式 2:表达式 3
  循环体语句
end
```

其中表达式 1 的值为循环变量的初值,表达式 2 的值为步长,表达式 3 的值为循环变量的终值. 步长为 1 时,表达式 2 可以省略.

计算本题的程序为:

```
clear,clc
for m = 100:999
m1 = fix(m/100);              % 求 m 的百位数字
m2 = rem(fix(m/10),10);       % 求 m 的十位数字
m3 = rem(m,10);               % 求 m 的个位数字
if m = = m1 * m1 * m1 + m2 * m2 * m2 + m3 * m3 * m3
  disp(m)
end
end
```

运算结果为:153,370,371,407,共 4 个水仙花数.

4. while 循环语句

附例 2.6 斐波那契(Fibonacci)数列满足的规则是 $a_{k+2} = a_k + a_{k+1}$,其中 $a_1 = a_2 = 1$. 请求出该数列中第一个 4 位数(大于等于 10000 的数).

解 使用 MATLAB 的 while 循环来完成. while 循环的结构如下:

```
while(条件)
   循环体语句
end
```

其执行过程为:若条件成立,则执行循环体语句,执行后再判断条件是否成立,如果不成立则跳出循环.

本题程序为:

```
a(1) =1; a(2) =1;i =2;
while a(i) < =10000
    a(i +1) =a(i -1) +a(i);
    i =i +1;
end
i,a(i)
```

程序运行结果为:

```
i =21
ans =10946
```

附例 2.7 若一个整数等于它的各个真因子之和,则称该整数为完全数,如 6 = 1 + 2 + 3,所以 6 是完全数. 求 1 到 500 之间的全部完全数.

解 这里可以使用循环嵌套. 程序如下:

```
clear,clc
for m =1:500
    s =0;
    for k =1:m/2
      if rem(m,k) = =0
        s =s +k;
      end
end
if m = =s
    disp(m);
  end
end
```

运行结果为:6,28,496.

注:一般来说,编写完成一个应用程序后,还要进行调试和纠错. 常见的错误有两类,一类是语法错误,另一类是运行时的错误. 语法错误包括词法或文法的错误,例如函数名的拼写错误、表达式书写错误等. 程序运行时的错误是指程序的运行结果有错误,这类错误也称为程序逻辑错误. 在编程过程中要注意除了注释之外不要有任何中文符号出现,尤其是要注意中文的标点符号.

附录 3 MATLAB 应用实例

MATLAB 是一个基本的应用程序集,除了基本的数值计算模块外,它拥有强大的工具箱(Toolbox)集合,比如微分方程工具箱、优化工具箱、图像处理工具箱、神经网络工具箱等,可以简单地把工具箱理解为一些具有某些特定功能的函数的集合. MATLAB 功能强大,下面举几个简单的例子.

附例 3.1 解微分方程组

$$\begin{cases} x' = -x^3 - y, & x(0)=0, \\ y' = x - y^3, & y(0)=0.5, \end{cases} \quad 0<t<30.$$

解 将变量 x,y 合写成变量 X,先定义函数子程序:

```
function y = fun3(t,X)
y(1,1) = -X(1).^3 - X(2);
y(2,1) =X(1) - X(2).^3;
```

再编写命令程序:

```
clear,clc
[t,X] = ode45(@ fun3,[0,30],[1;0.5]);
subplot(1,2,1)
plot(t,X(:,1),t,X(:,2),':')
title('functiondiagram')
subplot(1,2,2)
plot(X(:,1),X(:,2))
title('phasediagram')
```

输出图形如附图 3.1 所示.

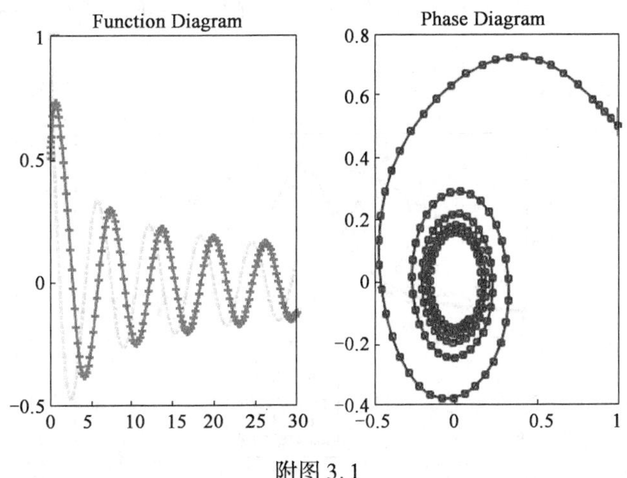

附图 3.1

附例 3.2 龙格现象.

在科学研究和工程实践中,要研究的函数往往比较复杂,有时很难直接写出其数学表达式,但是,可以通过实验观测等手段获得该函数的一组离散采样值,根据这组数据构造某个简单的函数去逼近或代替原函数.这种方法称为数值逼近方法,插值与拟合是最常用的两种数值逼近方法.插值要求构造的函数精确通过采样点,拟合要求在某种误差准则下构造的函数尽可能靠近采样点.为了提高插值的精度,一般应增加插值节点的个数,但是在等距节点情况下,随着插值节点个数的增多,插值误差反而增大,这种现象称为龙格(Runge)现象.本例给出了龙格现象的示例程序和结果图形.其中拉格朗日函数的编写可参考本书相关章节.

程序如下:

```
clc, clear
n=[3 5 10 14];
m_color='rgbc';
m=301;
for kk=1:length(n)
    for i=1:n(kk)
        x(i) = -5+10*(i-1)/(n(kk)-1);
    end
    y=1./(1+x.^2);
    for k=1:m
        x_u(k) = -5+10/(m-1)*(k-1);
        jieguo(k)=lagrange(x,y,x_u(k));
    end
    plot(x_u,jieguo,[m_color(kk)'-'],'linewidth',2)
    hold on
end
plot(x_u,1./(1+x_u.^2),'k-','linewidth',3)
set(gca,'xlim',[-5,5],'ylim',[-1.5,1.2],'fontsize',12)
legend('2 等分','4 等分','9 等分','13 等分','真实值','location','south')
box('on')
```

结果如附图 3.2 所示.

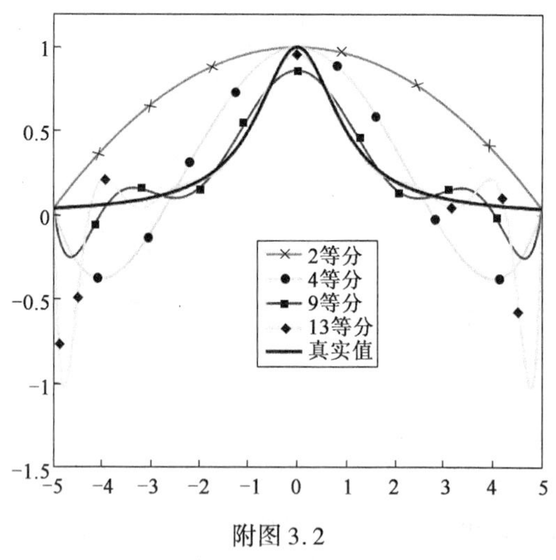

附图 3.2

附例 3.3 最速下降法.

数值优化通过迭代的方式解决优化问题,是数学建模中关键的一环,并且在近期兴起的“机器学习”中,有大量的问题可以归为无约束最优化问题. 最速下降法是求解无约束最优化问题最简单最古老的的方法之一,是研究其他无约束优化算法的基础,许多新算法都是以它为基础通过改进或修正得到的. 本例展示了最速下降法求解无约束优化问题的程序和结果图.

先编写子函数 zsxj.m 实现最速下降算法,程序如下:

```
function [x_matrix,val,k] = zsxj(fun,gfun,x0)
maxk = 1000;
rho = 0.5;
sigma = 0.4;
k = 0;
epsilon = 1e-3;
[mm,nn] = size(x0);
val = feval(fun,x0);
x_matrix = zeros(maxk,mm+1);
x_matrix(1,:) = [x0' val];
while(k < maxk)
    g = feval(gfun,x0);
    d = -g;
    if(norm(d) < epsilon)
      break;
    end
      m = 0;
      mk = 0;
    while(m < 20)
        if(feval(fun,x0 + rho^m * d) < feval(fun,x0) + sigma * rho^m * g' * d)
            mk = m; break;
        end
        m = m + 1;
    end
    x0 = x0 + rho^mk * d;
    k = k + 1;
    val = feval(fun,x0);
    x_matrix(k+1,:) = [x0' val];
end
x_matrix = x_matrix(1:k,:);
end
```

再编写主程序:

```
clc,clear
[x_matrix,val,k] = zsxj('fun','gfun',[1.9 0.1]');
data = x_matrix;
x = -1.5:0.05:2;
y = -1.5:0.05:3;
[X,Y] = meshgrid(x,y);
Z = Fun(X,Y);
mesh(X,Y,Z);
```

```
hold on
plot3(data(1:k,1),data(1:k,2),mydata(1:k,3),'r.-')
hold on
plot3(data(k,1),data(k,2),data(k,3),'go','linewidth',3,'markersize',5)
```

结果如附图 3.3 所示.

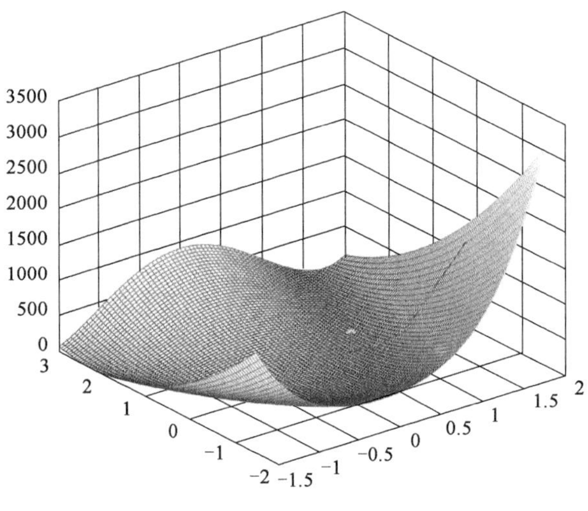

附图 3.3

为方便读者编写本程序,下面给出程序的 N-S 图(附图 3.4),以供参考.

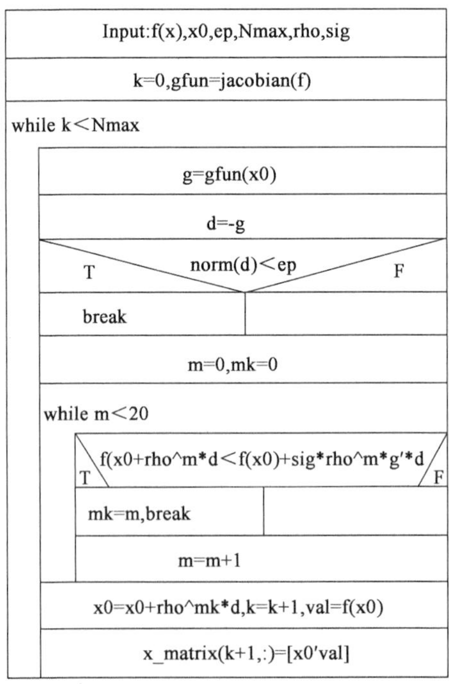

附图 3.4

参 考 文 献

[1] 李庆扬,王能超,易大义.数值分析.4 版.北京:清华大学出版社,2001.
[2] 李荣华,冯国忱.微分方程数值解法.北京:人民教育出版社,1980.
[3] 李维国,聂立新.数值计算方法.3 版.北京:石油工业出版社,2019.
[4] Golub G H, Van Loan C F. Matrix Computations.北京:科学出版社,2001.
[5] 关治,陆金甫.数值分析基础.北京:高等教育出版社,1998.
[6] 袁亚湘,孙文渝.最优化理论与方法.北京:科学出版社,1997.
[7] 张平文,李铁军.数值分析.北京:北京大学出版社,2009.